"十二五"国家重点图书出版规划项目

第一次全国水利普查成果丛书

河湖基本情况普查报告

《第一次全国水利普查成果丛书》编委会　编

U0238157

中国水利水电出版社
www.waterpub.com.cn

·北京·

内 容 提 要

  本书系《第一次全国水利普查成果丛书》之一，系统全面地介绍了第一次全国水利普查河湖基本情况普查的主要成果，包括普查目标和任务、技术方案和方法、河流普查主要成果和湖泊普查主要成果，以及典型河流湖泊基本情况介绍等内容。

  本书内容及数据权威、准确、客观，可供水利、农业、国土资源、环境、气象、交通等行业从事规划设计、建设管理、科研生产的各级政府人士、专家、学者和技术人员阅读使用，也可供相关专业大专院校师生及其他社会公众参考使用。

图书在版编目（CIP）数据

  河湖基本情况普查报告 ／《第一次全国水利普查成果丛书》编委会编. -- 北京：中国水利水电出版社，2017.1

  （第一次全国水利普查成果丛书）

  ISBN 978-7-5170-4636-3

  Ⅰ．①河… Ⅱ．①第… Ⅲ．①水利调查—调查报告—中国 Ⅳ．①TV211

  中国版本图书馆CIP数据核字(2016)第200498号

  审图号：GS（2016）2553号

  地图制作：国信司南（北京）地理信息技术有限公司

  国家基础地理信息中心

书 名	第一次全国水利普查成果丛书 **河湖基本情况普查报告** HEHU JIBEN QINGKUANG PUCHA BAOGAO	
作 者	《第一次全国水利普查成果丛书》编委会　编	
出版发行	中国水利水电出版社 （北京市海淀区玉渊潭南路1号D座　100038） 网址：www.waterpub.com.cn E-mail：sales@waterpub.com.cn 电话：（010）68367658（营销中心）	
经 售	北京科水图书销售中心（零售） 电话：（010）88383994、63202643、68545874 全国各地新华书店和相关出版物销售网点	
排 版	中国水利水电出版社微机排版中心	
印 刷	北京博图彩色印刷有限公司	
规 格	184mm×260mm　16开本　21.5印张　398千字	
版 次	2017年1月第1版　2017年1月第1次印刷	
印 数	0001—2300册	
定 价	**135.00元**	

本书编委会

主　　编　蔡建元

副主编　刘九夫　魏新平　谢自银

编写人员　马元颉　王　欢　王文种　贾淑彬
　　　　　　　何　惠　王　左　蒋　蓉　刘　晋
　　　　　　　陆之昂　翟劭燚　刁贵芳　陶永格
　　　　　　　许永辉　刘宏伟　许　钦　李　夏
　　　　　　　陈祖华　张淑娜　刘圆圆　马　辉
　　　　　　　周冰清　杜红娟　韦　丽　刘福瑶
　　　　　　　董　闯　胡青叶　范梦歌　张利茹
　　　　　　　严小林　马　涛　郑　皓　廖爱民
　　　　　　　鲍振鑫　尚熳廷　谷　硕

前　言

　　遵照《国务院关于开展第一次全国水利普查的通知》（国发〔2010〕4号）的要求，2010—2012年我国开展了第一次全国水利普查（以下简称"普查"）。普查的标准时点为2011年12月31日，时期资料为2011年度；普查的对象是我国境内（未含香港特别行政区、澳门特别行政区和台湾省）所有河流湖泊、水利工程、水利机构以及重点社会经济取用水户。

　　第一次全国水利普查是一项重大的国情国力调查，是国家资源环境调查的重要组成部分。普查基于最新的国家基础测绘信息和遥感影像数据，综合运用社会经济调查和资源环境调查的先进技术与方法，系统开展了水利领域的各项具体工作，全面查清了我国河湖水系和水土流失的基本情况，查明了水利基础设施的数量、规模和行业能力状况，摸清了我国水资源开发、利用、治理、保护等方面的情况，掌握了水利行业能力建设的状况，形成了基于空间地理信息系统、客观反映我国水情特点、全面系统描述我国水治理状况的国家基础水信息平台。通过普查，摸清了我国水利家底，填补了重大国情国力信息空白，完善了国家资源环境和基础设施等方面的基础信息体系。普查成果为客观评价我国水情及其演变形势，准确判断水利发展状况，科学分析江河湖泊开发治理和保护状况，客观评价我国的水问题，深入研究我国水安全保障程度等提供了翔实、全面、系统的资料，为社会各界了解我国基本水情特点提供了丰富的信息，为完善治水方略、全面谋划水利改革发展、科学制定国民经济和社会发展规划、推进生态文明建设等工作提供了科学可靠的决策依据。

　　为实现普查成果共享，更好地方便全社会查阅、使用和应用普查成果，水利部、国家统计局组织编制了《第一次全国水利普查成果丛书》。本套丛书包括《全国水利普查综合报告》《河湖基本情况普查报告》《水利工程基本情况普查报告》《经济社会用水情况调查报告》《河湖开发治理保护情况普查报告》《水土保持情况普查报告》《水利行业能力情况普查报告》《灌区基本情况普查报告》《地下水取水井基本情况普查报告》和《全国水利普查数据汇编》，共10册。

河湖基本情况普查是第一次全国水利普查的重要任务之一，通过对我国给定标准以上河流和湖泊基本情况的普查，编制了全国河流湖泊名录，建立了河流湖泊主要特征基础数据库，形成了全面系统的河湖基本情况普查成果。在普查工作中，充分利用1：5万国家基础地理信息数据、高分辨率遥感影像数据等大量已有的基础资料和成果，在3S〔地理信息系统（GIS）、全球定位系统（GPS）和遥感系统（RS）〕技术的支撑下，采用内业综合分析与外业查勘复核相结合的工作模式和自上而下与自下而上相结合的工作流程，实现了全国河流湖泊的全覆盖普查，全面查清了我国给定标准以上河流湖泊的数量、分布和主要特征等基本情况，为水利工作和国家经济社会发展提供了重要的基本国情资料。

本书是《第一次全国水利普查成果丛书》之一，重点介绍了河湖基本情况普查的技术方案、组织实施和主要成果。全书由正文4章和附录A、附录B组成。第一章概述，主要阐述河湖基本情况普查目标任务、技术方法和组织实施情况等；第二章河流普查主要成果，主要介绍河流数量及分布、河流自然特征、河流水文监测与水文特征等；第三章湖泊普查主要成果，主要介绍湖泊数量及分布、湖泊自然特征、湖泊形态特征等；第四章典型河流湖泊，主要介绍19条典型河流和11个典型湖泊的基本情况；附录A列出了全国流域面积 $3000km^2$ 及以上河流名录和分布图；附录B列出了全国常年水面面积 $100km^2$ 及以上湖泊名录和分布图。本书所使用的计量单位，主要采用国际单位制单位和我国法定计量单位，小部分沿用水利统计惯用单位。部分因单位取舍不同而产生的数据合计数或相对数计算误差未进行机械调整。

　　本书在编写过程中得到了许多专家和普查人员的帮助与指导，在此表示衷心的感谢。由于作者水平有限，书中难免存在疏漏，敬请批评指正。

编者

2015 年 10 月

目 录

第一章　概　　述

河流湖泊的数量、分布及其特征是国家重要的基础国情资料。在我国不同历史时期，相关工作者在河流湖泊调查统计方面做了大量工作，由于受当时基础资料、勘测条件和技术手段等制约，以往的河湖基本情况数据中存在统计口径不明确、数量和位置不准确、特征信息不全面、精度不高等诸多不足。本次河湖基本情况普查，充分利用外业实测资料、近期高分辨率遥感影像数据和1∶5万国家基础地理信息数据等大量已有成果，在3S〔地理信息系统（GIS）、全球定位系统（GPS）和遥感系统（RS）〕技术的支撑下，采用内业综合分析与外业查勘复核相结合的工作模式和自上而下与自下而上相结合的工作流程，实现了普查范围内河流湖泊的全覆盖普查，全面查清了我国给定标准以上河流湖泊的基本情况。本章主要阐述普查目标和任务、普查有关规定和普查方法、普查技术方案、普查组织与实施等内容。

第一节　普查目标和任务

一、普查目标

开展第一次全国水利普查是为了查清我国江河湖泊基本情况，掌握水资源开发、利用和保护现状，摸清经济社会发展对水资源的需求，了解水利行业能力建设状况，建立国家基础水信息平台，为国家经济社会发展提供可靠的水信息支撑和保障基础。

河湖基本情况普查作为第一次全国水利普查的一项重要内容，主要目标是全面查清我国给定标准以上河流湖泊的数量、分布和主要特征等基本情况，为国家经济社会发展提供重要的基础国情信息。

二、普查任务

根据《第一次全国水利普查总体方案》和《第一次全国水利普查实施方案》，河湖基本情况普查任务为：通过对我国给定标准以上河流湖泊进行普查，查清河流湖泊的名称、数量、位置、分布和水文特征等基本情况。

结合河湖基本情况普查的特点，具体普查任务有以下几个方面。

（1）查清给定标准以上河流湖泊的水系结构关系。河流湖泊的水系结构关系是在自然因素和人类活动影响下长期演变形成的，是河流湖泊的重要属性。由于我国河流湖泊数量众多，尚未进行过全国范围的河湖基本情况普查工作，特别是一些流域和区域水系结构关系错综复杂，一直未能形成统一的权威性成果。通过普查，根据河流湖泊所在水系的地形地貌、水文地质和内在水利联系等，确定河流湖泊的水系结构关系，形成流域内河流湖泊组成的整体水系结构，并为确定河流数量和相关特征数据奠定基础。

（2）查清给定标准以上河流湖泊的数量和分布情况。河流湖泊的数量和分布情况属于重要的基础国情信息。由于我国疆域辽阔，河流湖泊数量众多、分布情况复杂，尽管在不同历史时期曾开展过河流湖泊调查统计工作，形成了一些阶段性和区域性的成果，但由于调查方法不同、统计口径差异和技术手段限制，全国尚未形成权威的、系统的河流湖泊数据信息。通过普查，采用统一的基础资料、统一的普查标准和统一的技术手段，逐一确定河流湖泊对象，编制河流湖泊名录，查清给定标准以上河流湖泊的数量，并汇总分析河流湖泊的分布情况。

（3）查清给定标准以上河流湖泊的自然特征和水文特征。河流湖泊的主要特征包括河流基本特征、所在流域水系的自然特征、水文特征和湖泊基本特征、形态特征等。通过普查，充分利用现有的国家基础地理信息数据、高分辨率遥感影像数据和水文监测信息、水资源调查评价成果等，结合外业实地查勘调查，分析、提取、计算河流湖泊的主要特征，形成河流湖泊特征成果，并建立全国范围内给定标准以上河流湖泊的主要特征数据库，为河流湖泊的开发治理保护等提供基础数据。

三、普查对象和内容

根据《第一次全国水利普查实施方案》，河流湖泊基本情况普查对象为中华人民共和国境内（未含香港特别行政区、澳门特别行政区和台湾省）给定标准以上的河流和湖泊。

河湖基本情况普查内容包括河流湖泊名称、位置、数量以及河流湖泊的主要特征（流域水系自然特征、水文特征和湖泊形态特征等）。

1. 河流

普查流域面积 $50km^2$ 及以上河流的基本特征，包括河流名称、位置、长度、流域面积和数量。其中，对流域面积 $100km^2$ 及以上河流进一步查清流域水系自然特征和水文特征。

河流普查具体内容指标共 25 项。其中，河流基本情况普查表的属性数据共 13 项：河流名称及编码、与上一级河流关系、河流长度和流域面积、流经、跨界类型、河流类型、河源地理坐标和位置、河口地理坐标和位置、河流平均比降、多年平均年降水深、多年平均年径流深、水文站和水位站、实测和调查最大洪水。水文站和水位站普查表的属性数据共 7 项：河流名称及编码、测站名称及编码、测站类型、设站日期、测站位置、流域面积、观测项目。实测和调查最大洪水情况普查表的属性数据共 5 项：河流名称及编码、站点/地点、洪峰流量、发生时间、资料类型。

2. 湖泊

普查常年水面面积为 1km² 及以上湖泊的基本特征，包括湖泊名称、位置、常年水面面积和数量。其中，对常年水面面积 10km² 及以上湖泊进一步查清水深、容积等特征数据。

湖泊普查具体内容指标共 10 项。具体属性数据包括湖泊名称及编码、所在流域和水系、水面面积、咸淡水属性、所属行政区、跨界类型、水位站情况、平均水深、最大水深、湖泊容积。

除符合以上标准的河流湖泊外，有些河流干流的某些河段具有专用名称，为社会熟知并广泛使用，本次普查作为区间河流开展了普查工作，但不作为单独河流重复参与河流数量统计。如长江干流的金沙江河段，作为区间河流进行普查，不纳入河流数量统计。对一些不符合普查标准，但具有广泛社会影响的重要湖泊，本次普查作为特殊湖泊开展了相关普查工作。如已经干涸的罗布泊，按照常年水面面积 1km² 及以上的标准纳入湖泊普查范围；如水面面积小于 10km² 的杭州西湖，按照常年水面面积 10km² 及以上的湖泊普查要求开展了湖泊形态特征的普查工作。

第二节　普查有关规定和普查方法

一、普查对象界定及分类

1. 河流普查对象的界定及分类

（1）河流界定。河流是陆地表面汇集、宣泄水流的通道，是溪、川、江、河等的总称。本次普查主要考虑在天然和人工控制条件下具有自然的汇流（排水）功能，并具有集水区域的河流。不管河流是否常年有水（如北方地区的河流），不管河流的集水区域边界能否清晰准确划定（如平原区的河流），也不管河流是天然河道还是人工整治河道。为判定是否纳入本次河湖基本情况普查对象范围，确立了以下界定依据。

1）河流流域边界以地表流域为主，并充分利用已有地下流域边界信息。

2）河流长度、河段、河流是否常年有水等不作为普查河流判定依据。

（2）河流分类。河流按照流域内地形起伏变化情况划分为山地河流、平原河流、山地平原混合河流（简称混合河流）三类。

1）山地河流指流域内地形起伏较大、流域边界能够清晰界定的河流。

2）平原河流指流域内地形起伏较小、单条河流流域边界不能清晰界定，但多条河流组成的区域边界能够清晰界定（或人为界定），如里下河平原河流。

3）山地平原混合河流指河流上游流域边界能够清晰界定，下游流域边界不能清晰界定，如水阳江，其下游与青弋江的流域边界无法清晰界定，同样，青弋江下游与水阳江的流域边界也无法清晰界定，水阳江、青弋江称为山地平原混合河流。

2. 湖泊普查对象的界定及分类

（1）湖泊界定。湖泊是陆地上洼地积水形成的水体，是湖盆和湖水及其所含物质的自然综合体。本次普查根据湖泊受纳水体的功能来界定普查对象，主要考虑常年有水的天然湖泊，具有湖盆、常年有水的人工整治湖泊也作为本次普查对象。已经干涸的湖泊（特殊湖泊除外）不列入本次普查范围。

（2）湖泊分类。本次普查根据常年水面面积的大小把湖泊分为标准湖泊和特殊湖泊两类。

1）标准湖泊指常年水面面积为 $1km^2$ 及以上的湖泊。

2）特殊湖泊指具有广泛社会影响、现已干涸或水面面积小于普查标准的重要湖泊，如罗布泊、月牙湖等。

二、有关规定及术语

1. 河流数量统计方法

河流数量统计是河湖基本情况普查的重要任务，必须满足科学客观、不重不漏、实用可靠等要求，为此，针对山地河流、平原河流和山地平原混合河流采用了不同的河流数量统计方法。

（1）山地河流统计方法。本次普查，山地河流统计采用干支流逐级递推统计方法。具体做法为：先统计大于给定标准（如流域面积 $50km^2$）的干流，从河口到河源只统计 1 次，接着统计流入干流大于给定标准的支流（称为一级支流）；然后再统计流入一级支流大于给定标准的支流（称为二级支流）；逐级进行下去，最终统计所有大于给定标准的各级支流。干支流逐级递推统计方法确保了河流数量统计的不重不漏，详见图 1-2-1。

山地河流统计方法需要解决以下两个问题。

1）干支流关系的确定。干支流关系的判定直接影响山地河流的数量统计和河流长度确定。判定干支流关系的传统方法有河长唯长、面积唯大、水量唯大、约定俗成等。

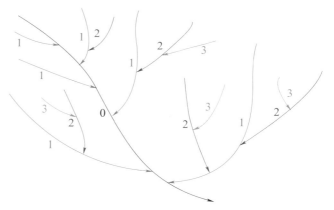

图 1-2-1　河流干支流逐级递推统计方法
0—干流；1——级支流；2—二级支流；3—三级支流

本次普查采用的方法是考虑河长、面积、水量、比降、交汇河口形态等因素，综合确定河流干支关系。

2）区间河流的处理。山地河流按干流溯源统计造成了有些河段被覆盖而成为区间河流，考虑到部分河段名称已为社会公众所熟知，为此，本次普查增加了河名备注，专门注明被干流覆盖而成为区间河流的河段名称。如金沙江河段作为长江干流的组成部分，由于被长江干流溯源统计而覆盖，因此在长江的河名备注中注明金沙江河段名称及其上下游断面位置。

（2）平原河流统计方法。平原区域河流由于单条河流集水边界不能清晰准确划分，如浙江省杭嘉湖区域面积 5072km² 范围内每条河流无法按集水边界进行清晰界定，本次普查按河流名称和区域河流总数控制的方法统计平原河流，具体操作为：在区域边界能清晰准确划分的边界内，根据重要性选定常年自然汇流的骨干河流，再由骨干河流向周边延伸选定重要河流，并适当考虑区域内河流分布的均匀性，该区域边界内的河流总数不得超过区域边界内总面积与 50km² 的比值。

（3）山地平原混合河流统计方法。山地平原混合河流包括山地段和平原段，本次普查采用山地河流统计方法或平原河流统计方法进行统计。当山地段集水面积在 50km² 及以上时，作为山地河流进行统计；当山地段集水面积小于 50km² 时，作为平原河流进行统计。

2. 河流湖泊的编码方法

（1）编码的原则。编码方法要满足对全国所有的河流湖泊进行编码的要求，不管河流的集水面积多大、河流长度多长、湖泊水面面积多大、河流湖泊是否有名称。编码兼顾科学性与实用性，具体包括以下几个原则。

1）唯一性。作为编码的最基本原则，要确保河流湖泊编码不重复。

2）全覆盖。按照不遗漏任何区域的要求，对边界能清晰确定或人为界定的流域（区域）进行全覆盖编码。

3）可扩展性和继承性。

可对任意集水面积标准及以上的河流进行编码，并且不同集水面积标准及以上河流的编码之间具有继承关系。

（2）河流编码方案。

1）采用不同类型的字符编码。干流采用阿拉伯数字字符编码，支流采用英文大写字母字符编码，直观表达河流级别。由于1位数最多只有9个数字（0作为保留数字），因此，每类支流最多挑选8条，此时8条支流把干流分为9段。

对平原区河流，均作为支流处理，采用英文大写字母字符编码，此时受字母字符数（不含字母I、O、Z）的限制，每类（按河长、流量和重要性分类）河流不超过23条。

2）自上而下编码。对自上而下的干流各河段采用阿拉伯数字1～9编码，对自上而下（河源至河口方向）的各支流采用英文大写字母顺序编码。

3）分级逐类递推编码。按干支关系对河流进行分级（如一级支流、二级支流等）的基础上，根据河流集水面积、河长等河流属性进行分类编码，并分级逐类递推穷尽所有河流。

如在长江众多的一级支流中，按照集水面积把雅砻江水系、大渡河-岷江水系、嘉陵江水系、乌江水系、洞庭湖水系、汉江水系、鄱阳湖水系等7个一级支流作为一类进行编码，而乌江水系至洞庭湖水系之间的清江、大宁河等长江的较小一级支流则在该干流区间进行分类编码，以此类推根据干支关系对长江所有的一级支流进行分类编码。流入长江各级支流（如一级支流）的下一级支流也以此类推进行分类编码，并分级逐类递推穷尽长江所有的河流。

平原河流虽然无法分级，但仍可以按流域（区域）常年自然排水方向由骨干河网、与骨干河网相连的次骨干河网等向面上延伸来进行逐类（按河长、水量、重要性等分类）递推编码。

沿海岸、沿湖岸的河流，则把海岸线、湖岸线虚拟为干流，然后按照分级逐类递推原则编码。

4）具体编码。河流采用12位编码方案，前两位为二级水系编码，第3～11位为具体河流编码，满足流域面积50km² 及以上河流的编码要求，如果对更小流域面积的河流进行编码则需增加位数。第12位为河流类型属性编码，表达左右岸、入湖、入海、消亡于沙漠等河流属性。

（3）湖泊编码方案。湖泊采用5位编码方案，前两位为二级水系编码，后三位为具体湖泊编码，满足水面面积 $1km^2$ 及以上湖泊的编码要求。

3. 关于河流源头

本次普查河流源头指河流源头区，包括河流源头点。河流源头点是指集水面积大于数字河流形成阈值（集水面积 $0.2km^2$）的第一个空间位置，不一定是常年有水的位置。这种规定的主要目的是减小河流源头点位置的不确定性和普查工作量；河流源头区指河流源头点以上的集水区域。数字河流形成阈值根据数字河流起始位置与 1∶5 万地形图水系起始位置的匹配情况综合确定。

4. 关于河流干流和支流

本次普查所指河流干流和河流支流是相对的，某一级河流相对其下一级河流为干流，相对其上一级河流则为支流。如汉江，相对于唐白河为干流，即汉江是唐白河的干流；相对于长江则为支流，即汉江是长江的支流。干流和支流均指从河口到河流源头点整条河流。

5. 关于河流的长度和集水面积的关系

河流的河长指河口到河流源头点之间河流中泓线的长度，集水面积一般指河口断面以上的集水面积。但对山地平原混合河流，由于其平原河段集水边界不能清晰界定，集水面积仅指山地段的集水面积，集水面积计算断面与河口断面不一致；对有些入海河流，由于河口的法定断面远离陆地，集水面积计算断面也与法定断面不一致。

6. 关于湖泊水面面积

本次普查湖泊常年水面面积通过资源卫星多时相遥感影像数据分析提取。由于资源卫星影像由光学传感器获取，因雨季多云影响影像获取，所以卫星遥感影像多为无雨季节时的数据，据此提取的水面面积多为无雨季节的湖泊水面面积。因此，本次普查的湖泊水面面积根据流域当年降水情况进行了流域来水丰平枯情况的评估。

7. 双线河的处理

河流在地形图上一般用线或面对象来表达。双线河指河流断面较宽时用面对象表达的河流。本次普查河流水系几何特征分析不直接处理双线河（即面对象），而将双线河概化为中泓线（即线对象）来处理。对分叉的双线河，也根据主流概化为单中泓线，统计河长等水系自然特征时以主中泓线为准。

8. 河流穿越水库和湖泊的处理

本次普查对河流穿越水库或湖泊时一般进行单线化处理，考虑了 1∶5 万地形图上的水库、湖泊水面边界对河流特征的影响。

当湖泊水面面积较大、流入流出湖泊的河流类型发生变化或入湖出湖关系复杂时，不进行单线化处理，如穿越鄱阳湖、洞庭湖的河流。

9. 岩溶区河流和内陆河流的确定

岩溶区河流和内陆河流由国务院水利普查办公室河湖组依据数字高程模型数据（DEM）进行内业提取，省（自治区、直辖市）水利普查办公室河湖组充分利用当地的各种河流资料提出审核意见。岩溶区流入地下的河流和伏流区及其流向根据当地已有水文地质资料、近期高分辨率遥感影像资料或通过实地查勘调查综合确定，岩溶区河流长度等特征只统计地表河流的特征，地下河流仅用于地表面积归属和河流结构关系的判断。内陆河流根据当地已有资料、近期高分辨率遥感影像资料（流痕信息）或通过实地查勘调查综合确定。

三、普查方法

本次河湖基本情况普查，充分利用外业实测资料、近期高分辨率遥感影像数据与资源卫星遥感影像数据和1∶5万国家基础地理信息数据等大量已有成果，在地理信息系统等3S技术的支撑下，采用内业综合分析、复核再调查的普查方法。

外业查勘调查资料和成果主要包括1∶5万第二代国家基础地理信息数据、近期分辨率为2.5m的遥感影像数据、资源卫星遥感影像数据、水文测站经纬度数据、湖泊水下地形测量数据等。国家基础地理信息数据包括数字线划图（DLG，地形图的数字化数据）、数字高程模型数据（DEM，间距25m的网格高程点数据）和数字正射影像（DOM）。这些资料成果和数据为河流湖泊普查的内业综合分析提供第一手资料。

内业综合分析指在GIS、RS等计算机软件平台的支撑下，利用1∶5万DEM、DLG数据系开展河流流域边界、数字河流水系的提取工作，利用资源卫星遥感影像开展湖泊水面边界的提取工作，在此基础上，通过近期分辨率为2.5m的遥感影像数据、外业查勘调查资料和与河湖基本情况普查有关的已有资料，开展河湖基本情况的内业清查、普查与复核工作。

复核再调查指对内业清查、普查与复核工作中存在疑问、不能准确确定的问题开展外业查勘调查，主要包括平坦区流域（区域）边界、河流干支流关系、河口位置、部分河流湖泊名称等。

该普查方法具有以下几个特点。

（1）内业与外业相结合。在河湖基本情况普查中，有些指标进行野外普查比较困难或工作量很大，如河流流域面积或湖泊水面面积等，而有些指标无法通过室内作业获得，如入海河口的位置等。因此，本次普查采用室内作业（简称内业）与野外实地查勘调查作业（简称外业）相结合的普查方式。

内业为外业提供了基础信息和相应的技术支撑，但内业不能完成、不能准确确定、存在疑问的内容通过外业确定，如河流源头、河口位置以及平原区和内流区的边界等。

（2）自上而下与自下而上相结合。本次普查采用自上而下与自下而上相结合的工作方式。国务院水利普查办公室河湖组侧重河流、湖泊的内业清查和普查，流域机构和省（自治区、直辖市）水利普查办公室河湖组侧重本辖区河流、湖泊的内外业清查和普查。国务院水利普查办公室河湖组将内业成果下发各流域机构和省（自治区、直辖市）水利普查办公室河湖组，各流域机构和省（自治区、直辖市）水利普查办公室河湖组通过内业及外业的清查和普查将有关成果上报国务院水利普查办公室河湖组。

在流域边界核对，河源、河口确认，平原区边界和河流确定等环节采用自下而上的工作方式；区间河流、特殊湖泊的选定等也采用自下而上的工作方式。

（3）充分利用 3S 技术。3S 技术是地理信息系统（GIS）、全球定位系统（GPS）和遥感系统（RS）技术的统称。3S 技术支撑河流湖泊面积、流域边界等河流湖泊自然特征的普查，大大提高了工作效率，确保了普查成果质量。如近期高分辨率遥感影像提供最新下垫面信息，为湖泊水面面积的提取和内业成果核对等工作服务；GPS 设备用于确定野外普查对象点、线、面数据及高精度的经纬度坐标，同时为湖泊水深和容积外业测量提供关键技术服务；GIS 为流域边界和数字水系的自动提取提供关键技术平台。

第三节　普查技术方案

一、总体技术框架

根据普查对象和内容，考虑到普查技术条件、时间以及人力物力等因素，本次河湖基本情况普查的技术方案就是充分利用外业实测资料、近期高分辨率遥感影像数据和 1∶5 万国家基础地理信息数据等大量已有成果，在地理信息系统等 3S 技术的支撑下，采用内业综合分析、复核再调查的普查方法。普查的总体技术框架见图 1-3-1。

二、主要数据源

本次河湖基本情况普查主要使用以下 5 种数据。

（1）1∶5 万第二代国家基础地理信息数据。该数据包括 DEM（图 1-3-2）、DLG（图 1-3-3）等电子数据资料。其中，DEM 数据是根据 1∶5 万等高线数据（图 1-3-2 黑色线）和等高点数据（图 1-3-2 黑色点）用数学模

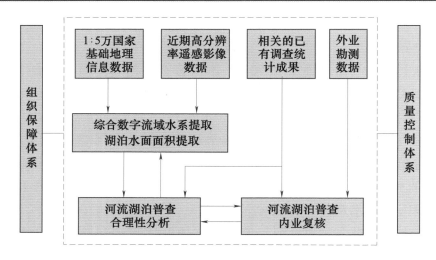

图 1-3-1　河湖基本情况普查总体技术框架图

型形成的间距为 25m 的高程点网格数据（图 1-3-2 红色点）。DLG 数据是指地形图的水系数据（图 1-3-3 蓝色线）。

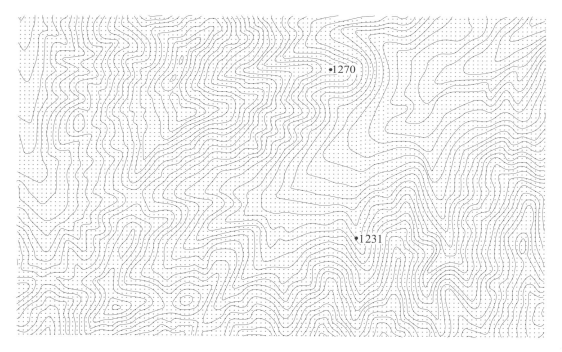

图 1-3-2　1:5 万 DEM 数据

（2）近期分辨率为 2.5m 的遥感影像数据。

（3）分辨率为 20m 的资源卫星多时相遥感影像数据（2003 年 12 月至 2009 年 12 月）。

（4）水文勘测数据及水文测站的经纬度数据。

图 1-3-3　1:5万 DLG 水系数据

（5）部分重要湖泊水下地形数据。

三、综合数字流域水系提取

1. 数字流域综合提取

综合数字流域水系内业提取的关键环节包括水系预处理、DEM 数据与水系融合、综合数字流域水系提取和根据影像数据进行合理性检查等，其中水系预处理是基础、DEM 数据与水系的融合是关键，每个环节均需要进行若干次人机交互，综合数字流域水系内业提取中计算机分析计算量和人机交互工作量巨大。图 1-3-4 为综合数字流域水系提取过程框图。

2. 数字流域边界提取

流域边界的提取主要根据 25m 间距的数字高程网格数据，由 GIS 软件来实现，提高流域边界划分的工作效率和成果精度，克服人工勾绘流域边界的可能误差。

数字流域边界是由 25m 为基本单位的折线组成的封闭多边形，由图 1-3-5 可见数字流域边界（粉红色线）与等高线（黑色线）的匹配程度。

图 1-3-6 是在 25m 数字高程网格中提取的水流方向图。其中，粉红色线为数字流域边界，黑色线为等高线，蓝色箭头红色线表示每个 25m 网格的水流方向。

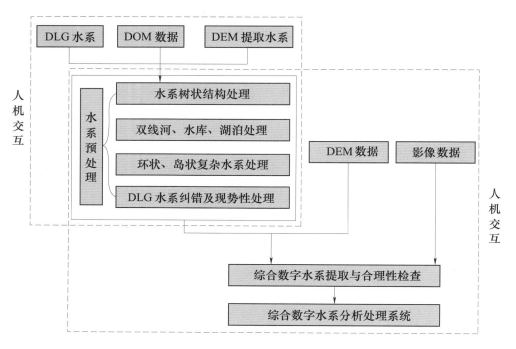

图 1-3-4　综合数字流域水系提取过程框图

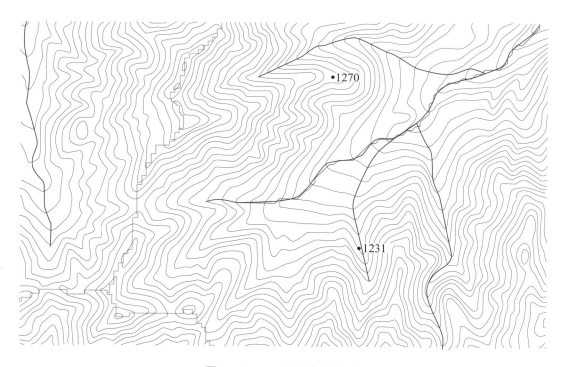

图 1-3-5　数字流域边界

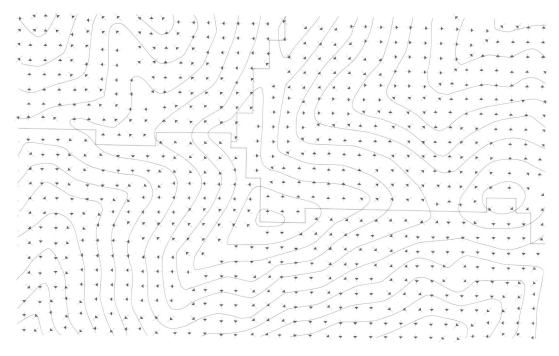

图 1-3-6　在 25m 数字高程网格中提取的水流方向图

3. 数字河流提取

为方便计算流域内任意一点的集水面积，本次普查没有直接应用 1∶5 万 DLG 的水系数据，而是根据 25m 间距的数字高程网格数据，由 GIS 软件提取数字河流。为提高数字河流的精度，本次普查先把 1∶5 万 DLG 的水系与数字高程网格数据进行融合，然后再用 GIS 软件提取数字河流，并计算数字河流任一断面的集水面积、河流比降等要素。

数字河流也是由 25m 为基本单位的折线组成的线。由图 1-3-5 可见数字河流（草绿色线）与 1∶5 万 DLG 水系（蓝色线）的匹配程度。

图 1-3-7 中粉红色线为数字流域边界，绿色线为数字河流，粉红色虚线为数字河流第一个断面的流域集水边界（面积为 0.2609km²），右侧黑色虚线为数字河流第一断面下游 25m 断面新增的流域集水边界（面积为 0.0028km²），左侧黑色虚线为数字河流第一个断面比上游 25m 断面新增的流域集水边界（面积为 0.0712km²，上游 25m 断面的集水面积为 0.1897km²，未达到数字河流形成的集水面积阈值）。由此可见，数字河流与 1∶5 万 DLG 水系的最大不同在于数字河流的每个断面均有确切的集水边界。

四、湖泊水面面积提取

湖泊水面面积的提取主要依据分辨率为 20m 的资源卫星多时相遥感影像

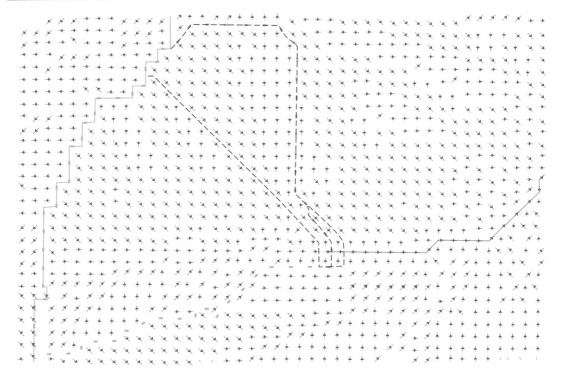

图 1-3-7　数字流域边界提取

数据和 1∶5 万的 DOM、DLG 湖泊边界数据，由 RS 和 GIS 软件来实现。

首先，直接对多时相的遥感影像进行湖泊水面边界提取，并据此计算湖泊水面面积；其次，根据湖泊水面面积系列确定普查选用的湖泊水面面积，再对相应时相的遥感影像利用 1∶5 万的 DOM 数据进行精校正；最后，再次提取湖泊的水面边界，并据此计算普查的湖泊水面面积。

湖泊水面边界是由 20m 为基本单位的折线组成的封闭多边形，由图 1-3-8 可见湖泊水面边界（红色线）与影像的匹配程度。

五、外业数据勘测

国务院水利普查办公室河湖组完成河湖特征内业提取、清查和普查后，由流域机构或省（自治区、直辖市）水利普查办公室河湖组重点对河源河口位置、水文站和水位站、历史大洪水情况进行清查和普查。

对内业不能准确确定、存在疑问的内容，还要进行必要的勘测，具体包括以下几个方面。

（1）河源查勘。

（2）河口查勘。

（3）水文测站经纬度测量。

图 1-3-8　湖泊水面面积的提取

（4）部分历史洪水现场查勘。

（5）湖泊地形测量（图 1-3-9）。

（6）干支流关系校核。

六、内业复核

在普查过程中，国务院水利普查办公室河湖组与流域机构和省（自治区、直辖市）水利普查办公室河湖组对河湖对象清查普查和特征清查普查的内容进行交叉复核。

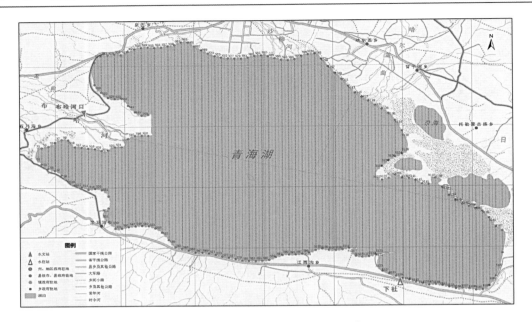

图 1-3-9　青海湖地形测量断面布设

流域机构和省（自治区、直辖市）水利普查办公室河湖组对内业提取、清查和普查的成果进行复核，国务院水利普查办公室河湖组对流域机构和省（自治区、直辖市）水利普查办公室河湖组内业清查和普查成果进行审核。具体方法如下。

1. 利用高分辨率影像复核

通过近期高分辨率遥感影像，采用内业工作的方式，对河流的现势性、干支关系、走向等进行复核修正，提高了普查成果的准确性。图 1-3-10 为现势性复核的例子，DLG 中河流（蓝色线）现在已裁弯取直（红色线）；图 1-3-11 为干支关系复核的例子，东江为县江的支流而不是甬江的支流；图 1-3-12 为河流走向复核的例子，东金线河应向上游溯源上金线河，而不包括图中标注的河段。

2. 利用外业勘测数据复核

对于内业不能完成、不能准确确定、存在疑问的内容通过外业查勘调查进行复核确定。图 1-3-13 为河流河源复核的例子，通过外业查勘调查确定练江的河源（图中红点位置）；图 1-3-14 为河流河口复核的例子，通过外业查勘调查确定入海河流的河口断面（图中红点位置）。

3. 利用已有成果复核

20 世纪 80 年代前后，部分省（自治区、直辖市）水文部门利用我国第一代 1∶5 万纸质地形图对本辖区流域面积 50km²、100km² 及以上的河流进行过调查，如浙江省、广东省等开展过 100km² 及以上的河流调查工作；吉林、湖

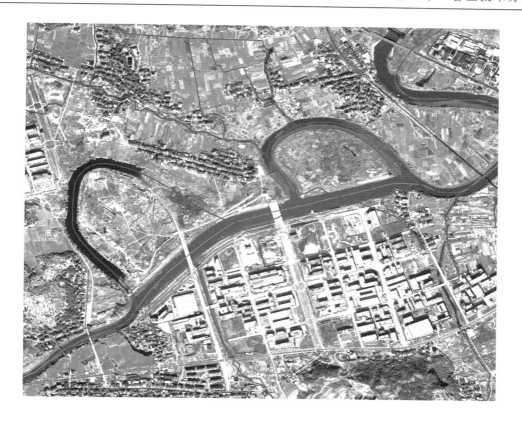

图 1－3－10　现势性复核

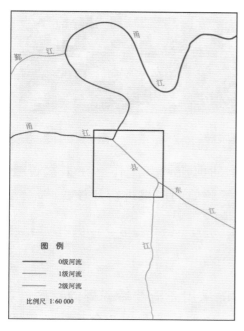

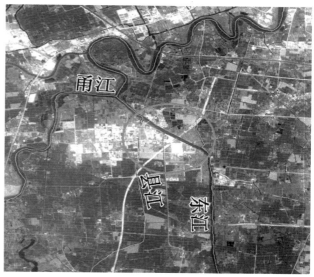

图 1－3－11　水系干支关系复核

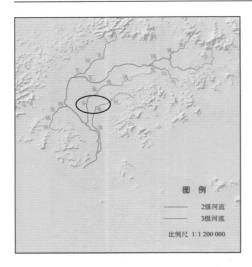

图 1-3-12 河流走向复核

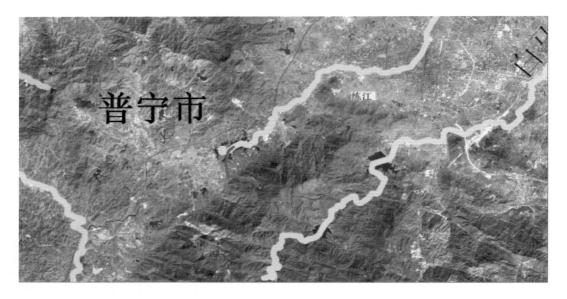

图 1-3-13 河流河源复核

南、广西等省（自治区）开展过 $50km^2$ 及以上的河流调查工作。在本次普查工作中，相关省（自治区、直辖市）充分利用了此前的成果进行复核。

七、普查质量控制

1. 质量控制手段和环节

为确保普查数据成果的质量，本次普查中除采用先清查后普查的程序外，技术方案中设计了自上而下与自下而上相结合、内业与外业相结合等交叉复核的质量控制手段，其主要控制环节有以下几个方面。

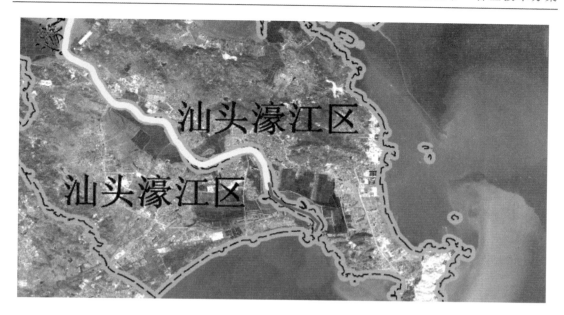

图 1 - 3 - 14　河流河口复核

（1）根据第一代 1∶5 万国家基础地理信息数据和第二代 1∶5 万国家基础地理信息数据分别提取的河流数字水系的对比校核。

（2）高分辨率遥感影像数据校核。

（3）外业复核。

（4）国家级、流域级、省（自治区、直辖市）级交叉复核。

（5）省（自治区、直辖市）级、流域级、国家级逐级审核。

（6）事后质量抽查评估。

2. 事后质量抽查

事后质量抽查是普查质量控制的重要环节，其目的在于评价河湖基本情况普查填表上报数据的总体质量。按照国务院水利普查办公室关于普查事后质量抽查的统一部署，国务院水利普查办公室河湖组结合河湖基本情况普查特点，制订了《河湖基本情况普查事后质量抽查方案》，经国务院水利普查办公室批准。该方案对抽查内容、抽查评估方法、抽样方案都作了明确规定，由流域机构水利普查办公室成立质量抽查组独立开展相关工作，并向国务院水利普查办公室提交质量抽查结果及工作报告。

（1）事后质量抽查评估内容。根据《第一次全国水利普查事后质量抽查办法》规定的原则，结合河湖基本情况普查数据获取方式和组织实施方式的特点，河湖基本情况普查的事后质量抽查主要评估普查数据的填报差错。

普查数据填报差错主要通过对普查对象及特征数据的抽查，以普查数据差错率反映河湖基本情况普查对象主要指标数据填报的准确性。

事后质量抽查评估的内容包括普查的主要指标，如河流的名称、河长、河道比降、集水面积、河源河口位置及地址、湖泊水面面积等。

（2）抽样设计。

1）抽样方案。抽样遵循科学性和可操作性相结合的总原则，确保事后质量抽查的科学性、可行性和独立性。

抽样总体为流域面积 50km² 及以上河流名录、常年水面面积 1km² 及以上湖泊名录。抽样方法为按 7 个流域机构管理片区涉及的二级水系河流名录、一级流域（区域）湖泊名录等距随机抽样选定抽查样本。每个二级水系的河流抽样样本数按约 5‰ 比例确定；每个一级流域（区域）的湖泊抽样样本数为 2。其中，内流诸河、西南西北外流诸河、长江一级流域（区域）分属多个流域机构，各流域机构管理片区涉及上述 3 个一级流域（区域）的湖泊抽样样本数为 1。

河流和湖泊基本情况普查的事后质量抽查的概率约为 5‰。

2）抽样总体的准备。以流域面积 50km² 及以上河流名录、常年水面面积 1km² 及以上湖泊名录为抽样总体。依照 7 个流域机构管理片区分别导出 68 个二级水系河流名录样本框，以及 15 个一级流域（区域）水系湖泊名录样本框，共形成 83 个抽样样本框。

3）样本抽取。根据每个抽样样本框的总数量和抽样数量，按照等距随机抽样方法进行抽样。

4）河流样本调整。考虑抽查河流样本在省（自治区、直辖市）单位分布的均匀性，流域机构所辖省（自治区、直辖市）单位无抽查样本时，则增加一个抽样指标，在该省（自治区、直辖市）的河流抽样样本框中随机抽取样本。

（3）质量抽查评估方法。河湖基本情况普查的质量抽查主要针对河湖对象具体普查填报数据的差错率，旨在检查内业处理、交互复核、填表上报过程的差错，评估普查质量。对于抽中的河流和湖泊对象，主要采取内业复核方式检查，即以抽查对象所涉及的 1∶5 万地形图（纸质或 DLG）和资源卫星影像数据（普查湖泊水面面积时相数据）为基础，采用与河湖基本情况普查技术方案相同或不同的方法评估普查成果数据。如流域边界划定根据等高线采用人工勾绘的方法或采用复核普查流域边界的方法；湖泊水面边界划定根据相应时相的资源卫星影像数据采用人工勾绘的方法或采用遥感识别方法；面积量算采用求积仪量算方法或采用 GIS 量算方法；长度量算根据河源河口位置采用在地形图上人工量算的方法或采用 GIS 量算方法。

方案还对事后质量抽查工作的组织实施和进度要求作了明确规定，包括事后质量抽查组的人员组成、专业结构以及抽查工作的实施进度和结果上报等。

按照《河湖基本情况普查事后质量抽查方案》，各流域机构水利普查办公室开展了河湖基本情况普查事后质量抽查工作。通过事后质量抽查结果表明，河湖基本情况普查成果符合相关质量要求。

第四节　普查组织与实施

一、普查组织分工

河湖基本情况普查是一项技术要求高、工作任务重、实施难度大的普查任务。为确保普查工作的顺利开展，国务院水利普查办公室设立了河湖组，具体负责河湖基本情况普查的组织实施；各流域机构和省（自治区、直辖市）水利普查办公室也相应组建了河湖组，具体承担流域或区域范围内河湖基本情况普查的相关工作。考虑到河湖基本情况普查工作的专业性和工作特点，各级水文部门承担了该项普查的主体工作任务。根据第一次全国水利普查的统一部署和安排，参与河湖基本情况普查的各级机构按照"统一领导，分级负责，共同参与"的原则开展工作。国务院水利普查办公室河湖组侧重河流、湖泊的内业综合分析和成果汇总审核，流域机构和省（自治区、直辖市）水利普查办公室河湖组侧重本辖区河流湖泊的外业查勘调查和内业复核等。

二、普查前期工作

按照国务院水利普查办公室的统一部署，第一次全国水利普查为期3年，从2010年1月至2012年12月，普查的标准时点为2011年12月31日24时。

河湖基本情况普查是第一次全国水利普查的重要任务之一，由于河湖基本情况普查在实施上客观存在的特殊性和复杂性，普查的前期准备启动时间更早，包括基础资料收集整理、普查方法分析研究、普查技术方案研究编制、数据处理保密机房建设等前期准备工作于2009年就已开始。通过一系列扎实的前期准备工作，确保了普查技术方案的科学性和普查方法的可行性，为河湖基本情况普查目标任务的完成奠定了坚实基础。

1. 开展试点工作，完善普查技术方案

（1）开展普查试点工作。选定瓯江流域和浑河太子河流域开展重点流域河流普查试点工作，选定浙江、辽宁、湖北、江西、广西、青海、甘肃7个省（自治区）开展省级范围河流湖泊普查试点工作，验证普查技术路线和工作方法，积累普查工作经验，为开展全国范围河湖基本情况普查工作奠定了重要工作基础。

（2）完善普查技术方案。在普查试点工作的基础上，及时组织开展技术总结和交流，对试点中发现的问题进行了多种形式的专家技术咨询和研讨，不断深化和完善普查技术方案，编制完成《河湖基本情况普查实施方案》。

2. 专题分析研究，解决普查技术难题

（1）技术装备选型论证。通过多方技术论证，明确了普查定位设备的技术性能指标和工作模式，确定了外业勘测选用的关键技术设备。

（2）开展专题技术研讨。针对河湖基本情况普查中存在的难点问题和重点问题，先后召开内流区和岩溶区河流基本情况普查专题研讨会，明确了内流区和岩溶区河流普查技术难点的解决方案。

3. 编写专门教材，加强普查技术培训

按照国务院水利普查办公室的统一组织和部署，组织工作班子，编写了第一次全国水利普查培训教材之二——《河湖基本情况普查》，由中国水利水电出版社于 2010 年 11 月出版。在清查和普查阶段，先后开展了大规模的人才培训工作，对参与河湖基本情况普查的有关技术人员进行了全面系统培训，为普查工作顺利实施创造了良好的人力条件。

4. 落实保障措施，确保普查顺利开展

在普查的前期准备阶段，各级普查机构在落实保障措施上做了大量卓有成效的工作，包括经费落实、人员配备、宣传报道、制度建设、专用设备采购、保密与档案管理等，确保了普查工作的顺利开展。

三、普查工作阶段

按照第一次全国水利普查的总体部署和安排，河湖基本情况普查工作分为4 个阶段：前期准备阶段、清查登记阶段、填表上报阶段以及成果发布阶段。

（1）前期准备阶段。收集相关基础资料，开展普查试点工作，针对普查难点问题进行专题技术研讨，制定普查技术方案，组织开展人员培训等。

（2）清查登记阶段。开展河流湖泊内业计算提取工作，利用高分辨率遥感影像数据、已有的河流湖泊调查成果等，进行必要的外业查勘调查，对河流湖泊对象和水系结构进行校核，形成河流湖泊数字水系，编制河流湖泊名录。

（3）填表上报阶段。通过内业分析计算和外业查勘调查，全面获取河流湖泊相关特征信息，反复进行交叉复核，完成普查表填报工作。

（4）成果发布阶段。开展普查成果汇总分析工作，建立普查成果数据库，组织进行专家咨询和审核，开展事后质量抽查评估，由水利部和国家统计局发布主要普查成果，编制普查成果报告。

四、普查实施工作

1. 内业工作

本次河湖基本情况普查的最主要数据源是1：5万国家基础地理信息数据，但在河湖对象清查工作阶段，当时只有第一代国家基础地理数据，为按时完成河湖对象清查工作，采用了第一代国家基础地理信息数据进行内业处理，形成了河流数字水系和河流湖泊名录成果。随后，第二代国家基础地理信息数据提供使用，考虑到第二代国家基础地理信息数据的准确性和现势性较第一代数据有明显提高，为确保河湖基本情况普查成果的质量，国务院水利普查办公室河湖组又采用第二代国家基础地理信息数据重新进行了计算，形成了新的河流数字水系和河流湖泊名录成果。

2. 外业工作

在河湖基本情况普查工作过程中，为提高普查成果的准确性和可靠性，各流域机构和省（自治区、直辖市）水利普查办公室河湖组在内业计算提取成果和开展分析校核工作的基础上，针对内业工作中存在的疑问、不能准确确定的问题进行了大量的外业勘测工作。据不完全统计，全国现场核对河流和湖泊对象，查勘河源位置、河口位置、流域边界、干支关系、湖泊咸淡水属性、湖泊容积水深等共计11127处。有些重要湖泊的容积测量尚属首次开展，取得的相关特征数据填补了历史资料的空白。

3. 交互工作

在河湖基本情况普查的对象清查和填表上报阶段，采用内业与外业相结合的普查方式，并按照自上而下与自下而上相结合的工作流程，反复开展交互复核工作，贯穿整个河湖基本情况普查的全过程。国务院水利普查办公室河湖组通过内业为各流域机构和省（自治区、直辖市）水利普查办公室河湖组的外业和内业工作提供基础信息和技术支撑，各流域机构和省（自治区、直辖市）水利普查办公室河湖组通过内业校核和外业查勘调查复核，对国务院水利普查办公室河湖组下发的相关成果进行补充、确认和修正。交互复核工作在河湖名称、河流源头、河口位置、流域边界、平原区和内流区边界、平原河流等确定，河流干支关系调整以及区间河流、特殊湖泊的选定等方面发挥了巨大作用，为确保河湖基本情况普查成果质量提供了可靠保证。

第二章 河流普查主要成果

本次河湖基本情况普查涉及河流的普查内容指标共 25 项，其中约 3/5 的内容指标是适宜汇总及分析的，包括：河流长度和流域面积、跨界类型、河流类型、河流平均比降、多年平均年降水深、多年平均年径流深等；水文站和水位站资料中的测站类型、设站日期、流域面积、观测项目等；实测和调查最大洪水情况资料中的洪峰流量、发生时间等。另有 2/5 的普查内容指标则是汇总分析比较困难或者汇总分析意义不大的，包括河流名称及编码、河源地理坐标和位置、河口地理坐标和位置、流经行政区，测站名称及编码、测站位置、实测和调查最大洪水发生站点/地点、资料类型等。本章主要对普查内容中适宜汇总分析的指标进行了统计汇总分析，对不便汇总分析的普查资料，则按河流基本特征、所在流域水系的自然特征、水文特征等，建立了河流主要特征基础数据库。

第一节 河流数量及分布

一、河流名录

通过普查，逐一确定了给定标准以上的河流对象，根据河流水系结构关系，编制了全国河流名录。河流名录成果主要包括河流编码、河流名称、河名备注、河流级别、上一级河流代码、上一级河流名称、河流长度、流域面积、分省（自治区、直辖市）面积、干流流经县级行政区域以及备注等，以河流为基本单元列出了我国给定标准（流域面积 $50km^2$）以上的全部河流的基本信息。表 2-1-1 为全国流域面积 $50km^2$ 及以上河流名录样表。

二、河流数量

按照本次普查的统计口径，全国流域面积 $50km^2$ 及以上的河流总数为45203 条。其中，山地河流40503 条（含山地平原混合河流82 条），约占普查河流总数的 89.6%，平原河流4700 条，约占普查河流总数的 10.4%。外流河流35958 条，约占普查河流总数的 79.5%，涉及的流域总面积约占国土总面积

表2-1-1

全国水利普查
China Census for Water

全国河流名录

全国流域面积50km²及以上河流名录样表

表　号：
制表机关：国务院第一次全国水利普查领导小组办公室
批准机关：
批准文号：
有效期至：

序号	1. 河流编码	2. 河流名称	2A. 河名备注	3. 河流级别	4. 上一级河流代码	4A. 上一级河流名称	5. 河流长度/km	6. 流域面积/km²	6A. 分省面积/km²	7. 流经	备注
1	AA000000000J	额尔古纳河	克鲁伦河（呼伦湖出口断面以上）、达赉鄂洛木河（呼伦湖出口断面至海拉尔河汇入断面）	1	AB000000000J	黑龙江	2291	313969	国外(161368.6) 内蒙古(152604.8) 黑龙江(0.7)	蒙古、内蒙古新巴尔虎右旗、满洲里市、俄罗斯、内蒙古新巴尔虎左旗、陈巴尔虎旗、额尔古纳市	AA000000000NJ
2	AA11A000000C	巴彦布拉格沟		2	AA000000000J	额尔古纳河	13	55.5	内蒙古(25.3) 国外(30.2)	蒙古、内蒙古新巴尔虎右旗	AA11C000000L
3	AA11B000000L	冈嘎浑迪		2	AA000000000J	额尔古纳河	12	117	内蒙古(92.8) 国外(24.7)	内蒙古新巴尔虎右旗	AA4UP1A5135N
4	AA11C000000R	乌苏廷嘎布沟		2	AA000000000J	额尔古纳河	18	75.7	内蒙古(75.7)	内蒙古新巴尔虎右旗	AA11E000000R
5	AA11A000000C	阿尔巴乃泽德仑		2	AA000000000J	额尔古纳河	39	417	内蒙古(361.6) 国外(55.4)	蒙古、内蒙古新巴尔虎右旗	AA1AB000000R
6	AA1AA000000L	札腊根包勒德如沟		3	AA1A000000C	阿尔巴乃泽德仑	27	154	内蒙古(154.2)	内蒙古新巴尔虎右旗	AA1AA000000R
7	AA12A000000L	沃布多根浩雷		2	AA000000000J	额尔古纳河	30	147	内蒙古(147.2)	内蒙古新巴尔虎右旗	AA4UP1A5023N

的 2/3，内流河流 9245 条，约占普查河流总数的 20.5％，涉及的流域总面积（含无流区面积，下同）约占国土总面积的 1/3。

在流域面积 50km² 及以上的河流中，流域面积 100km² 及以上、1000km² 及以上、10000km² 及以上河流总数分别为 22909 条、2221 条和 228 条。流域面积在 50～3000km² 的河流（习惯称为中小河流）数量为 44484 条，占普查河流总数的 98.4％，其中流域面积 50～200km² 的河流数量达 34528 条，占普查河流总数的 76.4％，流域面积 200～3000km² 的河流数量为 9956 条，占普查河流的 22.0％；流域面积 3000km² 及以上的河流（习惯称为大江大河）数量只有 719 条，仅占普查河流总数的 1.6％。不同流域面积标准的河流数量及其比例详见表 2-1-2 和表 2-1-3。

表 2-1-2 不同流域面积标准的河流数量

流域面积 F/km²	$F \geqslant 50$	$F \geqslant 100$	$F \geqslant 1000$	$F \geqslant 10000$
数量/条	45203	22909	2221	228
比例/％	100.0	50.7	4.9	0.5

表 2-1-3 不同流域面积区间的河流数量

流域面积 F/km²	$50 \leqslant F < 100$	$100 \leqslant F < 200$	$200 \leqslant F < 3000$	$F \geqslant 3000$
数量/条	22294	12234	9956	719
比例/％	49.3	27.1	22.0	1.6

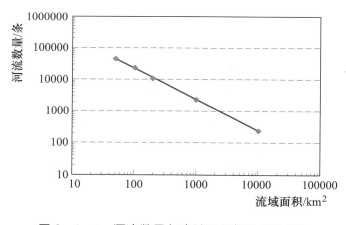

图 2-1-1 河流数量与流域面积标准的关系图

全国河流总数与流域面积标准存在双对数直线关系，即在双对数坐标系中流域面积标准越大，河流数量越小，并且流域面积标准与相应河流数量成反比关系。如流域面积标准 1000km² 和 100km² 变化的比例为 10 倍，相应河流数量（2221 条和 22909 条）变化比例约为 1/10。若按此双对数直线关系来推算，全国流域面积 10km² 及以上的河流数量约为 23 万条。河流数量与流域面积标准的关系见图 2-1-1。

跨国界（境）河流即穿越或位于国界（境）上的河流，是一类特殊的河流，本次普查给予了专门的界定和统计。全国流域面积 50km² 及以上的跨国界（境）河流共 421 条，约占普查河流总数的 0.9%，入境河流、出境河流、国界河流在我国境内的流域面积约占国土总面积的 1/4。在流域面积 50km² 及以上的跨界（境）河流中，流域面积 100km² 及以上、1000km² 及以上、10000km² 及以上河流总数分别为 339 条、102 条和 35 条。不同流域面积标准跨国界（境）河流数量详见表 2-1-4。由表 2-1-4 可见，在流域面积小于 1000km² 的跨国界（境）河流中，入境河流多于出境河流，入境河流约占 50.1%、出境河流约占 36.4%、国界河流约占 13.5%；在流域面积 1000km² 及以上的跨界（境）河流中，入境河流约占 28.4%、出境河流约占 52.0%，出境河流数量远多于入境河流，约为入境河流的两倍。

表 2-1-4　　　　　不同流域面积标准跨国界（境）河流数量

流域面积 F /km²　　　　河流类别	$F \geqslant 50$		$F \geqslant 100$		$F \geqslant 1000$		$F \geqslant 10000$		$50 \leqslant F < 1000$	
	数量/条	比例/%	数量/条	比例/%	数量/条	比例/%	数量/条	比例/%	数量/条	比例/%
全国	421	100.0	339	100.0	102	100.0	35	100.0	319	100.0
入境河流	189	44.9	158	46.6	29	28.4	8	22.9	160	50.1
出境河流	169	40.1	129	38.1	53	52.0	21	60.0	116	36.4
国界河流	63	15.0	52	15.3	20	19.6	6	17.1	43	13.5

三、河流分布

1. 流域面积 50km² 及以上河流分布

在全国流域面积 50km² 及以上的河流中，河流数量超过 5000 条的一级流域（区域）有长江、内流诸河、西南西北外流诸河和黑龙江，河流数量分别为 10741 条、9245 条、5150 条和 5110 条；河流数量小于 2000 条的一级流域（区域）有浙闽诸河和辽河。全国平均的河流密度为 48 条/万 km²，河流密度最大的 3 个一级流域（区域）分别为淮河、海河和浙闽诸河，分别为 75 条/万 km²、70 条/万 km² 和 63 条/万 km²；内流诸河（含无流区，下同）的河流密度最小，只有 29 条/万 km²；辽河的河流密度也小于全国的平均值，为 46 条/万 km²。一级流域（区域）流域面积 50km² 及以上河流数量和密度分布详见表 2-1-5 和图 2-1-2。

在流域面积 50km² 及以上的河流中，河流数量超过 3000 条的省（自治区、直辖市）有西藏、内蒙古、青海、新疆，分别为 6418 条、4087 条、3518 条和 3484 条；流域面积 50km² 及以上河流的河流密度最大的 3 个省（自治区、直辖市）为天津、上海和江苏，分别为 163 条/万 km²、163 条/万 km² 和

表 2-1-5   一级流域（区域）流域面积 50km² 及以上河流数量和密度分布

一级流域（区域）	河流数量/条	河流密度/（条/万 km²）	一级流域（区域）	河流数量/条	河流密度/（条/万 km²）
全国	45203	48	长江	10741	60
黑龙江	5110	55	浙闽诸河	1301	63
辽河	1457	46	珠江	3345	58
海河	2214	70	西南西北外流诸河	5150	54
黄河	4157	51	内流诸河	9245	29
淮河	2483	75			

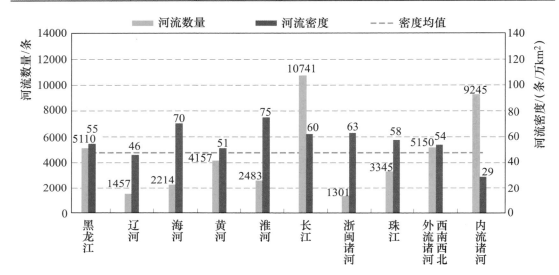

图 2-1-2   一级流域（区域）流域面积 50km² 及以上河流数量和密度分布图

143 条/万 km²；河流密度最小的省（自治区、直辖市）为新疆，只有 21 条/万 km²，另河流密度小于全国平均值的省（自治区、直辖市）有甘肃、内蒙古，分别为 38 条/万 km² 和 36 条/万 km²。31 个省（自治区、直辖市）流域面积 50km² 及以上河流数量和密度分布详见表 2-1-6 和图 2-1-3。

31 个省（自治区、直辖市）流域面积 50km² 及以上河流的总数为 46796 条，大于全国同标准流域面积河流总数 45203 条，这是因为同一河流流经不同省（自治区、直辖市）行政区域时重复统计的结果。

2. 流域面积 100km² 及以上河流分布

在全国流域面积 100km² 及以上的河流中，河流数量超过 5000 条的一级流域（区域）有内流诸河和长江，分别为 5349 条和 5276 条。全国平均的河流密度为 24 条/万 km²，河流密度最大的一级流域（区域）为淮河，浙闽诸河次

表 2 - 1 - 6　　　　　各省（自治区、直辖市）流域面积 50km²
及以上河流数量和密度分布

序号	省（自治区、直辖市）	河流数量/条	河流密度/（条/万 km²）	序号	省（自治区、直辖市）	河流数量/条	河流密度/（条/万 km²）
	合计	46796	48	16	河南	1030	63
1	北京	127	77	17	湖北	1232	66
2	天津	192	163	18	湖南	1301	62
3	河北	1386	74	19	广东	1211	68
4	山西	902	58	20	广西	1350	57
5	内蒙古	4087	36	21	海南	197	57
6	辽宁	845	57	22	重庆	510	62
7	吉林	912	48	23	四川	2816	58
8	黑龙江	2881	61	24	贵州	1059	60
9	上海	133	163	25	云南	2095	55
10	江苏	1495	143	26	西藏	6418	53
11	浙江	865	82	27	陕西	1097	54
12	安徽	901	65	28	甘肃	1590	38
13	福建	740	60	29	青海	3518	51
14	江西	967	58	30	宁夏	406	79
15	山东	1049	66	31	新疆	3484	21

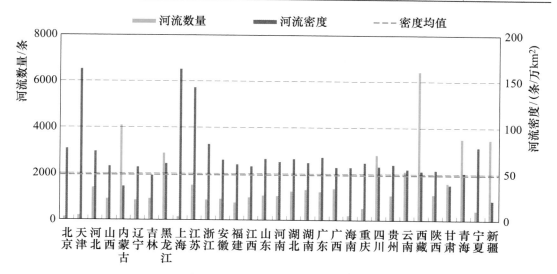

图 2 - 1 - 3　各省（自治区、直辖市）流域面积 50km² 及
以上河流数量和密度分布图

之，均大于 30 条/万 km²；内流诸河区域的河流密度最小，只有 17 条/万
km²。一级流域（区域）流域面积 100km² 及以上河流数量和密度分布详见表
2-1-7 和图 2-1-4。

表 2-1-7　　　　一级流域（区域）流域面积 100km² 及
以上河流数量和密度分布

一级流域（区域）	河流数量/条	河流密度/（条/万 km²）	一级流域（区域）	河流数量/条	河流密度/（条/万 km²）
全国	22909	24	长江	5276	29
黑龙江	2428	26	浙闽诸河	694	34
辽河	791	25	珠江	1685	29
海河	892	28	西南西北外流诸河	2467	25
黄河	2061	25	内流诸河	5349	17
淮河	1266	38			

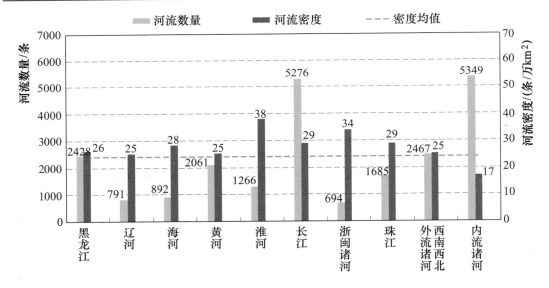

图 2-1-4　一级流域（区域）流域面积 100km² 及以上河流数量和密度分布图

在流域面积 100km² 及以上的河流中，河流数量超过 1500 条的省（自治
区、直辖市）有西藏、内蒙古、新疆和青海，分别为 3361 条、2408 条、1994
条和 1791 条。流域面积 100km² 及以上河流的河流密度最大的 3 个省（自治
区、直辖市）为江苏、浙江和北京，分别为 68 条/万 km²、46 条/万 km² 和
43 条/万 km²；河流密度最小的省（自治区、直辖市）为新疆，只有 12 条/万
km²。31 个省（自治区、直辖市）流域面积 100km² 及以上河流数量和密度分
布详见表 2-1-8 和图 2-1-5。

表 2 - 1 - 8　　各省（自治区、直辖市）流域面积 100km² 及以上
河流数量和密度分布

序号	省（自治区、直辖市）	河流数量/条	河流密度/（条/万 km²）	序号	省（自治区、直辖市）	河流数量/条	河流密度/（条/万 km²）
	合计	24117	24	16	河南	560	34
1	北京	71	43	17	湖北	623	34
2	天津	40	34	18	湖南	660	31
3	河北	550	29	19	广东	614	34
4	山西	451	29	20	广西	678	29
5	内蒙古	2408	21	21	海南	95	28
6	辽宁	459	31	22	重庆	274	33
7	吉林	497	26	23	四川	1396	29
8	黑龙江	1303	28	24	贵州	547	31
9	上海	19	23	25	云南	1002	26
10	江苏	714	68	26	西藏	3361	28
11	浙江	490	46	27	陕西	601	29
12	安徽	481	34	28	甘肃	841	20
13	福建	389	31	29	青海	1791	26
14	江西	490	29	30	宁夏	165	32
15	山东	553	35	31	新疆	1994	12

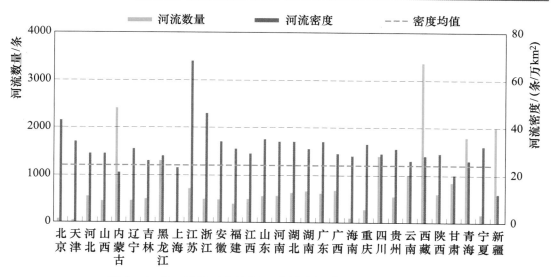

图 2 - 1 - 5　各省（自治区、直辖市）流域面积 100km² 及
以上河流数量和密度分布图

31 个省（自治区、直辖市）流域面积 100km² 及以上河流的总数为 24117 条，大于全国同标准流域面积河流总数 22909 条，这也是因同一河流流经不同省（自治区、直辖市）行政区时重复统计的结果。

3. 流域面积 1000km² 及以上河流分布

在全国流域面积 1000km² 及以上的河流中，河流数量超过 500 条的一级流域（区域）只有内流诸河，为 613 条。全国平均的河流密度为 2.3 条/万 km²，一级流域（区域）的河流密度相差不大，珠江最大，为 2.9 条/万 km²；内流诸河和海河最小，均为 1.9 条/万 km²。一级流域（区域）流域面积 1000km² 及以上河流数量和密度分布详见表 2-1-9 和图 2-1-6。

表 2-1-9　　　　　一级流域（区域）流域面积 **1000km² 及以上**
河流数量和密度分布

一级流域（区域）	河流数量/条	河流密度/（条/万 km²）	一级流域（区域）	河流数量/条	河流密度/（条/万 km²）
全国	2221	2.3	长江	464	2.6
黑龙江	224	2.4	浙闽诸河	53	2.6
辽河	87	2.8	珠江	169	2.9
海河	59	1.9	西南西北外流诸河	267	2.8
黄河	199	2.4	内流诸河	613	1.9
淮河	86	2.6			

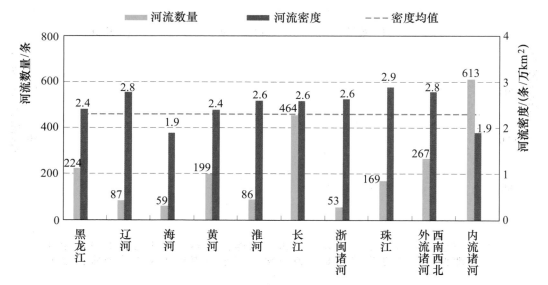

图 2-1-6　一级流域（区域）流域面积 1000km² 及
以上河流数量和密度分布图

4. 流域面积 10000km² 及以上河流分布

在全国流域面积 10000km² 及以上的河流中，河流数量超过 50 条的一级流域（区域）只有内流诸河，为 53 条。全国平均的河流密度为 0.24 条/万 km²，河流密度较大的一级流域（区域）为辽河和黑龙江，分别为 0.41 条/万 km² 和 0.39 条/万 km²；内流诸河的河流密度最小，为 0.16 条/万 km²。一级流域（区域）流域面积 10000km² 及以上河流数量和密度分布详见表 2-1-10 和图 2-1-7。全国流域面积 10000km² 及以上河流一览见表 2-1-11。

表 2-1-10　一级流域（区域）流域面积 10000km² 及以上河流数量和密度分布

一级流域（区域）	河流数量/条	河流密度/（条/万 km²）	一级流域（区域）	河流数量/条	河流密度/（条/万 km²）
全国	228	0.24	长江	45	0.25
黑龙江	36	0.39	浙闽诸河	7	0.34
辽河	13	0.41	珠江	12	0.21
海河	8	0.25	西南西北外流诸河	30	0.31
黄河	17	0.21	内流诸河	53	0.16
淮河	7	0.21			

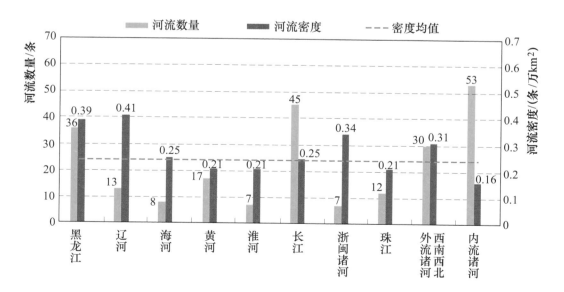

图 2-1-7　一级流域（区域）流域面积 10000km² 及以上河流数量和密度分布图

表 2-1-11　流域面积 10000km² 及以上河流一览表

序号	一级流域（区域）	二级水系	河流名称	河 名 备 注	河流级别	上一级河流名称	河流长度/km	流域面积/km²	50km² 及以上河流数/条
1	黑龙江		额尔古纳河	克鲁伦河（呼伦湖出口断面以上）、达赉鄂洛木河（呼伦湖出口断面至海拉尔河汇入断面）	1	黑龙江	1350	152600	779
2		额尔古纳河水系	哈拉哈河	乌尔逊河（贝尔湖出口断面至呼伦湖入口断面）、海拉斯台阿着高勒（海拉斯台阿着高勒汇入断面以上）	2	额尔古纳河	650	51133	76
3			海拉尔河	库都尔河（大雁河汇入断面以上）	2	额尔古纳河	743	54706	275
4			伊敏河	惠腾高勒（呼莫富勒汇入断面以上）	3	海拉尔河	394	22697	110
5			辉河		4	伊敏河	454	11467	45
6			根河		2	额尔古纳河	415	15837	86
7			激流河	塔里亚河（奥西加河汇入断面以上）、牛耳河（奥西加河汇入断面至金河汇入断面）	2	额尔古纳河	467	15843	101
8		黑龙江干流水系	黑龙江		0		1905	888711	651
9			额木尔河		1	黑龙江	497	16110	96
10			呼玛河		1	黑龙江	585	31181	191
11			逊毕拉河	又名逊河、逊别拉河、逊比拉河	1	黑龙江	318	15692	88
12		松花江水系	松花江	南瓮河（二根河汇入断面以上）至第二松花江汇入断面、嫩江（二根河汇入断面以上）	1	黑龙江	2276	554542	2553
13			甘河		2	松花江	499	19711	119
14			讷谟尔河	南北河（二更河汇入断面以上）、南腰小河（南北河汇入断面以上）	2	松花江	498	13851	77

续表

序号	一级流域（区域）名称	二级水系	河流名称	河名备注	河流级别	上一级河流名称	河流长度/km	流域面积/km²	50km²及以上河流数/条
15			诺敏河	马布拉河（诺敏河南源河汇入断面以上）	2	松花江	499	25420	154
16			雅鲁河	南大河（雅鲁河左支河汇入断面以上）	2	松花江	387	19249	108
17			绰尔河		2	松花江	563	17186	98
18			呼尔达河		2	松花江	237	10405	27
19			洮儿河		2	松花江	595	36186	156
20			蛟流河		3	洮儿河	256	10550	37
21	黑龙江	松花江水系	霍林河		2	松花江	706	36796	69
22			第二松花江	五道白河（四道白河汇入断面以上）、二道松花江（两江口至白山水库）	2	松花江	882	73803	409
23			辉发河	柳河（吉林与辽宁省界断面以上）	3	第二松花江	270	14905	86
24			饮马河		3	第二松花江	357	18125	85
25			拉林河		2	松花江	389	19553	101
26			呼兰河		2	松花江	455	39241	166
27			通肯河		3	呼兰河	372	10305	65
28			蚂蚁河		2	松花江	280	10782	63
29			牡丹江	正身河（金矿河汇入断面以上）	2	松花江	693	37298	224
30			倭肯河		2	松花江	326	11013	68
31			汤旺河	东汤旺河（西汤旺河汇入断面以上）	2	松花江	454	20778	119

续表

序号	一级流域（区域）	二级水系	河流名称	河名备注	河流级别	上一级河流名称	河流长度/km	流域面积/km²	50km²及以上河流数/条
32	黑龙江	乌苏里江水系	乌苏里江		1	黑龙江	474	60111	176
33			穆棱河		2	乌苏里江	666	16143	96
34		绥芬河水系	绥芬河	大绥芬河（小绥芬河汇入断面以上）	0		271	10084	63
35		图们江水系	图们江		0		535	22747	145
36			嘎呀河	桦皮甸子河（东新河汇入断面以上）	1	图们江	228	13586	74
37	辽河	辽河水系	辽河	西拉木伦河（老哈河汇入断面以上）、西辽河（老哈河汇入断面至东辽河汇入断面以下）、双台子河（养息牧河汇入断面以下）	0		1383	191946	864
38			查干木伦河	又名查干沐沦河，阿山河（辉腾河汇入断面以上）	1	辽河	236	11611	62
39			老哈河		1	辽河	451	29623	136
40			阴河	英金河（锡泊河汇入断面至英金河汇入断面）	2	老哈河	218	10598	60
41			教来河	清河（奈曼旗入仙筒以下）	1	辽河	519	17620	36
42			乌力吉木仁河	又名乌尔吉沐沦河，乌力吉木仁河，清河（开鲁县境内）	1	辽河	680	48793	151
43			东辽河		1	辽河	377	11189	58
44			绕阳河		1	辽河	326	10348	59
45			浑河	红河（上游）、大辽河（大子河汇入断面以下）、浑河（大子河汇入断面以上）	0		495	28260	136
46			太子河		1	浑河	363	13493	73

续表

序号	一级流域（区域）	二级水系	河流名称	河名备注	河流级别	上一级河流名称	河流长度/km	流域面积/km²	50km²及以上河流数/条
47	辽河	辽东湾西部沿渤海诸河水系	大凌河		0		453	23235	134
48		鸭绿江水系	鸭绿江		0		821	32861	189
49			浑江		1	鸭绿江	431	15340	91
50	海河	滦河暨冀东沿海诸河水系	滦河	闪电河（黑风河汇入断面至小滦河汇入断面）、大滦河（吐里根河汇入断面以上）	0		995	44227	230
51		北三河水系	潮白河	白河（潮河汇入断面以上）	1		414	17312	86
52		永定河水系	永定河	源子河（朔城区神头镇马邑以上）、桑干河（洋河汇入断面以上）	0		869	47396	250
53			洋河	又名二道河、后河，东洋河（内蒙古和河北省界断面至南洋河汇入断面）	1	永定河	267	15160	79
54		子牙河水系	滏阳河		1		450	21511	46
55			滹沱河		1		615	24664	138
56		漳卫河水系	卫河	东大河（山西省晋城市境内）、大沙河（共产主义渠断面以上）	1		411	14834	79
57			漳河	浊漳河（涉县合漳村断面以上，河南境内）、浊漳南源（浊漳西源汇入断面以上）	1		440	19927	108

续表

序号	一级流域（区域）	二级水系	河流名称	河 名 备 注	河流级别	上一级河流名称	河流长度/km	流域面积/km²	50km²及以上河流数/条
58	黄河		黄河	黄河（会宁县城以上）	0		5687	813122	4013
59		黄河干流水系	祖厉河	厉河（会宁县城以上）	1	黄河	219	10680	69
60			清水河		1	黄河	319	14623	78
61			乌加河	格尔敖包高勒（总排干以上）、乌加河（总排干至乌毛计闸）、乌梁素海退水渠（乌毛计闸以下）	1	黄河	348	28739	105
62			大黑河		1	黄河	238	12361	64
63			沁河		1	黄河	495	13069	78
64		洮河水系	洮河		1	黄河	699	25520	158
65		通河-湟水水系	湟水-大通河	大通河（湟水汇入断面以上）	1	黄河	643	32878	208
66			湟水	大通河（湟水汇入断面以上）	2	湟水-大通河	300	15558	95
67		无定河水系	无定河		1	黄河	477	30496	105
68		汾河水系	汾河		1	黄河	713	39721	207
69		渭河水系	渭河		1	黄河	830	134825	677
70			葫芦河		2	渭河	298	10726	58
71			泾河	环江（西川汇入断面至环县曲子镇）、马莲河西川（庆城县南门大桥至环县曲子镇）	2	渭河	460	45458	209
72			马莲河	环江（西川汇入断面至环县曲子镇）、马莲河西川（庆城县南门大桥至环县曲子镇）	3	泾河	375	19084	100
73			北洛河		2	渭河	711	26998	155
74		伊洛河水系	洛河	伊洛河（伊河汇入断面以下）	1	黄河	445	18876	117

续表

序号	一级流域（区域）	二级水系	河流名称	河名备注	河流级别	上一级河流名称	河流长度/km	流域面积/km²	50km²及以上河流数/条
75		淮河洪泽湖以上暨高宝白马湖区水系	淮河	汝河（洪河汇入断面以上）	0		1018	190982	858
76			洪汝河	沙河（常胜沟汇入断面以下）、颍河（安徽境内）	1	淮河	315	12331	71
77			沙颍河	白羊沟（大律王村断面以上）	1	淮河	613	36660	210
78	淮河		涡河		1	淮河	411	15862	92
79			怀洪新河		1	淮河	125	12181	46
80		沂沭泗水系	沂河	又名沂水	1		357	11470	75
81		山东半岛诸河水系	小清河		0		229	10433	57
82			长江	沱沱河（当曲汇入断面以上）、通天河（当曲汇入断面至称文细曲汇入断面）、金沙江（称文细曲汇入断面至岷江汇入大渡河汇入断面）	0		6296	1796000	9440
83		长江干流水系	当曲		1	长江	352	30944	158
84	长江		布曲		2	当曲	232	13815	69
85			楚玛尔河		1	长江	541	31311	152
86			汉曲	又名硕衣河、硕曲、山硕河、无量河、五郎河、东旺河、稻坝河	1	长江	300	12225	67
87			水洛河	又名木里河、盘龙江（滇池出口至石龙坝电站）、螳螂川、多克楚河、多路塑河、水洛河、稻城河、牧羊河（松华坝水库以上、盘龙江（滇池出口至石龙坝电站）	1	长江	307	13857	77
88			普渡河	滇池入口、海口河（松华坝水库坝址至龙坝电站（三岔河汇入断面）、普渡河（三岔河汇入断面至金沙江汇入断面）	1	长江	377	11696	66

续表

序号	一级流域(区域)	二级水系	河流名称	河　名　备　注	河流级别	上一级河流名称	河流长度/km	流域面积/km²	50km²及以上河流数/条
89	长江	长江干流水系	牛栏江	果马河(水库段以上)	1	长江	447	13846	79
90			横江	又名八匡河、石门河，上游称为洛泽河、关河(岔河至柿子坝)	1	长江	340	14878	82
91			沱江	又名中水、中江、内江、沱江水、牛鞞江、资江、雁江、金堂河、金川、金川、牛鞞河、泸江	1	长江	640	27604	149
92			赤水河	又名大涉水、鳛部水、安乐水、安乐溪、高郎河、斋郎河、齐郎水、仁怀河、仁水、之溪、赤虺河、赤水	1	长江	442	18807	116
93			清江		1	长江	430	16764	86
94			府澴河	涢水(又名府河、澴水汇入断面以上)、府澴河(府河和澴河汇合断面以下)	1	长江	357	13833	80
95		雅砻江水系	雅砻江		1	长江	1633	128120	740
96			鲜水河	又名鲜水、州江	2	雅砻江	586	19148	104
97			理塘河	又名无量河、小金河、木里河、里塘河	2	雅砻江	517	19046	111
98			安宁河	又名孙水、长河、长江水、白沙江、西泸水、越溪河、泸沽水	2	雅砻江	332	11065	68
99		大渡河-岷江水系	岷江-大渡河	麻尔(柯河)曲(俄柯河汇入断面以上)	1	长江	1240	135387	746
100			绰斯甲河	又名杜柯河	2	岷江-大渡河	447	16015	101
101			青衣江	又名青衣水、沫水、蒙水、平羌江、平乡江、洪雅川、雅江	2	岷江-大渡河	289	12842	67
102			岷江		2	岷江-大渡河	594	34222	166

续表

序号	一级流域（区域）	二级水系	河流名称	河 名 备 注	河流级别	上一级河流名称	河流长度/km	流域面积/km²	50km²及以上河流数/条
103	长江		嘉陵江		1	长江	1132	158958	866
104			西汉水	又名犀牛江	2	嘉陵江	293	10105	58
105		嘉陵江水系	白龙江	又名白水、黄沙江、桓水、白江水、羌水、羝水、嶓萌水、桔柏水、醌嗣水	2	嘉陵江	562	32181	176
106			渠江	前河[四川省汉市江口水年断面（后河汇入断面）以上]	2	嘉陵江	676	38913	213
107			州河		3	渠江	311	11100	59
108			涪江	又名涪水、涪江水、内江水、内江、武水、金盘溪、金盘河、小河	2	嘉陵江	668	35881	203
109		乌江水系	乌江		1	长江	993	87656	495
110			澧水	澧水中源（澧水北源汇入断面以上）	2	长江	407	16959	95
111			沅江	清水江（贵州境内）	2		1053	89833	505
112			舞水		3	沅江	446	10373	61
113			酉水		3	沅江	484	19344	105
114			资水	赧水（邵阳县夫夷水河汇入断面以上）	2		661	28211	169
115		洞庭湖水系	湘江	潇水（湘江西源汇入断面以上）、大桥河（中河汇入断面以上）	2		948	94721	541
116			耒水	汧江（汝城县马桥乡大牛头村学堂挑组大湾以上）、东江（汝城县马桥乡大牛头村学堂挑组大湾至苏仙区五里牌镇与永兴县交界处）、便江（苏仙区五里牌镇与永兴县碧塘乡吾塘里邻村大邻组交界处至永兴县塘门口镇塘门正街组与耒阳市交界处）	3	湘江	446	11776	71
117			洣水	水口河（炎陵县水口镇官仓下村以上）、河漠水（炎陵县水口镇官仓下村至炎陵县三河镇西台村）、水口镇官仓下村至炎陵县三河镇西合村	3	湘江	297	10327	66

续表

序号	一级流域（区域）	二级水系	河流名称	河 名 备 注	河流级别	上一级河流名称	河流长度/km	流域面积/km²	50km²及以上河流数/条
118	长江	汉江水系	汉江	汇湾河（泉河汇入断面以上）、泗河（泉河汇入断面至官渡河汇入断面）、堵河（官渡河汇入断面至堵河汇入断面）	1	长江	1528	151147	819
119			堵河		2	汉江	345	12450	67
120			丹江		2	汉江	391	16138	91
121			唐白河	白河（唐河汇入断面以上）、唐白河（唐河汇入断面以下）	2	汉江	363	23975	140
122		鄱阳湖水系	修水	东津水（渣津河汇入断面以上）	2		391	14910	80
123			赣江	绵江（湘水汇入断面以上）、贡水（湘水汇入断面至章江汇入断面）	2		796	81820	483
124			抚河	驿前港（杨溪水库以上）、旴江（南城县境内）、抚河（南城县城至饶县界以下）	2		344	15767	96
125			信江	古称余水，又名信河、玉山水（玉山县境内）、冰溪（七一水库以上）、冰溪（玉山县城至上饶市信州区）	2		366	15972	92
126			饶河	古称鄱江，乐安河、建纳昌江汇入断面以上）	2		309	14969	86
127	浙闽诸河	钱塘江水系	钱塘江	龙田河（安徽境内）、兰江（兰溪至梅城）、富春江（梅城至闻家堰至九里泷、梅城至桐庐、之江、常山港（开化县华埠镇至衢州双港口、开化县华埠镇至衢州双港口、衢江（衢州双港口至兰溪横山下）、杭州湾（九溪至芦潮港闸、外游山）	0		609	55491	281
128			新安江	左龙溪（冯村河汇入断面以上）、大源河（左龙河汇入断面至小源河汇入断面）、率水（小源河汇入断面至武强溪汇入断面）、浙江（横江汇入断面至横溪入断面）、新安江（横江汇入断面至安徽省界）	1	钱塘江	357	11673	71

续表

序号	一级流域（区域）	二级水系	河流名称	河 名 备 注	河流级别	上一级河流名称	河流长度/km	流域面积/km²	50km²及以上河流数/条
129		瓯江水系	瓯江	八都溪（瑞洋溪汇入断面以上）、龙泉溪（龙泉市至李家渠至莲都区大港头）、大溪（大港头至青田县湖边村）	0		377	18165	101
130	浙闽诸河	闽江水系	闽江	水西溪（西溪汇入断面以上）、东溪（西溪汇入断面至安乐溪汇入断面）、翠江（西溪汇入断面至安乐溪汇入断面）、龙津河（安乐溪汇入断面至富屯溪汇入断面）、燕江（安砂水库至富屯溪汇入断面）、沙溪（富屯溪-金溪汇入断面以上）、西溪［沙溪口断面至建溪汇入断面（延福门）］、闽江南港（南北港分流断面至闽江南北港汇入断面）	0		575	60995	365
131			富屯溪-金溪	都溪（里沙溪汇入断面至建宁县沙洲头断面）、澜溪（沙洲断面至建宁县至建宁滩头断面）、濉溪（建宁滩城镇至大田溪汇入断面）、金溪（池潭水库断面至富屯溪汇入断面）	1	闽江	318	13730	83
132			建溪	又名北溪、东溪（西溪汇入断面以上）、崇阳溪（西溪汇入断面至南浦溪汇入断面）	1	闽江	257	16400	92
133		福建沿海诸河	九龙江	万安溪（雁石溪汇入断面以上）、九龙江北溪（漳州市境内河段，饮水工程闸址断面以下，河口段为三叉河）、九龙江南港（江东断面至九龙江北港，分为九龙江北港、中港和南港）	0		305	14835	82
134	珠江	西江水系	西江	南盘江（双江口以上）、红水河（双江口至三江口）、浔江（桂平市至梧州市）、西江（梧州市至思贤滘）	0		2087	340784	1807
135			北盘江	盘龙河（龙潭河汇入断面以上）、革香河（龙潭河汇入断面以下）、北盘江（可渡河汇入断面以下）	1	西江	456	26357	144

43

续表

序号	一级流域（区域）	二级水系	河流名称	河 名 备 注	河流级别	上一级河流名称	河流长度/km	流域面积/km²	50km²及以上河流数/条
136	珠江	西江水系	柳江	都柳江（寻江汇入断面以上）、融江（寻江汇入断面至龙江汇入断面）、柳江（龙江汇入断面以下）	1	西江	743	58370	340
137			龙江	打狗河（贵州省界断面以上）	2	柳江	392	16894	85
138			郁江	驮娘江（百色澄碧河汇入断面以上）、右江（澄碧河汇入断面至左江汇入断面）、郁江（左江汇入断面至桂平三角嘴，其中左江汇入口至南宁市邕宁区八尺江河口段又称为邕江）	1	西江	1159	89691	420
139			左江	又名平而河、斥南水、斥员水	2	郁江	552	32350	113
140			桂江	又名抚河、大溶河（灵河汇入断面至川江汇入断面）、漓江（灵河汇入断面至恭城河汇入断面）	1	西江	438	18761	111
141			贺江	麦岭河（富川县城北镇城北村断面以上）、富江（又名富川江、平桂管理区西湾街道西湾社区以上）	1	西江	352	11562	71
142		北江水系	北江	浈江（江西省信丰县油山镇石碣至广东省韶关市武江区沙洲尾）	0		475	46806	281
143		东江水系	东江	寻乌水（江西省寻乌县东江源村桠髻钵山至广东省河源市龙川县麻布岗镇）	0		507	27050	166
144		韩江水系	韩江	琴江（广东省河源市紫金县七星岽至广东省梅州市五华县水寨镇）、梅江（广东省梅州市五华县水寨镇至广东省梅州市大埔县三河镇）	0		409	29206	178
145			汀江		1	韩江	329	11893	79

续表

序号	一级流域（区域）	二级水系	河流名称	河名备注	河流级别	上一级河流名称	河流长度/km	流域面积/km²	50km²及以上河流数/条
146	西南西北外流诸河	元江水系	元江	又名西河、扎江、羊子江（河源段）、札甘江（南华县境内）、蔓洒江与漠沙江（又名漠沙江）、元江（元江县境内）、红河（红河县城以下）	0		690	75414	425
147		元江水系	李仙江	川河（景东县境内）、恩乐河（镇沅县境内）、新抚江（右纳文边河汇入断面以下）、把边江（右纳文边河汇入断面以下）	1	元江	482	23486	140
148			盘龙河	南温河（麻栗坡县南温河乡境内）	1	元江	238	14937	66
149		澜沧江-湄公河水系	澜沧江		0		2194	164778	916
150			子曲		1	澜沧江	299	12852	76
151			昂曲		1	澜沧江	520	16872	103
152			黑惠江	又名漾濞江	1	澜沧江	342	12044	58
153		怒江-萨尔温江水系	怒江		0		2091	137026	785
154			索曲		1	怒江	282	13930	75
155		独龙江-伊洛瓦底江水系	独龙江		0		182	21367	111
156		雅鲁藏布江暨恒河水系	雅鲁藏布江		0		2296	345953	1918
157			洛扎雄曲		1	雅鲁藏布江	152	13248	72
158			鲍罗里河		1	雅鲁藏布江	215	10059	52
159			西巴霞曲		1	雅鲁藏布江	428	30910	168
160			察隅河		1	雅鲁藏布江	507	30150	158

续表

序号	一级流域（区域）	二级水系	河流名称	河名备注	河流级别	上一级河流名称	河流长度/km	流域面积/km²	50km²及以上河流数/条
161	西南西北外流诸河	雅鲁藏布江暨恒河水系	丹巴曲		2	察隅河	171	11941	61
162			帕隆藏布		1	雅鲁藏布江	318	28959	159
163			易贡藏布		2	帕隆藏布	302	13474	77
164			尼洋河		1	雅鲁藏布江	318	17843	103
165			拉萨河		1	雅鲁藏布江	585	32629	208
166			门曲	卡洞加曲（河源段）	1	雅鲁藏布江	329	11459	65
167			年楚河		1	雅鲁藏布江	235	14172	76
168			多雄藏布		1	雅鲁藏布江	344	20051	125
169			美曲藏布		2	多雄藏布	219	10003	63
170			澎曲	又名朋曲	0		404	31827	192
171		狮泉河暨象泉河水系	森格藏布-狮泉河	又名狮泉河	0		482	27452	164
172			朗钦藏布-象泉河	又名象泉河	0		385	26022	146
173		额尔齐斯河水系	额尔齐斯河	喀依尔特斯河（库依尔特斯河汇入断面以上）	0		660	50418	215
174			乌伦古河	大青格里河（小青格里河汇入断面以上）	0		741	34134	50
175			布尔根河		1	乌伦古河	351	10788	4
176	内流诸河	内蒙古东部高原内流水系	塔布河		0		332	10219	38
177			包尔罕挺郭勒		0		248	10049	40

续表

序号	一级流域（区域）	二级水系	河流名称	河 名 备 注	河流级别	上一级河流名称	河流长度/km	流域面积/km²	50km²及以上河流数/条
178		内蒙古东部高原内流水系	伊和吉勒郭勒	又名大吉林河	0		459	36979	83
179			锡林郭勒		1	伊和吉林郭勒	304	20852	50
180			乌拉盖河		0		505	19276	72
181			疏勒河		0		861	77800	200
182			榆林河		1	疏勒河	260	10390	16
183			党河		1	疏勒河	480	18424	83
184	内流诸河	河西走廊暨阿拉善内流水系	黑河	额济纳河（甘肃与内蒙古省界至西河、东干渠出口）、东河、东干渠出口至昂茨河出口、一道河（昂茨河出口东至居延海入口）	0		883	80781	193
185			讨赖河	讨赖河（冰沟水文站以上）、北大河（冰沟水文站以下）	1	黑河	427	19828	65
186			咸水沟		0		299	28601	79
187			清河沟		0		278	16338	38
188			白沙滩沟		0		141	11879	26
189			石羊河	大水河（青嘴湾以上）、金塔河（高坝镇同心村以上）、杨家坝河（松涛寺以上）、石羊河（红崖山水库以上）、内河（红崖山水库以下）	0		240	18677	47
190			辉斯音高勒		0		186	10342	32
191			莫林河		0		192	13607	40

续表

序号	一级流域（区域）	二级水系	河流名称	河名备注	河流级别	上一级河流名称	河流长度/km	流域面积/km²	50km²及以上河流数/条
192	内流诸河	柴达木内流水系	大哈尔腾河	又名大哈勒腾河	0		341	13757	46
193			格尔木河		0		483	20559	118
194			那棱格勒河		0		575	27671	122
195			楚拉克阿干河		1	那棱格勒河	204	10046	61
196			古尔嘎赫德达里亚		0		313	17018	33
197			柴达木河	清水河（卡可特尔河汇入断面以上）	0		534	23566	113
198			蒙古尔河		0		319	11282	49
199			布哈河		0		278	14458	82
200			奎屯河		0		373	21576	64
201		准噶尔内流水系	博尔塔拉河		0		293	15796	65
202			玛纳斯河	呼斯台郭勒（古仁郭勒河汇入断面以上）	0		608	44667	108
203			呼图壁河		1	玛纳斯河	264	10008	32
204		塔里木内流水系	塔里木河	叶尔羌河（阿克苏河汇入断面以上）	0		2727	365902	1084
205			塔什库尔干河	喀拉其库尔河（塔克墩巴什河汇入断面以上）	1	塔里木河	304	11593	66
206			盖孜河	木吉河（开牙克巴什河汇入断面至康西瓦河汇入断面）	1	塔里木河	401	15042	79
207			提孜那甫河		1	塔里木河	407	15008	38
208			喀什噶尔河	克孜勒苏河（国界至疏勒县界）	1	塔里木河	1019	66770	195

续表

序号	一级流域（区域）	二级水系	河流名称	河名备注	河流级别	上一级河流名称	河流长度/km	流域面积/km²	50km²及以上河流数/条
209			恰克马克河		2	喀什噶尔河	348	13599	51
210			和田河	喀拉喀什河（玉龙喀什河汇入断面以上）	1	塔里木河	1129	56063	184
211			玉龙喀什河		2	和田河	587	18915	78
212			阿克苏河	库玛拉克河（托什干河汇入断面以上）	1	塔里木河	468	46795	103
213			托什干河		2	阿克苏河	560	28230	83
214		塔里木内流水系	木扎尔特河-渭干河		1	塔里木河	457	18187	60
215			克里雅河		0		734	21922	62
216			瓦石峡河		0		303	11260	37
217			车尔臣河	金水河（车尔臣河右支二河汇入断面以上）	0		907	41826	148
218	内流诸河		开都河-孔雀河	孔雀河（博斯腾湖以下至河口）	0		1461	53740	119
219			白杨河		0		232	18045	52
220			石城子河	库如克郭勒（下游段）	0		237	13315	26
221			红柳沟		0		277	15106	10
222		羌塘高原内流水系	扎加藏布		0		423	16224	90
223			扎根藏布		0		351	15937	91
224			依协克帕提河	皮提勒克河（库木开日河汇入断面以下）	0		348	15125	54
225			波仓藏布		0		318	13506	73
226			措勤藏布		0		260	12404	70
227		伊犁河暨额敏河内流水系	额敏河	沙拉依天勒河（确拉阿尔斯坦河汇入断面以上）	0		247	20015	96
228			伊犁河	特克斯河（巩乃斯河汇入断面以上）	0		640	57150	287

第二节 河流自然特征

一、河流水系构成

全国河流水系分为外流区和内流区两类,外流区约占国土面积的 2/3,内流区约占国土面积的 1/3。按照习惯,内流区作为 1 个一级流域(区域),外流区分为 9 个一级流域(区域),全国 10 大一级流域(区域)分别为黑龙江区域、辽河区域、海河区域、黄河流域、淮河区域、长江流域、浙闽诸河区域、珠江区域、西南西北外流诸河区域、内流诸河区域。图 2-2-1 为全国 10 大一级流域(区域)分布图。

全国 10 大一级流域(区域)的划分侧重流域的自然地理属性,考虑了流域的地表分界线和已有的地下水分界线成果,并根据遥感影像进行了复核,此前(1999 年国家自然地图集"水系流域"主题图等)的乌裕尔河内流区、白城内流区、鄂尔多斯内流区、长江上游内流区、藏南内流区分别划归相应的外流流域。

10 个一级流域(区域)又按照区域不重不漏或按照干支流关系分为 68 个二级水系。表 2-2-1 和图 2-2-2 列出了二级水系的名称、编码及分布情况。

表 2-2-1   全国 68 个二级水系名称及编码表

序号	一级流域(区域)	二级水系	二级水系编码
1	黑龙江	额尔古纳河水系	AA
2	黑龙江	黑龙江干流水系	AB
3	黑龙江	松花江水系	AC
4	黑龙江	乌苏里江水系	AD
5	黑龙江	绥芬河水系	AE
6	黑龙江	图们江水系	AF
7	辽河	辽河水系	BA
8	辽河	辽东湾西部沿渤海诸河水系	BB
9	辽河	辽东湾东部沿渤海诸河水系	BC
10	辽河	辽东沿黄海诸河水系	BD
11	辽河	鸭绿江水系	BE

序号	一级流域（区域）	二级水系	二级水系编码
12	海河	滦河暨冀东沿海诸河水系	CA
13	海河	北三河水系	CB
14	海河	永定河水系	CC
15	海河	海河干流暨大清河水系	C0①
16	海河	子牙河水系	CE
17	海河	黑龙港暨运东地区诸河水系	CF
18	海河	漳卫河水系	CG
19	海河	徒骇马颊河水系	CJ
20	黄河	黄河干流水系	D0
21	黄河	洮河水系	DA
22	黄河	大通河-湟水水系	DB
23	黄河	无定河水系	DC
24	黄河	汾河水系	DD
25	黄河	渭河水系	DE
26	黄河	伊洛河水系	DF
27	黄河	大汶河水系	DG
28	淮河	淮河洪泽湖以上暨白马高宝湖区水系	EA
29	淮河	淮河洪泽湖以下里下河暨渠北区水系	EB
30	淮河	沂沭泗水系	EC
31	淮河	山东半岛诸河水系	ED
32	长江	长江干流水系	F0
33	长江	雅砻江水系	FA
34	长江	大渡河-岷江水系	FB
35	长江	嘉陵江水系	FC
36	长江	乌江水系	FD
37	长江	洞庭湖水系	FE
38	长江	汉江水系	FF
39	长江	鄱阳湖水系	FG
40	长江	太湖水系	FH

序号	一级流域（区域）	二级水系	二级水系编码
41	浙闽诸河	钱塘江水系	GA
42	浙闽诸河	瓯江水系	GB
43	浙闽诸河	浙江沿海诸河水系	GC
44	浙闽诸河	闽江水系	GD
45	浙闽诸河	福建沿海诸河水系	GE
46	珠江	西江水系	HA
47	珠江	北江水系	HB
48	珠江	东江水系	HC
49	珠江	珠江三角洲水系	HD
50	珠江	韩江水系	HE
51	珠江	粤东沿海诸河水系	HF
52	珠江	粤西沿海诸河水系	HG
53	珠江	桂南沿海诸河水系	HH
54	珠江	海南岛诸河水系	HJ
55	西南西北外流诸河	元江水系	JA
56	西南西北外流诸河	澜沧江-湄公河水系	JB
57	西南西北外流诸河	怒江-萨尔温江水系	JC
58	西南西北外流诸河	独龙江-伊洛瓦底江水系	JD
59	西南西北外流诸河	雅鲁藏布江暨恒河水系	JE
60	西南西北外流诸河	狮泉河暨象泉河水系	JF
61	西南西北外流诸河	额尔齐斯河水系	JH
62	内流诸河	内蒙古东部高原内流水系	KA
63	内流诸河	河西走廊暨阿拉善内流水系	KB
64	内流诸河	柴达木内流水系	KC
65	内流诸河	准噶尔内流水系	KD
66	内流诸河	塔里木内流水系	KE
67	内流诸河	羌塘高原内流水系	KF
68	内流诸河	伊犁河暨额敏河内流水系	KG

① 考虑海河干流水系区域面积较小，故与大清河水系合并。

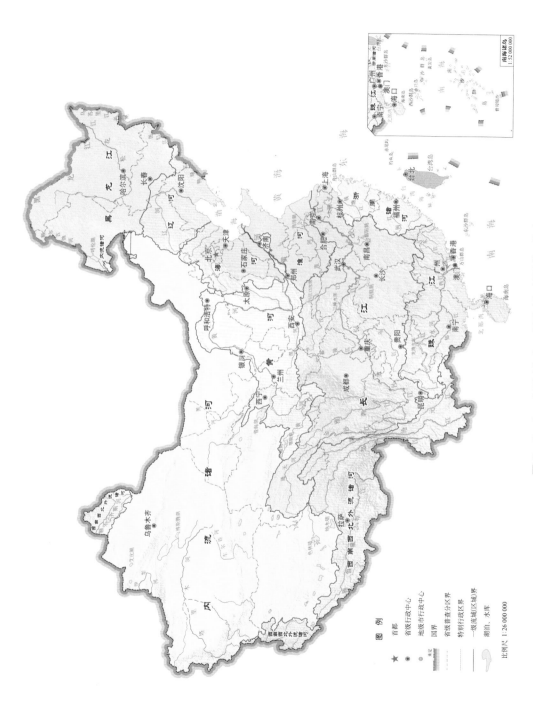

图 2-2-1 全国 10 大一级流域（区域）分布图

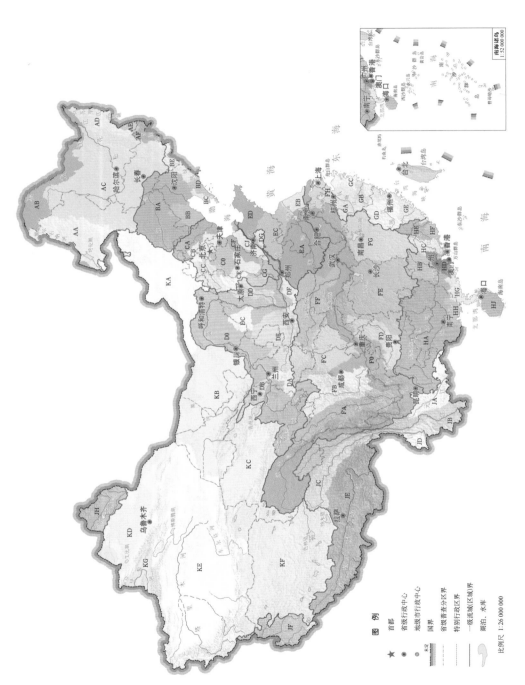

图 2－2－2 全国 68 个二级水系分布图

二、河流长度

1. 河流长度分布

全国流域面积 50km^2 及以上河流的总长度为 150.85 万 km，总长度大于 15 万 km 的一级流域（区域）有长江、内流诸河、黑龙江和西南西北外流诸河，分别为 35.80 万 km、32.94 万 km、16.93 万 km 和 15.21 万 km，浙闽诸河最小，为 4.23 万 km。全国平均的河网密度为 0.16km/km^2，其中淮河的河网密度最大，为 0.23km/km^2，内流诸河的河网密度最小，为 0.10km/km^2。一级流域（区域）流域面积 50km^2 及以上河流总长度和河网密度分布详见表 2-2-2和图 2-2-3。

表 2-2-2 一级流域（区域）流域面积 50km^2 及以上
河流总长度和河网密度分布

一级流域（区域）	河流总长度/万 km	河网密度/(km/km^2)
全国	150.85	0.16
黑龙江	16.93	0.18
辽河	5.49	0.17
海河	6.91	0.22
黄河	14.27	0.18
淮河	7.69	0.23
长江	35.80	0.20
浙闽诸河	4.23	0.21
珠江	11.38	0.20
西南西北外流诸河	15.21	0.16
内流诸河	32.94	0.10

全国流域面积 100km^2 及以上河流的总长度为 111.46 万 km，总长度大于 10 万 km 的一级流域（区域）有长江、内流诸河、黑龙江、西南西北外流诸河和黄河，分别为 26.01 万 km、25.85 万 km、12.35 万 km、11.09 万 km 和 10.31 万 km；流域面积 1000km^2 及以上河流的总长度为 38.66 万 km，总长度大于 5 万 km 的一级流域（区域）有内流诸河和长江，分别为 9.00 万 km 和 8.86 万 km；流域面积 10000km^2 及以上河流的总长度为 13.26 万 km，总长度大于 2 万 km 的一级流域（区域）有长江、内流诸河和黑龙江，分别为 3.09 万 km、2.58 万 km 和 2.09 万 km。不同标准流域面积河流的总长度在 10 大一级流域（区域）的分布情况详见表 2-2-3。

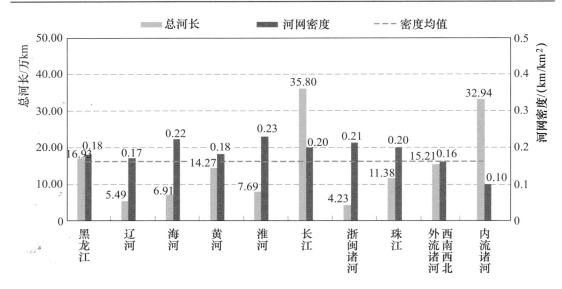

图 2-2-3　一级流域（区域）流域面积 50km² 及以上河流总长度和河网密度分布图

表 2-2-3　　一级流域（区域）不同标准流域面积河流总长度

一级流域（区域）	100km² 及以上河流总长度/万 km	1000km² 及以上河流总长度/万 km	10000km² 及以上河流总长度/万 km
全国	111.46	38.66	13.26
黑龙江	12.35	4.76	2.09
辽河	4.30	1.70	0.68
海河	4.62	1.15	0.45
黄河	10.31	3.55	1.33
淮河	5.50	1.41	0.29
长江	26.01	8.86	3.09
浙闽诸河	3.12	0.91	0.28
珠江	8.31	2.91	0.79
西南西北外流诸河	11.09	4.41	1.68
内流诸河	25.85	9.00	2.58

　　在全国各省（自治区、直辖市）中，流域面积 50km² 及以上河流的总长度超过 10 万 km 的有西藏、内蒙古、新疆和青海，分别为 177347km、144785km、138961km 和 114060km。河网密度大于 0.30km/km² 的省（自治区、直辖市）有天津、上海和江苏，分别为 0.33km/km²、0.33km/km² 和 0.30km/km²；新疆的河网密度最小，为 0.09km/km²，小于全国平均值的省（自治区、直辖市）还有西藏、甘肃和内蒙古，分别为 0.15km/km²、0.13km/km² 和 0.13km/km²。全国各省（自治区、直辖市）流域面积 50km²

及以上河流总长度和河网密度分布详见表 2 - 2 - 4 和图 2 - 2 - 4。

表 2 - 2 - 4　　　各省（自治区、直辖市）流域面积 50km² 及
以上河流总长度和河网密度

序号	省（自治区、直辖市）	河流总长度/km	河网密度/（km/km²）
	合　　计	1514592	0.16
1	北京	3731	0.23
2	天津	3913	0.33
3	河北	40947	0.22
4	山西	29337	0.19
5	内蒙古	144785	0.13
6	辽宁	28459	0.19
7	吉林	32765	0.17
8	黑龙江	92176	0.20
9	上海	2694	0.33
10	江苏	31197	0.30
11	浙江	22474	0.21
12	安徽	29401	0.21
13	福建	24629	0.20
14	江西	34382	0.21
15	山东	32496	0.21
16	河南	36965	0.22
17	湖北	40010	0.22
18	湖南	46011	0.22
19	广东	36559	0.20
20	广西	47687	0.20
21	海南	6260	0.18
22	重庆	16877	0.20
23	四川	95422	0.20
24	贵州	33829	0.19
25	云南	66856	0.17
26	西藏	177347	0.15
27	陕西	38469	0.19
28	甘肃	55773	0.13
29	青海	114060	0.16
30	宁夏	10120	0.19
31	新疆	138961	0.09

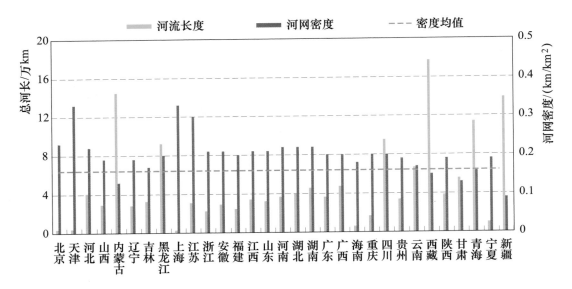

图 2-2-4　各省（自治区、直辖市）流域面积 50km² 及
以上河流总长度和河网密度分布图

2. 河流长度统计

在全国流域面积 50km² 及以上河流中，河流长度小于 10km 的河流数量约占 3.86%，河流长度小于 15km 的河流数量约占 18.45%，河流长度小于 20km 的河流数量约占 41.30%，河流长度小于 30km 的河流数量约占 69.86%，河流长度小于 50km 的河流数量约占 87.86%。一级流域（区域）流域面积 50km² 及以上河流长度统计情况详见表 2-2-5 和图 2-2-5。

表 2-2-5　　　　一级流域（区域）流域面积 50km² 及
以上河流长度统计情况

河流长度 L/km 流域（区域）	L<10 的河流 /%	L<15 的河流 /%	L<20 的河流 /%	L<30 的河流 /%	L<50 的河流 /%
全国	3.86	18.45	41.30	69.86	87.86
黑龙江	3.95	19.82	46.61	73.91	89.37
辽河	0.48	11.74	36.17	65.07	86.07
海河	7.45	25.56	48.51	72.18	89.43
黄河	1.92	11.74	34.52	67.28	87.97
淮河	8.98	24.77	45.31	70.68	88.48
长江	4.35	18.21	40.69	69.85	87.88

河流长度 L/km 流域（区域）	$L<10$ 的河流 /%	$L<15$ 的河流 /%	$L<20$ 的河流 /%	$L<30$ 的河流 /%	$L<50$ 的河流 /%
浙闽诸河	5.15	14.91	37.05	69.56	88.09
珠江	3.71	14.77	36.59	68.67	87.35
西南西北外流诸河	4.41	28.04	53.65	77.94	90.93
内流诸河	2.00	15.12	35.54	64.72	85.14

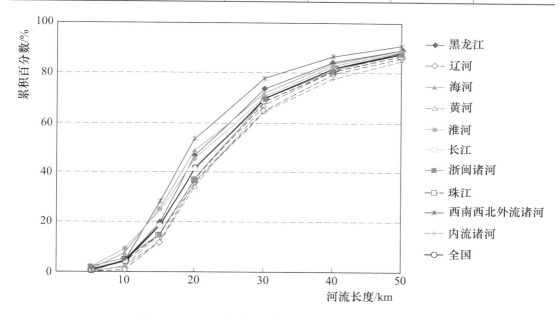

图 2-2-5　一级流域（区域）流域面积 50km² 及
以上河流长度统计情况

由图 2-2-5 和表 2-2-5 可见，河流长度在 15～30km 的河流数量约占 50%，河流长度小于 23km 的河流数量约占 50%；10 个一级流域（区域）河流长度结构的变化趋势基本一致，淮河和海河河流长度小于 10km 的河流数量百分数高于全国平均值约一倍，黑龙江、海河、淮河和西南西北外流诸河小于不同河流长度的河流百分数均高于全国平均值，反映了上述一级流域（区域）中多数河流长度较短。

三、河流流域面积

在全国流域面积 50km² 及以上河流中，河流流域面积小于 100km² 的河流百分数约为 49.32%，河流流域面积小于 200km² 的河流百分数约为 76.39%，河流流域面积小于 500km² 的河流百分数约为 90.36%。一级流域（区域）流域面积 50km² 及以上河流流域面积统计情况详见表 2-2-6 和图 2-2-6。

表 2-2-6　　　　一级流域（区域）流域面积 50km² 及以上河流流域面积统计情况

流域面积 F/km^2 流域（区域）	$F<100$ 的河流 /%	$F<200$ 的河流 /%	$F<500$ 的河流 /%
全国	49.32	76.39	90.36
黑龙江	52.49	79.08	91.55
辽河	45.71	72.34	88.47
海河	59.71	86.54	94.76
黄河	50.42	75.22	90.21
淮河	48.97	84.17	93.64
长江	50.88	78.61	91.33
浙闽诸河	46.66	78.25	91.93
珠江	49.63	76.68	90.16
西南西北外流诸河	52.10	76.21	90.45
内流诸河	42.14	68.67	86.79

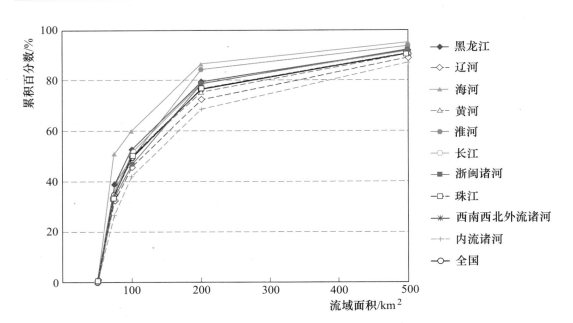

图 2-2-6　一级流域（区域）流域面积 50km² 及以上河流流域面积统计情况

由图 2-2-6 和表 2-2-6 可见，10 个一级流域（区域）河流流域面积特征的变化趋势基本一致，黑龙江、海河和长江小于不同流域面积标准的河流百分数均高于全国平均值，说明多数河流流域面积较小，河流密度较大；辽河、内流诸河小于不同流域面积标准的河流百分数均低于全国平均值，说明多数河流流域面积较大，河流密度较小。

四、河流平均比降

河流的平均比降是河流的重要特征之一。本次普查利用 1∶5 万地形图的等高线数据，通过等高线加密并栅格化后计算流域面积 100km^2 及以上河流的平均比降特征。

在全国流域面积 100km^2 及以上河流中，平均比降小于 1‰的河流约占 7%，平均比降小于 5‰的河流约占 33%，平均比降小于 10‰的河流约占 57%，平均比降小于 20‰的河流约占 79%，平均比降小于 30‰的河流约占 88%。一级流域（区域）流域面积 100km^2 及以上河流的平均比降统计情况详见表 2-2-7 和图 2-2-7。

表 2-2-7 一级流域（区域）流域面积 100km^2 及以上河流平均比降统计情况

平均比降 S/‰ 流域（区域）	S<1 的河流 /%	S<5 的河流 /%	S<10 的河流 /%	S<20 的河流 /%	S<30 的河流 /%
全国	6.80	33.07	57.44	78.89	87.55
黑龙江	9.06	59.38	91.26	99.68	100.00
辽河	13.87	56.54	86.78	99.61	100.00
海河	6.79	30.14	58.71	91.99	98.26
黄河	3.04	19.09	52.60	84.79	94.70
淮河	60.88	93.31	98.84	100.00	100.00
长江	7.13	37.24	56.75	75.44	83.95
浙闽诸河	2.72	37.18	68.42	94.91	99.32
珠江	9.62	51.89	77.80	94.78	98.24
西南西北外流诸河	0.36	5.47	18.12	43.37	62.38
内流诸河	0.73	18.75	46.46	73.57	85.25

由图 2-2-7 和表 2-2-7 可见，河流平均比降小于 8‰的河流约占 50%。10 个一级流域（区域）河流平均比降的变化幅度较大，西南西北外流诸河的

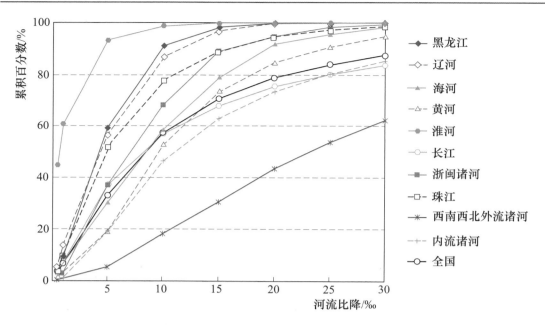

图 2-2-7　一级流域（区域）流域面积 100km² 及以上河流比降统计情况

河流平均比降最大，有 37.62％的河流平均比降超过 30‰，淮河的河流平均比降最小，有 60.88％的河流平均比降低于 1‰，且所有河流平均比降均低于 20‰。黑龙江、辽河、淮河和珠江河流平均比降小于不同平均比降值的河流百分数均高于全国平均值，说明多数河流平均比降较小；西南西北外流诸河和内流诸河河流平均比降小于不同平均比降值的河流百分数均低于全国平均值，说明多数河流的平均比降较大。

五、河流干支流关系

干支流关系是河流的重要基本属性，确定河流干支流关系是河湖基本情况普查的重要工作内容。在河湖基本情况普查的试点阶段和清查普查工作中，经统计分析，发现少数河流约定俗成的干支关系存在明显不合理的现象。为此，国务院水利普查办公室专门组织召开了河湖基本情况普查专家咨询会议，对河流干支流关系确定原则进行了咨询和研讨，在此基础上，提出了《河流干支流关系确定原则意见》，作为本次河湖基本情况普查中河流干支流关系确定的依据。

（一）河流干支流关系调整的主要想法

（1）根据《河湖基本情况普查实施方案》，河流的干支关系一般按"河长唯长"的原则确定。据统计分析，90％以上河流干支关系符合"河长唯长"的原则，且河流的河长与流域面积、径流量、干支流交汇处河势等属性间存在着正相关性。

（2）少数河流的干支关系在干流和支流的河长、流域面积、径流量、干支流交汇处河势等属性间存在明显不合理现象时，给予高度关注和认真判定。判定的总原则是"综合确定干支关系，科学支撑约定俗成"。

（3）本次普查涉及河流干支流关系调整的河流数量不多，但意义重大，提高了河湖基本情况普查成果的科学性和客观性。按照《河流干支流关系确定原则意见》，本次普查确定的河流干支关系作为第一次全国水利普查的成果，不影响现有规划的执行和水行政管理等工作。

事实上，从水文的角度出发，只要有河流径流和洪水资料，确定河流的干支关系没有多少难度，问题在于部分河流在需要判定干支关系的河流交汇处没有足够的河流径流和洪水资料，再加上约定俗成的河流源头和干支关系问题，使得河流干支关系的调整存在争议。本次普查对于有争议的干支流关系，只对有长系列实测流量资料支撑并且径流量差别比较大的干支关系进行调整。

（二）调整河流干支流关系的典型例子

1. 湘江西源与潇水的干支关系

本次普查将湘江上游的干流调整到潇水。

（1）干支流属性指标综合分析比较。表2-2-8为湘江西源和潇水的流域面积、河长、径流量等对比表，由表可见潇水的流域面积、河长、径流量均比湘江西源的相应值大，因此本次普查把湘江上游干流调整到潇水。

表2-2-8　　湘江西源与潇水干支关系调整中的属性指标对比表

干支关系调整的河名		流域面积/km²	河长/km	径流量/亿 m³
调整前的湘江上游干流	湘江西源	9289	263	97
调整后的湘江上游干流	潇水	12180	348	116

（2）干支流交汇处河势影像验证。湘江西源（原湘江上游干流，蓝色箭头）和潇水（细红色箭头）交汇处的河势卫星影像见图2-2-8。

2. 岷江与大渡河的干支关系

此前岷江与大渡河汇合后仍称为岷江，即岷江为干流，大渡河为支流。本次普查将岷江与大渡河汇合后称为岷江-大渡河，并确定大渡河为干流，岷江为支流。

图 2-2-8　湘江西源和潇水交汇处河势卫星影像图

（1）干支流属性指标综合分析比较。表 2-2-9 为调整后支流岷江和调整前支流大渡河流域面积、河长、径流量等属性的对比表，由表可见大渡河的流域面积、河长、径流量均比原岷江上游的相应值大，因此本次普查把岷江-大渡河上游干流由原来的原岷江上游调整到大渡河，原岷江上游仍用岷江名称，岷江与大渡河汇合后的干流改名为岷江-大渡河。

表 2-2-9　　　岷江与大渡河干支关系调整中的属性指标对比表

干支关系调整的河名		流域面积/km²	河长/km	径流量/亿 m³
调整后的支流	岷江	34657	594	207
调整前的支流	大渡河	90014	1084	618

（2）干支流交汇处河势影像的验证。岷江（原岷江上游，蓝色箭头）和大渡河（细红色箭头）交汇处的河势卫星影像见图 2-2-9。

图2-2-9 岷江和大渡河交汇处河势卫星影像图

3. 第二松花江与嫩江的干支关系

本次普查将松花江上游的干流由第二松花江调整到嫩江。

（1）干支流属性指标的综合分析比较。表2-2-10为调整后支流第二松花江和调整前支流嫩江流域面积、河长、径流量等属性的对比表，由表可见嫩江的流域面积、河长、径流量均比第二松花江的相应值大，因此本次普查把松花江上游干流由原来的第二松花江调整到嫩江。

表2-2-10 第二松花江与嫩江干支关系调整中的属性指标对比表

干支关系调整的河名		流域面积 /km²	河长 /km	径流量 /亿 m³
调整后的支流	第二松花江	73804	882	172
调整前的支流	嫩江	274070	1351	298

（2）干支流交汇处河势影像的验证。第二松花江（蓝色箭头）和嫩江（细

红色箭头）交汇处的河势卫星影像见图 2－2－10。

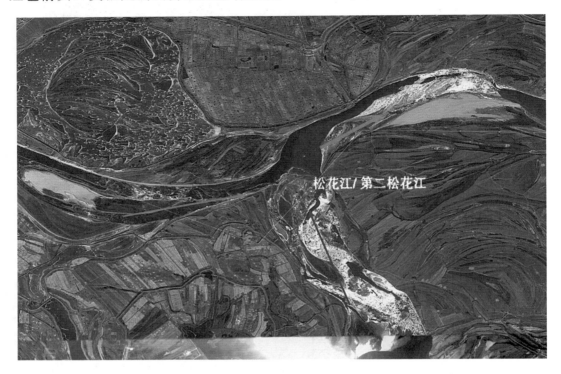

图 2－2－10　第二松花江和嫩江交汇处
河势卫星影像图

　　4. 湟水与大通河的干支关系

　　此前湟水与大通河汇合后仍称为湟水，即湟水为干流，大通河为支流。本次普查将湟水与大通河汇合后称为湟水-大通河，并确定大通河为干流，湟水为支流。

　　（1）干支流属性指标的综合分析比较。表 2－2－11 为调整后支流湟水和调整前支流大通河流域面积、河长、径流量等属性的对比表，由表可见大通河的流域面积、河长、径流量均比原湟水上游的相应值大，因此本次普查把湟水-大通河上游干流由原来的原湟水上游调整到大通河，原湟水上游仍用湟水名称，湟水与大通河汇合后的干流改名为湟水-大通河。

表 2－2－11　　湟水与大通河干支关系调整中的属性指标对比表

干支关系调整的河名		流域面积 /km²	河长 /km	径流量 /亿 m³
调整后的支流	湟水	15559	300	21
调整前的支流	大通河	15131	574	29

（2）干支流交汇处河势影像的验证。湟水（原湟水上游，蓝色箭头）和大通河（细红色箭头）交汇处的河势卫星影像见图2-2-11。

图2-2-11 湟水和大通河交汇处河势卫星影像图

第三节 河流水文监测与水文特征

一、水文站和水位站

本次普查水文站和水位站的总数为4795个，流域面积100km² 及以上河流建有水文站和水位站的只占相应河流总数（22909条）的7.8%，流域面积1000km² 及以上河流建有水文站和水位站的占相应河流总数（2221条）的49.1%。全国水文站和水位站数量以及在10大一级流域（区域）的分布详见表2-3-1和图2-3-1及图2-3-2。由表2-3-1可见，淮河、浙闽诸河一级流域（区域）的站网密度较大，超过15站/万km²。内流诸河的站网密度最小，仅为0.5站/万km²，小于全国平均站网密度的一级流域（区域）还有西南西北外流诸河（1.7站/万km²）和黑龙江（3.8站/万km²）。

流域面积200～3000km² 之间具有水文站和水位站的河流数量有1144条，

占河流总数的 11.5％；流域面积 3000km² 以上具有水文站和水位站的河流数量有 523 条，占河流总数的 72.7％。

表 2-3-1　　　　　　　　全国河流水文站和水位站信息表

流域 （区域）	水文站和 水位站总数 /个	水位站总数 /个	站网密度 /（站/万 km²）	设有测站的流域 面积 100km² 及 以上河流数量 /条	设有测站的流域 面积 1000km² 及 以上河流数量 /条
全国	4795	1236	5.1	1778	1091
黑龙江	350	60	3.8	146	112
辽河	193	14	6.1	103	64
海河	466	23	14.7	111	52
黄河	446	65	5.5	197	116
淮河	672	162	20.4	145	75
长江	1525	529	8.5	546	319
浙闽诸河	323	189	15.7	115	48
珠江	481	175	8.3	199	132
西南西北 外流诸河	167	14	1.7	118	95
内流诸河	172	5	0.5	98	78

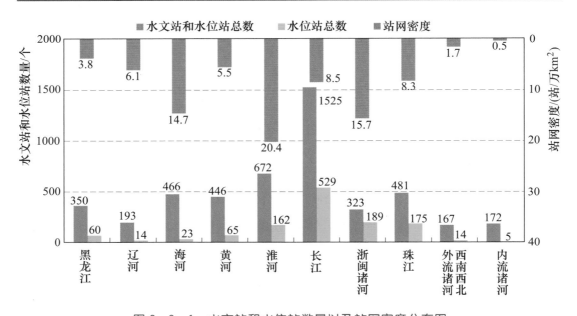

图 2-3-1　水文站和水位站数量以及站网密度分布图

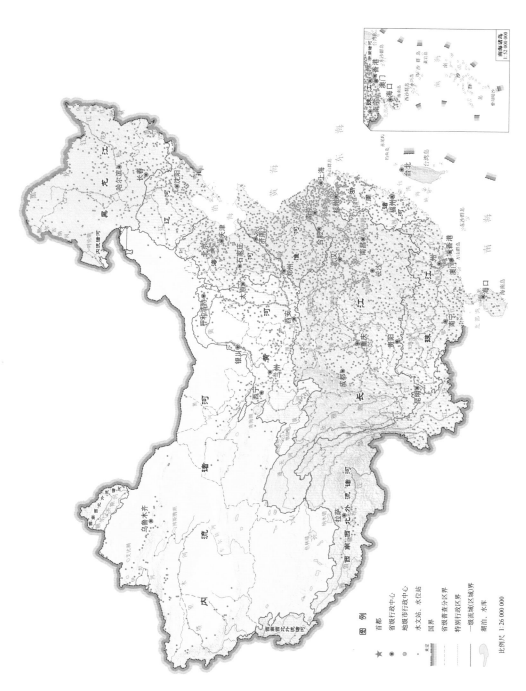

图 2 - 3 - 2 全国水文站和水位站点分布图

二、调查和实测洪水

本次普查调查和实测的最大洪水总数为 9452 个，具有最大洪水资料的流域面积 100km² 及以上河流为 2807 条；具有最大洪水资料的流域面积 1000km² 及以上河流为 1246 条。全国调查和实测最大洪水资料及河流数量以及在 10 大一级流域（区域）的分布详见表 2-3-2 和图 2-3-3 及图 2-3-4。

表 2-3-2　　　　　　全国调查和实测最大洪水信息表

流域（区域）	最大洪水总数/个	具有最大洪水资料的流域面积 100km² 及以上河流数量/条	具有最大洪水资料的流域面积 1000km² 及以上河流数量/条
全国	9452	2807	1246
黑龙江	725	190	118
辽河	274	126	69
海河	628	160	57
黄河	1488	465	140
淮河	600	144	71
长江	3109	862	356
浙闽诸河	622	144	51
珠江	1183	269	137
西南西北外流诸河	471	191	98
内流诸河	352	256	149

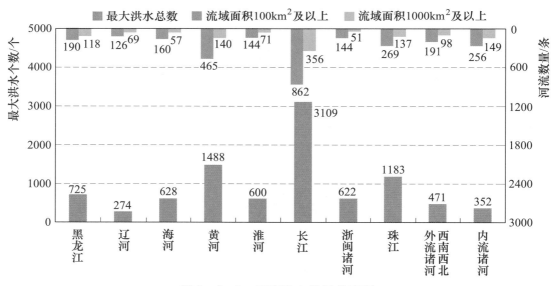

图 2-3-3　历史洪水数量分布图

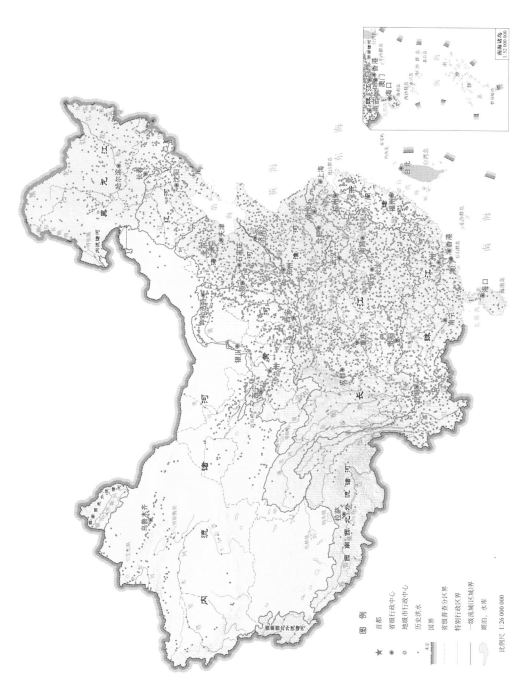

图 2 - 3 - 4　历史洪水位置分布图

三、多年平均年降水深

本次普查利用全国第二次水资源调查评价多年平均年降水深等值线图数据，通过等值线加密并栅格化后计算流域面积100km² 及以上河流的流域平均值作为河流的多年平均年降水深特征。

在流域面积100km² 及以上河流中，多年平均年降水深小于400mm（半湿润半干旱分界）的河流数量约占33%，400～800mm的河流数量约占32%，大于800mm（湿润半湿润分界）的河流数量约占35%。一级流域（区域）流域面积100km² 及以上河流多年平均年降水深特征详见表2-3-3和图2-3-5。

表2-3-3　　　一级流域（区域）流域面积100km² 及以上
河流多年平均年降水深特征表

流域（区域）	降水深小于400mm 的河流比例/%	降水深400～800mm 的河流比例/%	降水深大于800mm 的河流比例/%
全国	33.15	31.99	34.86
黑龙江	12.59	85.82	1.59
辽河	26.70	57.20	16.10
海河	9.76	90.07	0.17
黄河	34.09	64.49	1.42
淮河	0.00	50.32	49.68
长江	6.03	17.84	76.13
浙闽诸河	0.00	0.00	100.00
珠江	0.00	0.00	100.00
西南西北外流诸河	27.40	33.73	38.87
内流诸河	89.64	9.61	0.75

由图2-3-5和表2-3-3可见，多年平均年降水深小于600mm的河流数量约占50%。10个一级流域（区域）河流多年平均年降水深的变化幅度较大，内流诸河河流多年平均年降水深小于各降水深特征值的河流百分数均高于全国平均值，多年平均年降水深小于400mm的河流百分数高达约90%，是全国平均值的一倍多；浙闽诸河和珠江河流多年平均年降水深均大于800mm。

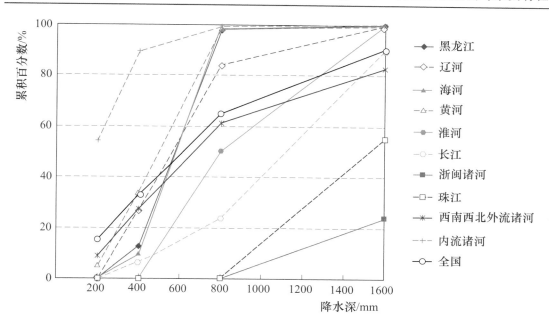

图 2 - 3 - 5　一级流域（区域）流域面积 100km² 及以上河流
多年平均年降水深特征分布图

四、多年平均年径流深

本次普查利用全国第二次水资源调查评价多年平均年径流深等值线图数据，通过等值线加密并栅格化后计算流域面积 100km² 及以上河流的流域平均值作为河流的多年平均年径流深特征。

在全国流域面积 100km² 及以上河流中，河流多年平均年径流深小于 50mm（半湿润半干旱分界）的河流数量约占 29%，50～200mm 的河流数量约占 24%，大于 200mm（湿润半湿润分界）的河流数量约占 47%。一级流域（区域）流域面积 100km² 及以上河流多年平均年径流深特征详见表 2 - 3 - 4 和图 2 - 3 - 6。

表 2 - 3 - 4　　一级流域（区域）流域面积 100km² 及以上河流
多年平均年径流深特征表

流域（区域）	径流深小于 50mm 的河流比例/%	径流深 50～200mm 的河流比例/%	径流深大于 200mm 的河流比例/%
全国	28.62	24.20	47.18
黑龙江	15.04	53.17	31.79
辽河	36.26	36.25	27.49

续表

流域（区域）	径流深小于 50mm 的河流比例/%	径流深 50～200mm 的河流比例/%	径流深大于 200mm 的河流比例/%
海河	35.19	59.06	5.75
黄河	50.83	36.61	12.56
淮河	0.00	53.41	46.59
长江	3.26	7.58	89.16
浙闽诸河	0.00	0.00	100.00
珠江	0.00	0.94	99.06
西南西北外流诸河	9.85	22.33	67.82
内流诸河	70.84	22.92	6.24

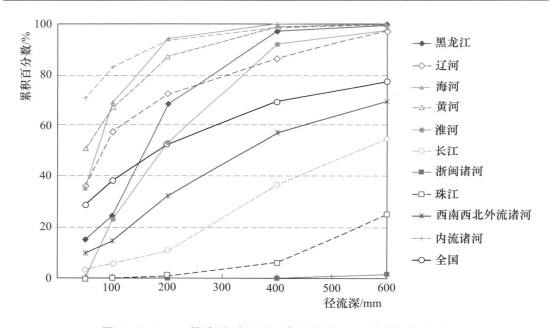

图 2-3-6 一级流域（区域）流域面积 100km² 及以上河流
多年平均年径流深特征分布图

由图 2-3-6 和表 2-3-4 可见，河流多年平均年径流深小于 190mm 的河流数量约占 50%。10 个一级流域（区域）河流多年平均年径流深的变化幅度较大，辽河、海河、黄河和内流诸河河流多年平均年径流深小于各径流深特征值的河流百分数均高于全国平均值；浙闽诸河河流多年平均年径流深均大于 400mm。

第四节 综合数字流域水系

综合数字流域水系是根据 25m 间隔数字高程模型数据和水系建立的原型流域水系的数字模型，不但描述原型流域水系，而且还包含其他很多信息。流域内的任意网格点均包含该点的集水面积、河长信息以及比降信息等。

本次普查通过第二代国家基础地理信息数据，利用外业查勘调查数据和近期 2.5m 分辨率遥感影像数据，应用 GIS 和空间分析技术，获取了综合数字流域水系成果。图 2-4-1～图 2-4-3 分别为松阴溪流域基于 DEM 和 DOM 的三维数字流域和数字水系图（黑色线为数字流域边界）、瓯江流域数字流域和数字水系图、瓯江流域基于 DEM 渲染的数字流域和数字水系图。

图 2-4-1 松阴溪流域基于 DEM 和 DOM 的三维数字流域和数字水系图

数字流域和数字水系图是河湖基本情况普查的重要基础数据成果，包含流域面积大于给定标准的所有河流以及数字河流水系的面积、河长、河流平均比降、河流级别等属性特征。在此基础上，可按照要求概化出不同比例尺的数字河流水系，图 2-4-4 和图 2-4-5 为瓯江流域比例尺分别为 1：50万和1：600万的概化数字河流水系，可见概化数字河流水系保持了河流拐弯的所有特征，在不同比例尺视野下，概化河流与高精度河流没有明显差别。

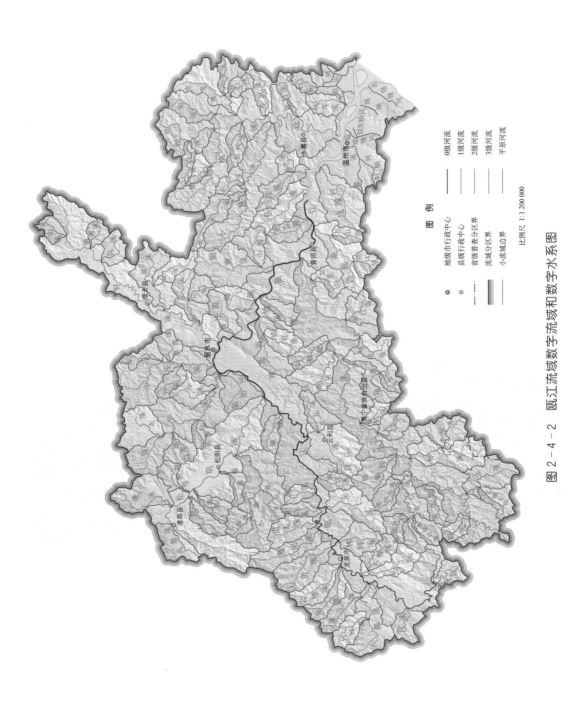

图 2 - 4 - 2 瓯江流域数字流域和数字水系图

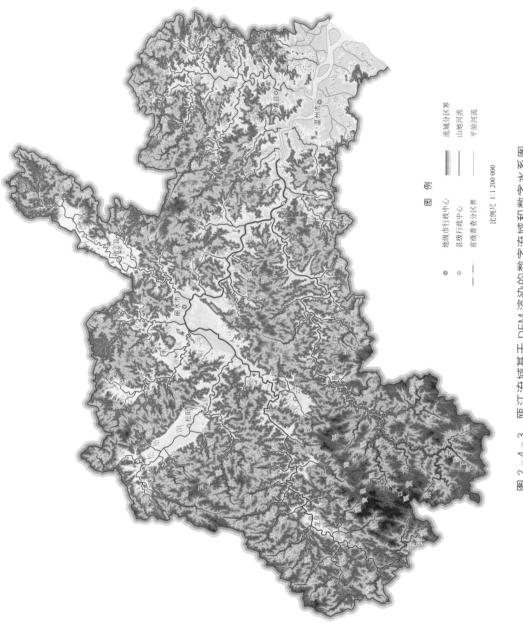

图 2 - 4 - 3　瓯江流域基于 DEM 渲染的数字流域和数字水系图

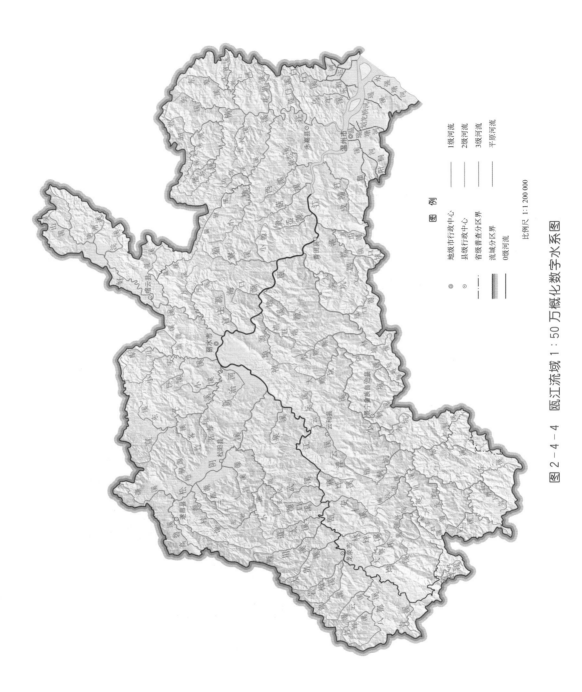

图 2－4－4 瓯江流域 1：50 万概化数字水系图

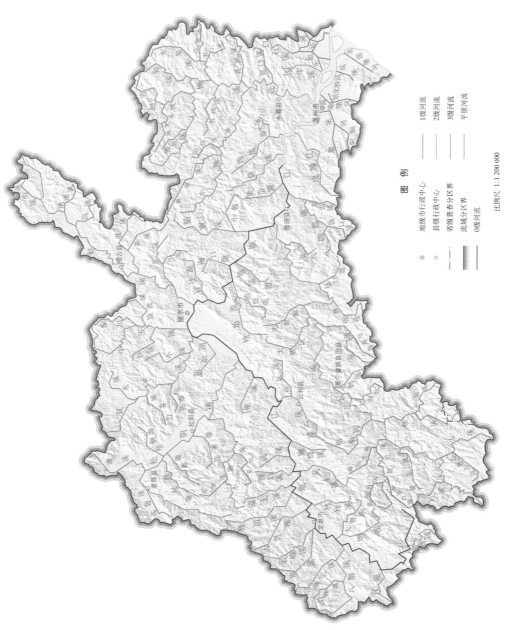

图 2 - 4 - 5　瓯江流域 1 : 600 万概化数字水系图

第三章 湖泊普查主要成果

本次河湖基本情况普查涉及湖泊的普查内容指标共 10 项，其中约 3/5 的内容指标是适宜汇总及分析的，包括湖泊数据中的水面面积、咸淡水属性、所属行政区、跨界类型、平均水深、最大水深、湖泊容积等。另有 2/5 的普查内容指标是汇总分析比较困难或者汇总分析意义不大的，包括湖泊名称及编码、湖泊位置、湖泊所属行政区等。本章主要对普查内容中适宜汇总分析的指标进行了统计汇总分析，对不便汇总分析的普查资料，则按湖泊基本特征、所在流域水系的湖泊形态特征等，建立了湖泊主要特征基础数据库。

第一节 湖泊数量及分布

一、湖泊名录

通过普查，逐一确定了给定标准以上的湖泊对象，编制了全国湖泊名录。湖泊名录成果主要包括流域、水系、湖泊名称、湖泊编码、水面面积、所属行政区、所在省（自治区、直辖市）行政单位以及备注等，以湖泊为基本单元列出了我国给定标准（常年水面面积 1km² ）以上的全部湖泊的基本信息。表 3 - 1 - 1 为全国常年水面面积 1km² 及以上湖泊名录样表。

二、湖泊数量

本次普查全国常年水面面积 1km² 及以上湖泊总数为 2865 个，另有特殊湖泊 264 个。在常年水面面积 1km² 及以上湖泊中，常年水面面积 10km² 及以上湖泊 696 个，常年水面面积 100km² 及以上湖泊 129 个，常年水面面积 500km² 及以上湖泊 24 个，常年水面面积 1000km² 及以上湖泊 10 个。在全部普查湖泊中，跨省（自治区、直辖市）界湖泊 40 个，跨国界（境）湖泊 6 个。

三、湖泊分布

在常年水面面积 1km² 及以上湖泊中，湖泊数量最多的 3 个一级流域（区域）为内流诸河、长江和黑龙江，分别为 1052 个、805 个和 496 个；湖泊数量

表 3-1-1

全国水利普查
China Census for Water

全国湖泊名录

全国常年水面面积 1km² 及以上湖泊名录样表

表　号：
制表机关：国务院第一次全国水利普查领导小组办公室
批准机关：
批准文号：
有效期至：

序号	1. 流域	2. 水系	3. 湖泊名称	4. 湖泊编码	5. 水面面积/km²	6. 所属行政区	7. 所在省（自治区、直辖市）	备　注
1	黑龙江流域	额尔古纳河水系	和日森查干诺日	AA001	2.32	新巴尔虎左旗	内蒙古	
2	黑龙江流域	额尔古纳河水系	阿尔普乃查干诺尔	AA002	6.56	新巴尔虎右旗	内蒙古	
3	黑龙江流域	额尔古纳河水系	阿拉林诺尔	AA003	2.30	新巴尔虎左旗	内蒙古	
4	黑龙江流域	额尔古纳河水系	阿然吉诺尔	AA004	1.09	新巴尔虎左旗	内蒙古	
5	黑龙江流域	额尔古纳河水系	阿仁查干诺日	AA005	—	新巴尔虎左旗	内蒙古	特殊湖泊，2005 年 8 月 6 日水面面积 0.74km²
6	黑龙江流域	额尔古纳河水系	阿日布拉格	AA006	2.53	新巴尔虎左旗，陈巴尔虎旗	内蒙古	
7	黑龙江流域	额尔古纳河水系	安格尔诺尔	AA007	2.25	陈巴尔虎旗	内蒙古	
8	黑龙江流域	额尔古纳河水系	杜鹃湖	AA008	1.31	阿尔山市	内蒙古	
9	黑龙江流域	额尔古纳河水系	巴嘎呼利诺尔	AA009	2.31	陈巴尔虎旗	内蒙古	
10	黑龙江流域	额尔古纳河水系	巴嘎萨宾诺日	AA010	1.51	新巴尔虎左旗	内蒙古	
11	黑龙江流域	额尔古纳河水系	巴润萨宾诺尔	AA011	6.39	新巴尔虎右旗	内蒙古	
12	黑龙江流域	额尔古纳河水系	巴润乌和日廷诺尔	AA012	2.02	新巴尔虎右旗	内蒙古	
13	黑龙江流域	额尔古纳河水系	巴彦滚西湖	AA013	2.17	新巴尔虎左旗	内蒙古	
14	黑龙江流域	额尔古纳河水系	白音诺尔	AA014	3.18	陈巴尔虎旗	内蒙古	
15	黑龙江流域	额尔古纳河水系	巴音查干诺日	AA015	7.88	新巴尔虎左旗	内蒙古	

较少的一级流域（区域）为珠江、海河和浙闽诸河，分别为 18 个、9 个和 9 个。湖泊密度最大的 3 个一级流域（区域）为黑龙江、长江和内流诸河，分别为 5.4 个/万 km²、4.5 个/万 km² 和 3.3 个/万 km²；湖泊密度较小一级流域（区域）为珠江、海河和浙闽诸河，分别为 0.3 个/万 km²、0.3 个/万 km² 和 0.4 个/万 km²。一级流域（区域）常年水面面积 1km² 及以上湖泊数量和密度分布详见表 3-1-2 和图 3-1-1。

表 3-1-2　　　　　　一级流域（区域）常年水面面积 1km² 及

以上湖泊数量和密度分布

流域（区域）	湖泊数量 /个	湖泊密度 /（个/万 km²）	特殊湖泊数量 /个
全国	2865	3.0	264
黑龙江	496	5.4	26
辽河	58	1.8	2
海河	9	0.3	19
黄河	144	1.8	2
淮河	68	2.1	6
长江	805	4.5	140
浙闽诸河	9	0.4	2
珠江	18	0.3	0
西南西北外流诸河	206	2.1	5
内流诸河	1052	3.3	62

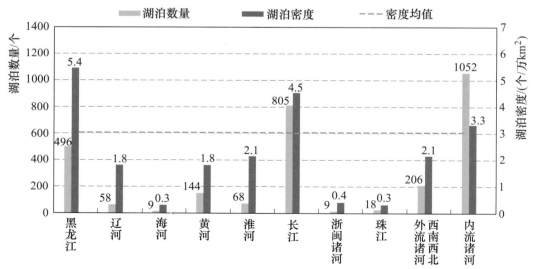

图 3-1-1　一级流域（区域）常年水面面积 1km² 及以上湖泊数量及其密度分布图

从常年水面面积 1km² 及以上湖泊在省级行政区分布情况看，西藏、内蒙古、黑龙江、青海、湖北 5 省（自治区）的湖泊较多，数量均超过 200 个，分别为 808 个、428 个、253 个、242 个和 224 个；此外，湖南、吉林、安徽、新疆 4 省（自治区）湖泊数量均超过 100 个，分别为 156 个、152 个、128 个和 116 个；重庆、海南没有常年水面面积大于 1km² 及以上湖泊；辽宁只有 2 个常年水面面积大于 1km² 及以上湖泊；北京、天津、福建、广西、贵州只有 1 个常年水面面积大于 1km² 及以上湖泊。各省（自治区、直辖市）湖泊总数及其分布详见表 3-1-3 和图 3-1-2。

表 3-1-3　各省（自治区、直辖市）常年水面面积 1km² 及以上湖泊数量

序号	省（自治区、直辖市）	湖泊数量/个	特殊湖泊数量/个	序号	省（自治区、直辖市）	湖泊数量/个	特殊湖泊数量/个
	合　计	2905	264	16	河南	6	2
1	北京	1	18	17	湖北	224	30
2	天津	1	0	18	湖南	156	42
3	河北	23	7	19	广东	7	0
4	山西	6	0	20	广西	1	0
5	内蒙古	428	39	21	海南	0	0
6	辽宁	2	0	22	重庆	0	0
7	吉林	152	4	23	四川	29	0
8	黑龙江	253	10	24	贵州	1	0
9	上海	14	0	25	云南	29	1
10	江苏	99	10	26	西藏	808	8
11	浙江	57	2	27	陕西	5	0
12	安徽	128	4	28	甘肃	7	2
13	福建	1	1	29	青海	242	3
14	江西	86	56	30	宁夏	15	0
15	山东	8	1	31	新疆	116	24

注　31 个省（自治区、直辖市）湖泊数量合计值为 2905 个，大于全国常年水面面积 1km² 及以上湖泊总数 2865 个，这是由于存在 40 个跨省（自治区、直辖市）界湖泊重复统计所致。

在常年水面面积 10km² 及以上湖泊中，湖泊数量较多的一级流域（区域）为内流诸河、长江和黑龙江，分别为 392 个、142 个和 68 个；浙闽诸河没有常年水面面积 10km² 及以上湖泊；海河、辽河常年水面面积 10km² 及以上湖泊数量较少，分别为 3 个和 1 个。在常年水面面积 100km² 及以上湖泊中，湖

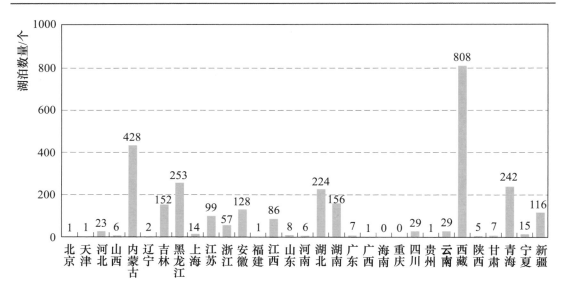

图 3-1-2　各省（自治区、直辖市）常年水面面积 1km² 及以上湖泊数量分布图

泊数量较多的一级流域（区域）为内流诸河和长江，分别为 80 个和 21 个；辽河和浙闽诸河没有常年水面面积 100km² 及以上湖泊；黄河、海河和珠江常年水面面积 100km² 及以上湖泊数量较少，分别为 3 个、1 个和 1 个。我国常年水面面积 1000km² 及以上的湖泊分布在长江、内流诸河、淮河和黑龙江 4 个一级流域（区域），分别为 3 个、3 个、2 个和 2 个。一级流域（区域）不同标准水面面积湖泊数量分布详见表 3-1-4。

表 3-1-4　　一级流域（区域）不同标准水面面积湖泊数量分布

流域（区域）	水面面积 10km² 及以上湖泊数量/个	水面面积 100km² 及以上湖泊数量/个	水面面积 500km² 及以上湖泊数量/个	水面面积 1000km² 及以上湖泊数量/个
全国	696	129	24	10
黑龙江	68	7	2	2
辽河	1	0	0	0
海河	3	1	0	0
黄河	23	3	2	0
淮河	27	8	3	2
长江	142	21	4	3
浙闽诸河	0	0	0	0
珠江	7	1	0	0
西南西北外流诸河	33	8	2	0
内流诸河	392	80	11	3

第二节　湖泊自然特征

一、湖泊面积

本次普查我国境内常年水面面积 1km² 及以上湖泊水面总面积为 7.80 万 km²〔未含跨国界（境）湖泊国外部分的常年水面面积 0.39 万 km²〕，湖泊水域面积约占国土总面积的 0.8%。10 个一级流域（区域）和 31 个省（自治区、直辖市）湖泊水面面积统计情况详见表 3-2-1 和表 3-2-2。

表 3-2-1　　　　一级流域（区域）常年水面面积 1km² 及
以上湖泊水面面积

流域（区域）	湖泊数量/个	水面面积/km²	流域（区域）	湖泊数量/个	水面面积/km²
全国	2865	78007.1	长江	805	17615.7
黑龙江	496	6319.4	浙闽诸河	9	19.5
辽河	58	171.7	珠江	18	407.0
海河	9	277.7	西南西北外流诸河	206	4362.0
黄河	144	2082.3	内流诸河	1052	41838.1
淮河	68	4913.7			

表 3-2-2　　　　各省（自治区、直辖市）常年水面面积 1km²
及以上湖泊水面面积

序号	省（自治区、直辖市）	湖泊数量/个	行政区内面积/km²	序号	省（自治区、直辖市）	湖泊数量/个	行政区内面积/km²
	全　国	2865	78007.1	10	江苏	99	5887.3
1	北京	1	1.3	11	浙江	57	99.2
2	天津	1	5.1	12	安徽	128	3505.0
3	河北	23	364.8	13	福建	1	1.5
4	山西	6	80.7	14	江西	86	3802.3
5	内蒙古	428	3915.8	15	山东	8	1051.7
6	辽宁	2	44.7	16	河南	6	17.2
7	吉林	152	1055.2	17	湖北	224	2569.2
8	黑龙江	253	3036.9	18	湖南	156	3370.7
9	上海	14	68.1	19	广东	7	18.7

序号	省（自治区、直辖市）	湖泊数量/个	行政区内面积/km²	序号	省（自治区、直辖市）	湖泊数量/个	行政区内面积/km²
20	广西	1	1.1	26	西藏	808	28868.0
21	海南	0	0	27	陕西	5	41.1
22	重庆	0	0	28	甘肃	7	100.6
23	四川	29	114.5	29	青海	242	12826.5
24	贵州	1	22.9	30	宁夏	15	101.3
25	云南	29	1115.9	31	新疆	116	5919.8

从 10 个一级流域（区域）常年水面面积 1km² 及以上湖泊总水面面积统计情况看，内流诸河总水面面积最大，达 41838.1km²，约占全国总数的 53.6%，其次分别为长江、黑龙江、淮河、西南西北外流诸河、黄河、珠江、海河、辽河，浙闽诸河最小，仅 19.5km²。

从省级行政区常年水面面积 1km² 及以上湖泊水面面积统计情况看，西藏、青海、新疆、江苏 4 省（自治区）湖泊水面面积较大，均超过 5000km²，分别为 28868.0km²、12826.5km²、5919.8km² 和 5887.3km²。

二、湖泊咸淡水属性

按湖泊的咸淡水属性（淡水、咸水和盐湖）分类，全国常年水面面积 1km² 及以上湖泊中，淡水湖、咸水湖和盐湖数量分别为 1594 个、945 个和 166 个，分别占湖泊总数的 55.6%、33.0% 和 5.8%，另有 160 个湖泊因地处西部高原无人区等原因，目前尚无资料确定其咸淡水属性。全国常年水面面积 1km² 及以上湖泊的咸淡水属性情况见表 3-2-3。

表 3-2-3　　　　　全国常年水面面积 1km² 及以上湖泊的
咸淡水属性统计表

咸淡水属性	湖泊数量/个	占湖泊总数百分比/%
合计	2865	100.0
淡水湖	1594	55.6
咸水湖	945	33.0
盐湖	166	5.8
缺乏资料	160	5.6

全国常年水面面积 500km² 及以上湖泊共 24 个，具体情况详见表 3-2-4，分布情况见图 3-2-1。

表 3－2－4　全国常年水面面积 500km² 及以上湖泊特征表

序号	流域（区域）	水系	名称	水面面积 /km²	咸淡水	湖泊容积[1] /亿 m³	所在省 （自治区、 直辖市）	备　注
1	内流诸河	柴达木内流水系	青海湖	4233	咸	785.0（对应国家 85 高 程 3193.50m 水位容积）	青海	本次普查实测水面面积为 4244km²
2	长江	鄱阳湖水系	鄱阳湖	2978[2]	淡	328.7（对应国家 85 高 程 21.00m 水位容积）	江西	2010 年相关成果水面面积为 3676km²，国家 85 高程 21.00m 水位时容积为 328.7 亿 m³
3	长江	洞庭湖水系	洞庭湖	2579[3]	淡	206.4（对应国家 85 高 程 33.00m 水位容积）	湖南	
4	长江	太湖水系	太湖	2341	淡	83.8（对应吴淞高程 4.66m 水位容积）	江苏 浙江	
5	内流诸河	羌塘高原内流水系	色林错	2209	咸	—	西藏	
6	内流诸河	羌塘高原内流水系	纳木错	2018	咸	1090.0（对应黄海高程 4722.84m 水位容积）	西藏	本次普查实测水面面积为 2020km²
7	黑龙江	额尔古纳河水系	呼伦湖	1847	咸	—	内蒙古	
8	淮河	淮河洪泽湖以上暨 白马高宝湖区水系	洪泽湖	1525	淡	111.2（对应黄海高程 15.86m 水位容积）	江苏	
9	黑龙江	乌苏里江水系	兴凯湖	1068	淡	—	黑龙江	含国外部分的总面积为 4138km²
10	淮河	沂沭泗水系	南四湖	1003	淡	57.1（对应 56 黄海高 程 36.36m 水位容积）	山东、 江苏	
11	内流诸河	羌塘高原内流水系	扎日南木错	998	咸	290.2（对应国家 85 高 程 4611.20m 水位容积）	西藏	
12	内流诸河	塔里木内流水系	博斯腾湖	986	淡	54.54（对应 56 黄海高 程 1044.90m 水位容积）	新疆	

续表

序号	流域（区域）	水系	名称	水面面积/km²	咸淡水	湖泊容积①/亿m³	所在省（自治区、直辖市）	备注
13	内流诸河	羌塘高原内流水系	当惹雍错	843	咸	—	西藏	
14	西南西北外流诸河	额尔齐斯河水系	乌伦古湖	836	咸	—	新疆	
15	内流诸河	羌塘高原内流水系	阿牙克库木湖	807	淡	—	新疆	
16	长江	长江干流水系	巢湖	774	淡	55.1（对应吴淞高程12.80m水位容积）	安徽	
17	黄河	黄河干流水系	鄂陵湖	644	淡	107.6（对应56黄海高程4268.70m水位容积）	青海	
18	淮河	淮河洪泽湖以上暨白马高宝湖区水系	高邮湖	634	淡	37.8	江苏安徽	
19	西南西北外流诸河	雅鲁藏布江暨恒河水系	羊卓雍错	614	咸	129.5（对应国家85高程4435.36m水位容积）	西藏	
20	内流诸河	柴达木内流水系	哈拉湖	604	咸	—	青海	
21	内流诸河	羌塘高原内流水系	乌兰乌拉湖	577	咸	—	青海	
22	黄河	黄河干流水系	扎陵湖	528	淡	—	青海	
23	内流诸河	羌塘高原内流水系	昂拉仁错	516	咸	—	西藏	
24	内流诸河	准噶尔内流水系	艾比湖	502	咸	6.0（对应国家85高程194.82m水位容积）	新疆	本次普查实测水面面积为499km²

① 湖泊水面面积根据多时相遥感影像数据提取并综合确定，个别水面面积变化大的湖泊还参考实测数据，本次普查参考已有成果的水面，选用2004年9月17日影像提取的数据。湖泊容积数据除注明本次普查实测外均由各省（自治区、直辖市）提供。
② 鄱阳湖湖泊水面面积系列变化范围较大，本次普查参考已有成果的水面面积，本次普查实测水面较大，湖泊水面面积系列变化范围内，选用2007年8月7日影像提取的数据。
③ 洞庭湖包括东洞庭湖区、南洞庭湖区、目平湖区和漕水洪道、七里湖区变化范围较大，本次普查参考已有成果的水面面积系列，本次普查参考已有成果的水面面积，选用2007年8月7日影像提取的数据。

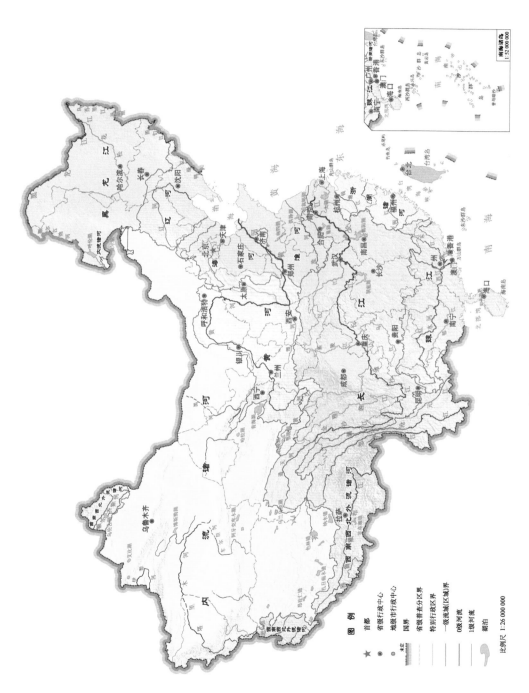

图 3 - 2 - 1 全国常年水面面积 500km² 及以上湖泊分布图

第三节　湖泊形态特征

一、重要湖泊容积测量情况

根据国务院水利普查办公室的统一部署，为填补我国西部地区湖泊容积资料的空白，本次普查组织专门力量对青海、西藏、新疆的青海湖、纳木错、艾比湖开展湖泊容积测量工作。3 个湖泊按照 1∶5 万比例尺地形图标准要求，采用统一的技术路线和测量方法开展湖泊容积测量工作。

1．技术指标及规格

（1）采用的基准。青海湖采用 2000 国家大地坐标系，1985 国家高程基准；纳木错采用 1954 年北京坐标系，1956 年黄海高程；艾比湖采用 1980 西安坐标系，1985 国家高程基准。

（2）技术规格。地形图统一采用 1∶5 万比例尺，青海湖、纳木错基本等高距为 5m，艾比湖因水域部分水深较浅，基本等高距为 1m。

图幅划分按《国家基本比例尺地形图分幅和编号》中 1∶5 万比例尺标准执行。

2．容积测量成果

表 3 - 3 - 1～表 3 - 3 - 3 分别为青海湖、纳木错、艾比湖容积普查成果。青海湖、纳木错和艾比湖均地处偏远，环境恶劣，条件艰苦，面对严峻的挑战，全体测量人员按照既定的技术方案圆满完成了湖泊外业测量工作任务，取得了宝贵的实测数据和开创性成果。

表 3 - 3 - 1　　　　　　　　青海湖容积计算成果表

序号	计算高程/m	湖泊水面面积/km²	湖泊容积/亿 m³
1	3167.00	1	0
2	3170.00	1777	31
3	3175.00	2608	143
4	3180.00	3109	286
5	3185.00	3544	453
6	3190.00	3973	641
7	3193.50	4244	785

注　高程为 1985 国家高程基准。

表 3-3-2　　　　　　　　　　纳木错容积计算成果表

序号	计算高程/m	湖泊水面面积/km²	湖泊容积/亿 m³
1	4630.00	213.4	3.6
2	4650.00	705.3	1056.0
3	4670.00	1014.0	277.0
4	4690.00	1445.0	519.0
5	4710.00	1793.0	846.0
6	4722.84	2020.0	1090.0

注　高程为 1956 年黄海高程。

表 3-3-3　　　　　　　　　　艾比湖容积计算成果表

序号	计算高程/m	湖泊水面面积/km²	湖泊容积/亿 m³
1	192.50	43	0.1
2	193.00	124	0.5
3	194.82	499	6.0
4	195.00	540	7.0
5	197.00	1087	26.0

注　高程为 1985 国家高程基准。

图 3-3-1～图 3-3-3 分别为青海湖、纳木错、艾比湖三维立体图。

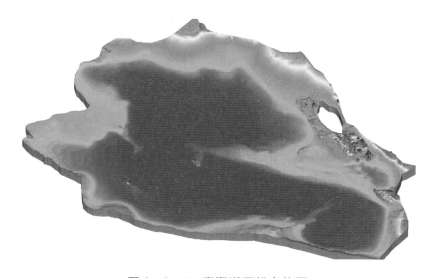

图 3-3-1　青海湖三维立体图

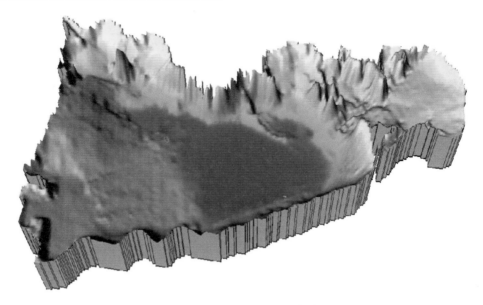

图 3-3-2　纳木错三维立体图

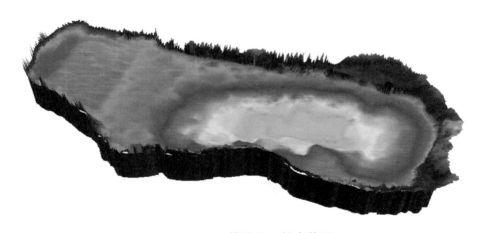

图 3-3-3　艾比湖三维立体图

二、湖泊形态特征资料情况

在本次普查中，由于全国各省（自治区、直辖市）条件差异大，特别是考虑到外业实地调查巨大的工作量、工作难度和人力物力投入，部分省（自治区、直辖市）对 10km² 以上的湖泊进行了包括湖容在内的湖泊外业特征测量。结合已有历史资料，全国湖泊中有平均水深资料的湖泊 106 个，最大水深资料的湖泊 131 个，湖泊容积资料的湖泊 119 个。

第四章 典型河流湖泊

本次普查全面查清了我国给定标准以上河流湖泊的基本情况，建立了河流湖泊主要成果数据库。本章选取部分典型河流湖泊进行重点介绍。受篇幅限制，主要介绍我国河流长度、流域面积排列前 10 位的河流和常年水面面积排列前 10 位的淡水湖、咸水湖主要普查成果和相关基本情况。

第一节 河流湖泊之最

一、河流长度排列前 10 位的河流

普查汇总数据显示，我国河流中河长（不含国外部分）排列前 10 位的河流依次为长江、黄河、塔里木河、雅鲁藏布江、松花江、澜沧江、怒江、西江、黑龙江（界河河段长度）、雅砻江，具体情况见表 4-1-1。

表 4-1-1　　　我国干流长度排列前 10 位的河流一览表

序号	河流名称	河流长度/km	流域面积/km²	河源所在县（市、区）	河口所在县（市、区）	干流流经省（自治区、直辖市）
1	长江	6296	1796000	青海格尔木市	上海浦东新区	青海、西藏、四川、云南、重庆、湖北、湖南、江西、安徽、江苏、上海
2	黄河	5687	813122	青海曲麻莱县	山东垦利县	青海、四川、甘肃、宁夏、内蒙古、陕西、山西、河南、山东
3	塔里木河	2727	365902	新疆叶城县	新疆若羌县	新疆
4	雅鲁藏布江	2296	345953	西藏普兰县	西藏墨脱县	西藏
5	松花江	2276	554542	黑龙江大兴安岭地区松岭区	吉林松原宁江区	黑龙江、内蒙古、吉林
6	澜沧江	2194	164778	青海杂多县	云南勐腊县	青海、西藏和云南
7	怒江	2091	137026	西藏安多县	云南芒市	西藏、青海、云南
8	西江	2087	340784	云南沾益县	广东佛山三水区	云南、贵州、广西、广东
9	黑龙江	1905	888711	黑龙江漠河县	黑龙江抚远县	黑龙江
10	雅砻江	1633	128120	青海称多县	青海攀枝花东区	青海、四川

二、流域面积排列前 10 位的河流

普查汇总数据显示，我国河流中流域面积（不含国外部分）排列前 10 位的河流依次为长江、黑龙江（国内面积）、黄河、松花江、塔里木河、西江、雅鲁藏布江、辽河、淮河、澜沧江，具体情况见表 4－1－2。

表 4－1－2　　　　　我国流域面积排列前 10 位的河流一览表

序号	河流名称	流域面积/km²	河流长度/km	河源所在县（市、区）	河口所在县（市、区）	流域涉及省（自治区、直辖市）
1	长江	1796000	6296	青海格尔木市	上海浦东新区	青海、西藏、四川、陕西、贵州、云南、重庆、广东、广西、湖北、甘肃、湖南、江西、安徽、河南、福建、浙江、江苏、上海
2	黑龙江	888711	1905	黑龙江漠河县	黑龙江抚远县	内蒙古、黑龙江、吉林、辽宁
3	黄河	813122	5687	青海曲麻莱县	山东垦利县	青海、四川、甘肃、宁夏、内蒙古、陕西、山西、河南、山东
4	松花江	554542	2276	黑龙江大兴安岭地区松岭区	吉林松原宁江区	内蒙古、黑龙江、吉林、辽宁
5	塔里木河	365902	2727	新疆叶城县	新疆若羌县	新疆
6	西江	340784	2087	云南沾益县	广东佛山三水区	云南、广西、贵州、湖南、广东
7	雅鲁藏布江	345953	2296	西藏普兰县	西藏墨脱县	西藏
8	辽河	191946	1383	内蒙古克什克腾旗	辽宁盘锦双台子区	内蒙古、河北、吉林、辽宁
9	淮河	190982	1018	河南桐柏县	江苏江都市	河南、湖北、安徽、江苏
10	澜沧江	164778	2194	青海杂多县	云南勐腊县	青海、西藏、云南

三、常年水面面积排列前 10 位的湖泊

全国常年水面面积排列前 10 位的湖泊为青海湖、鄱阳湖、洞庭湖、太湖、色林错、纳木错、呼伦湖、洪泽湖、兴凯湖、南四湖，具体情况见表 4－1－3。

四、常年水面面积排列前 10 位的淡水湖

全国常年水面面积排列前 10 位的淡水湖为鄱阳湖、洞庭湖、太湖、洪泽湖、兴凯湖、南四湖、博斯腾湖、阿牙克库木湖、巢湖、鄂陵湖，具体情况见表 4－1－4。

表4—1—3　　全国10大（按水面面积排序）湖泊基本情况一览表

序号	流域（区域）	水系	湖泊名称	水面面积/km²	咸淡水	湖泊容积/亿m³	所在省（自治区、直辖市）	备注
1	内流诸河	柴达木内流水系	青海湖	4233	咸水	785.0（对应85黄海高程3193.50m水位容积）	青海	本次普查实测水面面积为4244km²
2	长江	鄱阳湖水系	鄱阳湖	2978①	淡水	328.7（对应85黄海高程21.00m水位容积）	江西	2010年相关成果水面面积3676km²，85黄海高程21.00m水位时容积为328.7亿m³
3	长江	洞庭湖水系	洞庭湖	2579②	淡水	206.4（对应85黄海高程33.00m水位容积）	湖南	
4	长江	太湖水系	太湖	2341	淡水	83.8（对应吴淞高程4.66m水位容积）	江苏、浙江	
5	内流诸河	羌塘高原内流水系	色林错	2209	咸水	—	西藏	
6	内流诸河	羌塘高原内流水系	纳木错	2018	咸水	1090.0（对应56黄海高程4722.84m水位容积）	西藏	本次普查实测水面面积2020km²
7	黑龙江	额尔古纳河水系	呼伦湖	1847	咸水	119.2（1961—2002年平均值）	内蒙古	
8	淮河	淮河洪泽湖以上暨白马高宝湖水系	洪泽湖	1525	淡水	111.2（对应56黄海高程15.86m水位容积）	江苏	含国外部分的总面积为4138km²
9	黑龙江	乌苏里江水系	兴凯湖	1068	淡水	—	黑龙江	
10	淮河	沂沭泗水系	南四湖	1003	淡水	57.1（对应56黄海高程36.36m水位容积）	山东、江苏	

① 鄱阳湖湖泊水面面积系列变化范围较大。本次普查参考已有成果的水面面积，选用2004年9月17日影像提取的数据。

② 洞庭湖包括东洞庭湖区、南洞庭湖区、七里湖区、目平湖区、南洞庭区和漕水洪道。湖泊水面面积系列变化范围较大。本次普查参考已有成果的水面面积，选用2007年8月7日影像提取的数据。

表 4－1－4　　全国 10 大（按水面面积排序）淡水湖基本情况一览表

序号	流域（区域）	水系	湖泊名称	水面面积/km²	湖泊容积/亿m³	所在省（自治区、直辖市）	备注
1	长江	鄱阳湖水系	鄱阳湖	2978①	328.7（对应85黄海高程21.00m水位容积）	江西	
2	长江	洞庭湖水系	洞庭湖	2579②	206.4（对应85黄海高程33.00m水位容积）	湖南	
3	长江	太湖水系	太湖	2341	83.8（对应吴淞高程4.66m水位容积）	江苏、浙江	
4	淮河	淮河洪泽湖以上水系	洪泽湖	1525	111.2（对应56黄海高程15.86m水位容积）	江苏	
5	黑龙江	乌苏里江水系	兴凯湖	1068	—	黑龙江	含国外部分的总面积为4138km²
6	淮河	沂沭泗水系	南四湖	1003	57.1（对应56黄海高程36.36m水位容积）	山东、江苏	
7	内流诸河	塔里木内流水系	博斯腾湖	986	54.54（对应56黄海高程1044.90m水位容积）	新疆	
8	内流诸河	羌塘高原内流水系	阿牙克库木湖	807	—	新疆	
9	长江	长江干流都阳湖以下水系	巢湖	774	55.1（对应吴淞高程12.80m水位容积）	安徽	
10	黄河	黄河干流洮河以上水系	鄂陵湖	644	107.6（对应56黄海高程4268.70m水位容积）	青海	

① 鄱阳湖湖泊水面面积系列变化范围较大，本次普查参考已有成果的水面面积，本次普查参考已有成果的水面面积，选用 2004 年 9 月 17 日影像提取的数据。

② 洞庭湖包括东洞庭湖区、南洞庭湖区、七里湖区、目平湖区和澧水洪道，湖泊水面面积系列变化范围较大，本次普查参考已有成果的水面面积，选用 2007 年 8 月 7 日影像提取的数据。

表 4 - 1 - 5　　全国 10 大（按水面面积排序）咸水湖基本情况一览表

序号	流域 （区域）	水　系	名称	水面面积 /km²	湖泊容积 /亿 m³	所在省 （自治区、直辖市）	备　注
1	内流诸河	柴达木内流水系	青海湖	4233	785.0（对应 85 黄海高程 3193.50m 水位容积）	青海	本次普查实测水 面面积为 4244km²
2	内流诸河	羌塘高原内流水系	色林错	2209	—	西藏	
3	内流诸河	羌塘高原内流水系	纳木错	2018	1090.00（对应 56 黄海高 程 4722.84m 水位容积）	西藏	本次普查实测水 面面积为 2020km²
4	黑龙江	额尔古纳河水系	呼伦湖	1847	—	内蒙古	
5	内流诸河	羌塘高原内流水系	扎日南木错	998	290.2（对应国家 85 高程 4611.20m 水位容积）	西藏	
6	内流诸河	羌塘高原内流水系	当惹雍错	843	—	西藏	
7	西南西北外流诸河	额尔齐斯河水系	乌伦古湖	836	—	新疆	
8	西南西北外流诸河	雅鲁藏布江暨恒河水系	羊卓雍错	614	129.5（对应国家 85 高程 4435.36m 水位容积）	西藏	
9	内流诸河	柴达木内流水系	哈拉湖	604	—	青海	
10	内流诸河	羌塘高原内流水系	乌兰乌拉湖	577	—	青海	

五、常年水面面积排列前 10 位的咸水湖

全国常年水面面积排列前 10 位的咸水湖为青海湖、色林错、纳木错、呼伦湖、扎日南木错、当惹雍错、乌伦古湖、羊卓雍错、哈拉湖、乌兰乌拉湖，具体情况见表 4 - 1 - 5。

第二节　典　型　河　流

本节选取黑龙江、松花江、辽河、永定河、黄河、渭河、淮河、长江、雅砻江、汉江、钱塘江、闽江、韩江、西江、澜沧江、怒江、雅鲁藏布江、黑河、塔里木河等 19 条典型河流作基本情况介绍。上述典型河流的选取原则如下。

（1）全国河流长度排列前 10 位的河流。

（2）全国河流流域面积排列前 10 位的河流。

（3）在 10 大一级流域（区域）中，增选具有代表性的河流。如海河区域的永定河、黄河流域的渭河、长江流域的汉江、浙闽诸河区域的钱塘江和闽江、珠江区域的韩江以及内流诸河区域的黑河。

典型河流表述的先后根据全国流域水系代码（试用）的顺序。

受篇幅限制，全国流域面积 3000km^2 及以上河流名录和分布图详见附录 A。

一、黑龙江

黑龙江位于我国东北部，东经 115°31′～134°47′，北纬 41°42′～53°34′，东西长 1498km，南北长 1263km，是全国河流长度最长的界河。发源于蒙古国肯特山东麓的石勒喀河（上游段称为鄂嫩河）和额尔古纳河（上游段称为克鲁伦河），在我国黑龙江省漠河县北极乡汇合后称为黑龙江（俄罗斯称为阿穆尔河），为中国与俄罗斯界河，乌苏里江（界河）汇入后流入俄罗斯境内，最后流入鄂霍次克海。黑龙江界河段河长 1905km，国内流域面积 888711km^2。国内部分涉及内蒙古、黑龙江、吉林、辽宁等 4 省（自治区），4 省（自治区）的流域面积分别为 290582km^2、463001km^2、134588km^2 和 540km^2。

黑龙江流域国内部分包括额尔古纳河、黑龙江干流、松花江、乌苏里江等 4 个二级水系。流域面积 50km^2 及以上的河流共 4902 条，其中山地河流 4159 条，平原河流 743 条。1～8 级山地河流数量分别为 95 条、498 条、1469 条、1373 条、590 条、122 条、10 条和 1 条。流域面积 50km^2 及以上、100km^2 及以上、1000km^2 及以上和 10000km^2 及以上河流的数量分别为 4902 条、2333 条、214 条和 33 条。流域面积 10000km^2 及以上的河流有 33 条，分别是额尔古

纳河、哈拉哈河、海拉尔河、伊敏河、辉河、根河、激流河、黑龙江、额木尔河、呼玛河、逊毕拉河、松花江、甘河、讷谟尔河、诺敏河、雅鲁河、绰尔河、呼尔达河、洮儿河、蛟流河、霍林河、第二松花江、辉发河、饮马河、拉林河、呼兰河、通肯河、蚂蚁河、牡丹江、倭肯河、汤旺河、乌苏里江和穆棱河。其中，流域面积大于50000km² 的河流除黑龙江干流外有6条，分别是黑龙江的一级支流松花江、额尔古纳河、乌苏里江，流域面积分别为554542km²、152600km² 和60111km²；还有松花江的一级支流第二松花江（73803km²）、额尔古纳河的一级支流海拉尔河（54706km²）和哈拉哈河（51133km²）。松花江为黑龙江的最大支流。流域内主要湖泊有兴凯湖、小兴凯湖、呼伦湖、贝尔湖、哈达乃浩来（新达赉湖）、哈拉湖、呼和诺尔、查干湖、大龙虎泡以及长白山天池、五大连池等。

黑龙江界河段河流纵剖面的落差约270m，平均比降0.113‰。流域内共有水文站和水位站329个，其中水文站272个、水位站57个。多年平均年降水深504.9mm，多年平均年径流深142.6mm。

黑龙江干流流经的主要城市有黑河。其最大一级支流松花江干流流经的主要城市有齐齐哈尔、哈尔滨、佳木斯等。

黑龙江水系流域面积3000km² 及以上河流一览见表4-2-1，分布见图4-2-1。黑龙江干流（乌苏里江汇入断面以上）和主要一级支流纵剖面见图4-2-2。

表4-2-1　黑龙江水系流域面积3000km² 及以上河流一览表

序号	河流名称	河名备注	河流级别	上一级河流名称	河流长度/km	流域面积/km²
1	额尔古纳河	克鲁伦河（呼伦湖出口断面以上）、达赉鄂洛木河（呼伦湖出口断面至海拉尔河汇入断面）	1	黑龙江	1350	152600
2	哈拉哈河	哈拉哈河（贝尔湖出口断面以上）、乌尔逊河（贝尔湖出口断面至呼伦湖入口断面）、海拉斯台者高勒（托列拉河汇入断面以上）	2	额尔古纳河	650	51133
3	额勒森哈力木		3	哈拉哈河	154	4856
4	乌好来音河		3	哈拉哈河	144	4002
5	海拉尔河	库都尔河（大雁河汇入断面以上）	2	额尔古纳河	743	54706
6	免渡河	扎敦河（无名桥断面以上）	3	海拉尔河	204	6737
7	伊敏河		3	海拉尔河	394	22697
8	辉河	惠腾高勒（呼莫高勒汇入断面以上）	4	伊敏河	454	11467

序号	河流名称	河名备注	河流级别	上一级河流名称	河流长度/km	流域面积/km²
9	莫尔格勒河		3	海拉尔河	317	4993
10	西戈力吉河		2	额尔古纳河	135	3187
11	根河		2	额尔古纳河	415	15837
12	图里河		3	根河	142	3661
13	得尔布干河		2	额尔古纳河	272	6830
14	激流河	塔里亚河（奥西加河汇入断面以上）、牛耳河（奥西加河汇入断面至金河汇入断面）	2	额尔古纳河	467	15843
15	黑龙江		0		1905	888711
16	额木尔河		1	黑龙江	497	16110
17	大林河		2	额木尔河	177	4579
18	盘古河		1	黑龙江	188	3661
19	大西尔根气河		1	黑龙江	153	3831
20	呼玛河		1	黑龙江	585	31181
21	塔河		2	呼玛河	213	6599
22	倭勒根河		2	呼玛河	195	3926
23	逊毕拉河	又名逊河、逊别拉河、逊比拉河	1	黑龙江	318	15692
24	沾河		2	逊毕拉河	278	6546
25	库尔滨河		1	黑龙江	258	5019
26	松花江	南瓮河（二根河汇入断面以上）、嫩江（第二松花江汇入断面至二根河汇入断面）	1	黑龙江	2276	554542
27	那都里河	八支线河（那都里河北源汇入断面以上）	2	松花江	233	5427
28	多布库尔河	西多布库尔河（北多布库尔河汇入断面以上）	2	松花江	340	5889
29	门鲁河	查尔格拉河（小河里河汇入断面以上）、根里河（小河里河汇入断面至泥鳅河汇入断面）	2	松花江	234	5414

续表

序号	河流名称	河名备注	河流级别	上一级河流名称	河流长度/km	流域面积/km²
30	科洛河	龙门河（东卧牛河汇入断面以上）、卧牛河（西卧牛河汇入断面至英河汇入断面）	2	松花江	327	8509
31	甘河		2	松花江	499	19711
32	奎勒河		3	甘河	248	4740
33	讷谟尔河	南北河（二更河汇入断面以上）、南腰小河（南北河汇入断面以上）	2	松花江	498	13851
34	诺敏河	马布拉河（诺敏河南源河汇入断面以上）	2	松花江	499	25420
35	毕拉河		3	诺敏河	270	7846
36	格尼河		3	诺敏河	226	5039
37	阿伦河		2	松花江	337	5229
38	雅鲁河	南大河（雅鲁河左支河汇入断面以上）	2	松花江	387	19249
39	济沁河		3	雅鲁河	205	4175
40	罕达罕河		3	雅鲁河	171	4164
41	绰尔河		2	松花江	563	17186
42	乌裕尔河	轱辘滚河（小轱辘滚河汇入断面以上）、东轱辘滚河（小轱辘滚河汇入断面至鸡爪河汇入断面）	3		598	7751
43	呼尔达河		2	松花江	237	10405
44	二龙涛河	呼尔勒河（查干木伦河汇入断面以上）	4		289	4865
45	洮儿河		2	松花江	595	36186
46	归流河	乌兰河（海勒斯台郭勒汇入断面以上）	3	洮儿河	278	9526
47	蛟流河		3	洮儿河	256	10550
48	大额木特河		4	蛟流河	180	5339
49	霍林河		2	松花江	706	36796
50	坤都冷河		3	霍林河	181	3881

序号	河流名称	河名备注	河流级别	上一级河流名称	河流长度/km	流域面积/km²
51	第二松花江	五道白河（四道白河汇入断面以上）、二道松花江（两江口至白山水库）	2	松花江	882	73803
52	古洞河		3	第二松花江	155	4296
53	头道松花江		3	第二松花江	230	7909
54	辉发河	柳河（吉林与辽宁省界断面以上）	3	第二松花江	270	14905
55	蛟河		3	第二松花江	121	3550
56	饮马河		3	第二松花江	357	18125
57	伊通河		4	饮马河	312	9748
58	拉林河		2	松花江	389	19553
59	牤牛河		3	拉林河	229	5374
60	卡岔河	又名细鳞河	3	拉林河	165	3170
61	阿什河	阿城河（符家围子河汇入断面以上）	2	松花江	199	3538
62	呼兰河		2	松花江	455	39241
63	努敏河		3	呼兰河	305	5428
64	通肯河		3	呼兰河	372	10305
65	蚂蚁河		2	松花江	280	10782
66	牡丹江		2	松花江	693	37298
67	海浪河		3	牡丹江	213	5245
68	乌斯浑河	鲶鱼河子（楚山河汇入断面以上）、鲶鱼河（楚山河汇入断面至亚河汇入断面）	3	牡丹江	152	4194
69	倭肯河	正身河（金矿河汇入断面以上）	2	松花江	326	11013
70	汤旺河	东汤旺河（西汤旺河汇入断面以上）	2	松花江	454	20778
71	乌苏里江		1	黑龙江	474	60111
72	穆棱河		2	乌苏里江	666	16143
73	挠力河		2	乌苏里江	639	3418

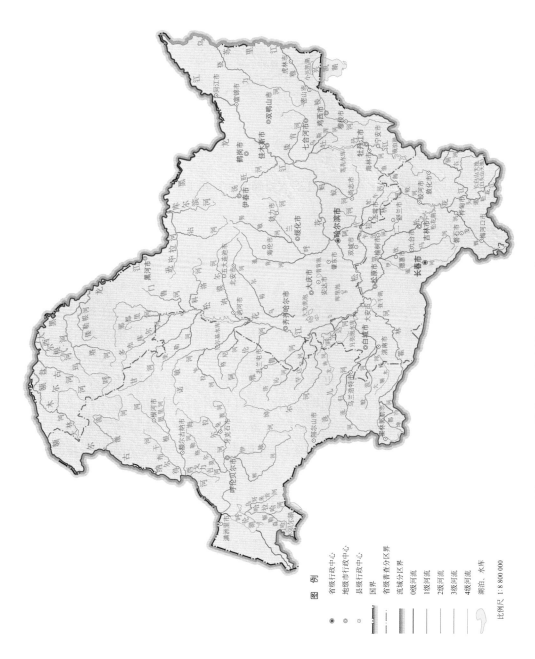

图 4 - 2 - 1 黑龙江水系流域面积 3000km² 及以上河流分布图

图 例

省级行政中心

地级市行政中心

县级行政中心

国界

省级普查分区界

流域分区界

0级河流

1级河流

2级河流

3级河流

4级河流

湖泊、水库

比例尺 1:8 800 000

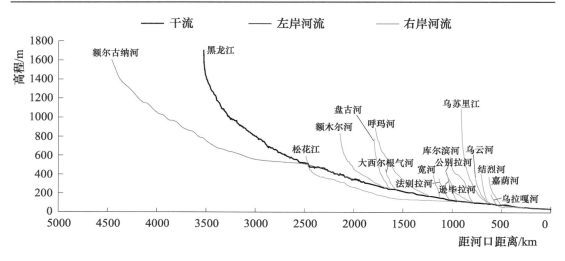

图 4-2-2   黑龙江干流（乌苏里江汇入断面以上）和主要一级支流纵剖面图

二、松花江

松花江位于东经 119°24′~132°32′，北纬 41°42′~51°40′，东西长 983km，南北长 1125km，是黑龙江右岸最大支流。发源于黑龙江省大兴安岭支脉伊勒呼里山，源头区位于大兴安岭地区松岭区规划林场，高程 869.60m。在嫩江县以上接纳大兴安岭东坡和小兴安岭西坡的大小支流，出山后进入松嫩平原，二根河汇入断面以上河段称为南瓮河，二根河汇入断面至第二松花江汇入断面河段称为嫩江，在吉林省三岔河镇接纳最大支流第二松花江后称为松花江，而后松花江向东北流至黑龙江省佳木斯市的同江市三江口乡同江镇注入黑龙江。干流全长 2276km，流域面积 554542km²（不含境外部分面积），流域跨内蒙古、黑龙江、吉林、辽宁等 4 省（自治区），流域面积分别为 134612km²、284800km²、134589km²、541km²。

松花江水系流域面积大于 50km² 的河流有 2925 条，其中山地河流 2553 条，平原河流 372 条。1~7 级山地河流的数量分别为 157 条、883 条、978 条、445 条、81 条、7 条和 1 条。流域面积 50km² 及以上、100km² 及以上、1000km² 及以上和 10000km² 及以上河流的数量分别为 2925 条、1435 条、128 条和 20 条。流域面积大于 10000km² 的除松花江干流外，一级支流有甘河、讷谟尔河、诺敏河、雅鲁河、绰尔河、呼尔达河、洮儿河、霍林河、第二松花江、拉林河、呼兰河、蚂蚁河、牡丹江、倭肯河和汤旺河等 15 条，另洮儿河的一级支流蛟流河、第二松花江的一级支流辉发河和饮马河、呼兰河的一级支流通肯河等 4 条二级河流的流域面积也大于 10000km²。

流域内的主要湖泊有查干湖、大龙虎泡、青肯泡、镜泊湖、库里泡、他拉红泡、西葫芦泡、喇嘛寺泡子以及长白山天池、五大连池等。

松花江干流纵剖面的落差约 820m，平均比降 0.118‰。流域内共有水文站和水位站 245 个，其中水文站 212 个、水位站 33 个。多年平均年降水深 537.1mm，多年平均年径流深 150.1mm。

第二松花江是松花江的最大支流，发源于中国与朝鲜交界的长白山天池，曾被认作松花江的正源。松花江干流流经的主要城市有齐齐哈尔、哈尔滨、佳木斯等，其最大支流第二松花江干流流经的主要城市有吉林、松原等。

松花江水系流域面积 3000km² 及以上河流一览见表 4-2-2，分布见图 4-2-3。松花江干流和主要一级支流纵剖面见图 4-2-4。

表 4-2-2　　松花江水系流域面积 3000km² 及以上河流一览表

序号	河流名称	河名备注	河流级别	上一级河流名称	河流长度/km	流域面积/km²
1	松花江	南瓮河（二根河汇入断面以上）、嫩江（第二松花江汇入断面至二根河汇入断面）	1	黑龙江	2276	554542
2	那都里河	八支线河（那都里河北源汇入断面以上）	2	松花江	233	5427
3	多布库尔河	西多布库尔河（北多布库尔河汇入断面以上）	2	松花江	340	5889
4	门鲁河	查尔格拉河（小河里河汇入断面以上）、根里河（小河里河汇入断面至泥鳅河汇入断面）	2	松花江	234	5414
5	科洛河	龙门河（东卧牛河汇入断面以上）、卧牛河（西卧牛河汇入断面至英河汇入断面）	2	松花江	327	8509
6	甘河		2	松花江	499	19711
7	奎勒河		3	甘河	248	4740
8	讷谟尔河	南北河（二更河汇入断面以上）、南腰小河（南北河汇入断面以上）	2	松花江	498	13851

续表

序号	河流名称	河名备注	河流级别	上一级河流名称	河流长度/km	流域面积/km²
9	诺敏河	马布拉河（诺敏河南源河汇入断面以上）	2	松花江	499	25420
10	毕拉河		3	诺敏河	270	7846
11	格尼河		3	诺敏河	226	5039
12	阿伦河		2	松花江	337	5229
13	雅鲁河	南大河（雅鲁河左支河汇入断面以上）	2	松花江	387	19249
14	济沁河		3	雅鲁河	205	4175
15	罕达罕河		3	雅鲁河	171	4164
16	绰尔河		2	松花江	563	17186
17	乌裕尔河	轱辘滚河（小轱辘滚河汇入断面以上）、东轱辘滚河（小轱辘滚河汇入断面至鸡爪河汇入断面）	3		598	7751
18	呼尔达河		2	松花江	237	10405
19	二龙涛河	呼尔勒河（查干木伦河汇入断面以上）	4		289	4865
20	洮儿河		2	松花江	595	36186
21	归流河	乌兰河（海勒斯台郭勒汇入断面以上）	3	洮儿河	278	9526
22	蛟流河		3	洮儿河	256	10550
23	大额木特河		4	蛟流河	180	5339
24	霍林河		2	松花江	706	36796
25	坤都冷河		3	霍林河	181	3881
26	第二松花江	五道白河（四道白河汇入断面以上）、二道松花江（两江口至白山水库）	2	松花江	882	73803

续表

序号	河流名称	河名备注	河流级别	上一级河流名称	河流长度/km	流域面积/km²
27	古洞河		3	第二松花江	155	4296
28	头道松花江		3	第二松花江	230	7909
29	辉发河	柳河（吉林与辽宁省界断面以上）	3	第二松花江	270	14905
30	蛟河		3	第二松花江	121	3550
31	饮马河		3	第二松花江	357	18125
32	伊通河		4	饮马河	312	9748
33	拉林河		2	松花江	389	19553
34	牤牛河		3	拉林河	229	5374
35	卡岔河	又名细鳞河	3	拉林河	165	3170
36	阿什河	阿城河（符家围子河汇入断面以上）	2	松花江	199	3538
37	呼兰河		2	松花江	455	39241
38	努敏河		3	呼兰河	305	5428
39	通肯河		3	呼兰河	372	10305
40	蚂蚁河		2	松花江	280	10782
41	牡丹江		2	松花江	693	37298
42	海浪河		3	牡丹江	213	5245
43	乌斯浑河	鲶鱼河子（楚山河汇入断面以上）、鲶鱼河（楚山河汇入断面至亚河汇入断面）	3	牡丹江	152	4194
44	倭肯河	正身河（金矿河汇入断面以上）	2	松花江	326	11013
45	汤旺河	东汤旺河（西汤旺河汇入断面以上）	2	松花江	454	20778

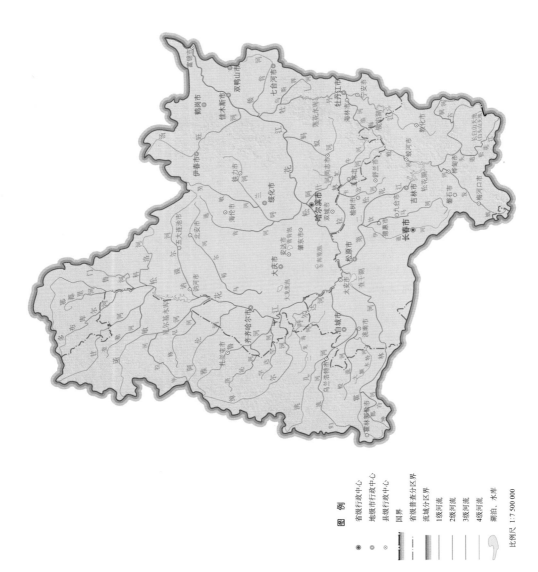

图 4－2－3 松花江水系流域面积 3000km² 及以上河流分布图

图 例

省级行政中心
地级市行政中心
县级行政中心
国界
省级首府分区界
流域分区界
1级河流
2级河流
3级河流
4级河流
湖泊、水库

比例尺 1:7 500 000

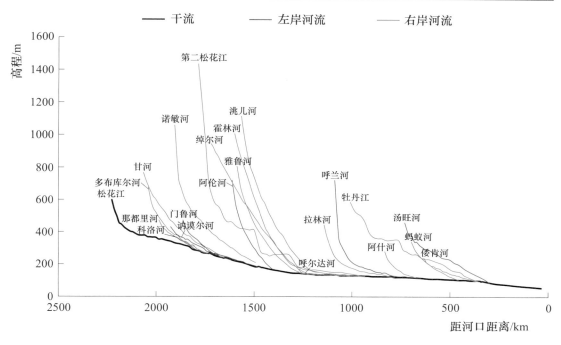

图 4-2-4　松花江干流和主要一级支流纵剖面图

三、辽河

辽河位于东经 116°49′～125°36′，北纬 40°47′～45°14′，东西长 707km，南北长 496km。发源于内蒙古自治区克什克腾旗芝瑞镇马架子村的白岔山，源头区高程 1806.90m。老哈河汇入断面以上河段称为西拉木伦河，老哈河汇入断面至东辽河汇入断面河段称为西辽河，养息牧河汇入断面以下河段称为双台子河，在辽宁省盘锦市大洼县赵圈河乡河口自然保护区红海滩注入辽东湾。干流全长 1383km，流域面积 191946km²，流域跨河北、内蒙古、吉林、辽宁等 4 省（自治区），流域面积分别为 3758km²、131550km²、15650km²、40988km²。

辽河水系流域面积 50km² 及以上的河流共 751 条，其中山地河流 728 条，平原河流 23 条。1～6 级山地河流的数量分别为 65 条、290 条、265 条、91 条、15 条和 1 条。流域面积 50km² 及以上、100km² 及以上、1000km² 及以上和 10000km² 及以上河流的数量分别为 751 条、434 条、56 条和 8 条。流域面积大于 10000km² 的除辽河干流外，一级支流有查干木伦河、老哈河、教来河、乌力吉木仁河、东辽河、绕阳河等 6 条，另老哈河的一级支流阴河的流域面积也大于 10000km²。流域内的主要湖泊有卧龙湖、花胡硕哈嘎、协日嘎泡子、架树台泡、前丹江泡、沈阳西湖等。

辽河干流纵剖面的落差约 1810m，平均比降 0.430‰。流域内共有水文站和水位站 96 个，其中水文站 88 个、水位站 8 个。多年平均年降水深 434.8mm，多年平均年径流深 45.2mm。

辽河干流流经的主要城市有通辽、铁岭和盘锦等。

辽河水系流域面积 1000km² 及以上河流一览见表 4-2-3，分布见图 4-2-5。辽河干流和主要一级支流纵剖面见图 4-2-6。

表 4-2-3　　　辽河水系流域面积 1000km² 及以上河流一览表

序号	河流名称	河名备注	河流级别	上一级河流名称	河流长度/km	流域面积/km²
1	辽河	西拉木伦河（老哈河汇入断面以上）、西辽河（老哈河汇入断面至东辽河汇入断面）、双台子河（养息牧河汇入断面以下）	0		1383	191946
2	碧流河		1	辽河	53	1033
3	百岔河		1	辽河	143	1620
4	苇塘河		1	辽河	93	1432
5	查干木伦河	又名查干沐沦河，阿山河（辉腾河汇入断面以上）	1	辽河	236	11611
6	巴尔汰河		2	查干木伦河	76	1325
7	嘎斯汰河	黄岗河（克旗同兴镇大臭思台沟门断面以上）、木石匣河（大臭思台沟门至克旗宇宙地镇陆家店）、乌梁苏台河（陆家店至林西县林西镇冬不冷）、嘎斯汰河（冬不冷至嘎斯汰河汇入断面）	2	查干木伦河	127	2541
8	古力古台河	床金河（乌苏伊很河汇入断面以上）、敖尔盖河（乌苏伊很河汇入断面至塔拉布拉格汇入断面）、古力古台河（塔拉布拉格汇入断面至古力古台河汇入断面）	2	查干木伦河	118	2487
9	少冷河	响水河（头牌子河汇入断面以下）	1	辽河	218	2580
10	老哈河		1	辽河	451	29623
11	坤头河	又名坤兑河、坤都伦	2	老哈河	101	1741

序号	河流名称	河名备注	河流级别	上一级河流名称	河流长度/km	流域面积/km²
12	阴河	英金河（锡泊河汇入断面至英金河汇入断面）	2	老哈河	218	10598
13	西路嘎河	乌拉岱河（河北境内）	3	阴河	122	2318
14	锡泊河		3	阴河	122	2978
15	昭苏河		3	阴河	109	1050
16	蹦河	又名崩河	2	老哈河	115	1293
17	羊肠子河		2	老哈河	200	2362
18	幸福河灌渠		2	老哈河	143	1590
19	孝庄河		1	辽河	87	1309
20	辽河灌区渠		1	辽河	157	2562
21	教来河	清河（奈曼旗八仙筒以下）	1	辽河	519	17620
22	教来河故道		2	教来河	169	5724
23	孟克河		3	教来河故道	268	3748
24	西达不嘎筒河		3	教来河故道	130	1013
25	洪河		2	教来河	166	2457
26	乌力吉木仁河	又名乌尔吉沐沦河、乌力吉沐沦河，清河（开鲁县境内）	1	辽河	680	48793
27	查干白旗河		2	乌力吉木仁河	58	1149
28	巴奇楼子河	翁根河（巴林右旗西拉沐沦苏木达林台诺尔以上）	2	乌力吉木仁河	137	2317
29	欧木伦河	又名大欧沐沦河，黑德高勒（阿旗坤都镇白音花水库以上）	2	乌力吉木仁河	151	2405
30	海黑令郭勒	苏吉高勒（森格仑郭勒汇入断面至哈黑尔高勒汇入断面）、哈黑尔河（阿旗罕苏木苏木沙坝水库以上10km处至达勒林郭勒汇入断面）、黑沐沦河（达勒林郭勒汇入断面至海黑令郭勒汇入断面）、哈黑尔高勒（达勒林郭勒汇入断面以上）、海黑令郭勒（达勒林郭勒汇入断面以下）	2	乌力吉木仁河	220	7818

序号	河流名称	河名备注	河流级别	上一级河流名称	河流长度/km	流域面积/km²
31	达勒林郭勒		3	海黑令郭勒	122	2234
32	腾格勒郭勒	白音巨流河（乌兰陶勒盖郭勒汇入断面以上）	2	乌力吉木仁河	124	1579
33	胜利河	又名鲁北河、登岭河	2	乌力吉木仁河	149	1609
34	乌鲁格其河	又名前进河	2	乌力吉木仁河	135	2164
35	杜其营子河	塔拉布拉皋河（浩吉尔塔拉沟汇入断面以上）	2	乌力吉木仁河	158	2439
36	乌衲格其郭勒		2	乌力吉木仁河	176	2544
37	新开河		2	乌力吉木仁河	350	7335
38	小清河		2	乌力吉木仁河	69	1627
39	巴辽排干		1	辽河	139	3686
40	达布希拉吐干沟		2	巴辽排干	65	1314
41	甘吉排干		1	辽河	96	1495
42	东辽河		1	辽河	377	11189
43	小辽河		2	东辽河	93	1128
44	招苏台河		1	辽河	263	4828
45	二道河		2	招苏台河	145	1544
46	清河		1	辽河	159	5150
47	寇河		2	清河	113	2170
48	柴河		1	辽河	133	1441
49	泛河	又名汛河	1	辽河	120	1046
50	秀水河		1	辽河	139	1903
51	养息牧河		1	辽河	123	1981
52	柳河	又名扣河子河、厚很河、北大河、新开河	1	辽河	302	5345
53	养畜牧河		2	柳河	116	1155
54	绕阳河		1	辽河	326	10348
55	东沙河		2	绕阳河	142	2167
56	西沙河		2	绕阳河	97	1454

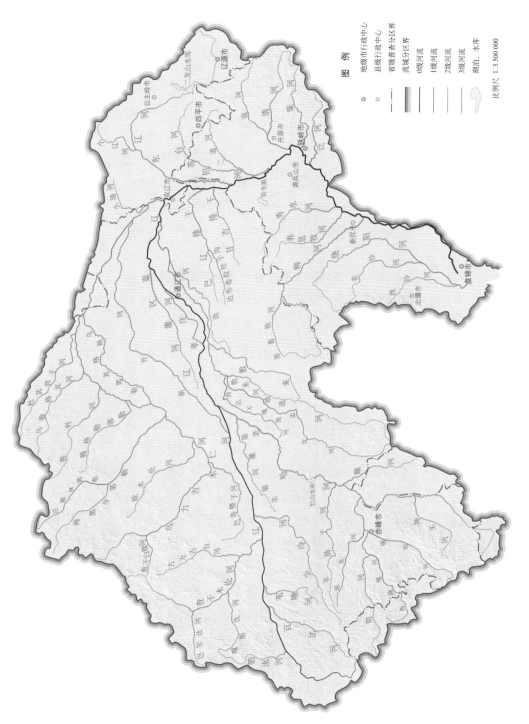

图 4 - 2 - 5　辽河水系流域面积 1000km² 及以上河流分布图

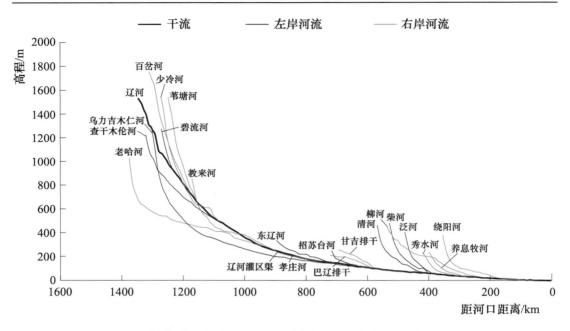

图 4-2-6　辽河干流和主要一级支流纵剖面图

四、永定河

永定河位于东经 111°58′～117°45′，北纬 38°52′～41°15′，东西长 484km，南北长 270km，是海河水系北系的最大河流。发源于山西省左云县马道头乡潘家窑村，源头区高程 1627.21m。洋河汇入断面以上河段称为桑干河，洋河汇入后称为永定河。干流流经山西、内蒙古、河北、北京、天津等 5 省（自治区、直辖市），在天津滨海新区临港工业区临港工业虚拟社区汇入海河，最后流入渤海，干流全长 869km。流域面积为 47396km²，涉及山西 19311km²、内蒙古 5613km²、河北 18818km²，北京 3138km²、天津 516km²。

永定河水系流域面积 50km² 及以上河流共 277 条，其中山地河流 250 条，平原河流 27 条。1～4 级山地河流的数量分别为 57 条、107 条、73 条和 12 条。流域面积 50km² 及以上、100km² 及以上、1000km² 及以上和 10000km² 及以上河流的数量分别为 277 条、119 条、11 条和 2 条。流域面积大于 10000km² 的 2 条河流是永定河干流及其一级支流洋河（15160km²）。流域面积大于 1000km² 的支流有 10 条，包括永定河一级支流中的恢河、黄水河、浑河、御河、壶流河、洋河和妫水河等 7 条，另有御河的一级支流十里河以及洋河的一级支流南洋河和清水河等 3 条。洋河为永定河的最大支流。流域内没有大的湖泊，仅有一个依核淖尔，常年水面面积为 1.52km²。

永定河干流纵剖面的落差约 1630m，平均比降 1.42‰。流域内共有水文站 47 个。多年平均年降水深 417.0mm，多年平均年径流深 32.5mm。

永定河干流流经的主要城市有朔州、北京等。

永定河水系流域面积 1000km² 及以上河流一览见表 4－2－4，分布见图 4－2－7。永定河干流和主要一级支流纵剖面见图 4－2－8。

表 4－2－4   永定河水系流域面积 1000km² 及以上河流一览表

序号	河流名称	河名备注	河流级别	上一级河流名称	河流长度/km	流域面积/km²
1	永定河	源子河（朔城区神头镇马邑以上）、桑干河（洋河汇入断面以上）	0		869	47396
2	恢河		1	永定河	83	1255
3	黄水河	福善庄河（沙塄河汇入断面以上）	1	永定河	113	2298
4	浑河	王千庄峪（荞麦川河汇入断面以上）	1	永定河	113	2031
5	御河	饮马河（大庄科河汇入断面以上）、御河（大庄科河汇入断面以下）	1	永定河	148	5016
6	十里河		2	御河	95	1277
7	壶流河	莎泉峪（白羊峪汇入断面以上）	1	永定河	161	4412
8	洋河	又名二道河、后河，东洋河（内蒙古和河北省界断面至南洋河汇入断面）	1	永定河	267	15160
9	南洋河	白登河（天镇县卅里铺乡廿里铺村以上）、张官屯河（朱家窑头河汇入断面以上）	2	洋河	134	3904
10	清水河	东沟（正沟汇入断面以上）	2	洋河	112	2326
11	妫水河		1	永定河	96	1624

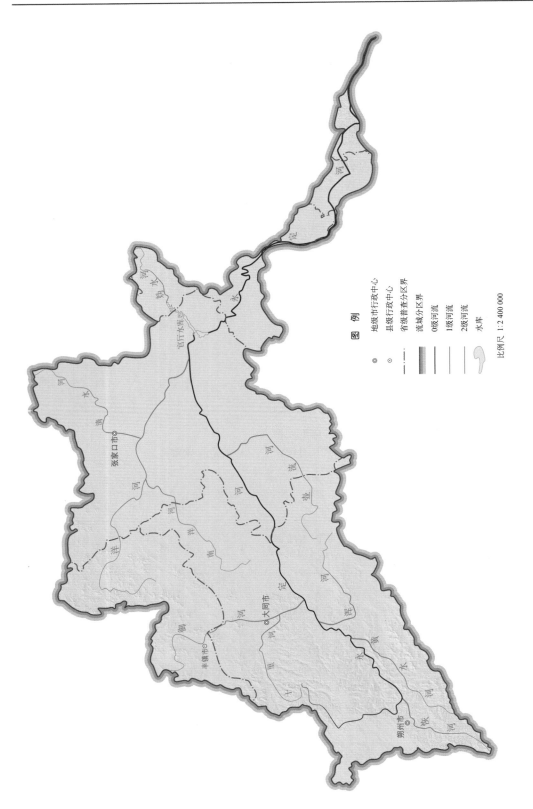

图 4－2－7　永定河水系流域面积 1000km² 及以上河流分布图

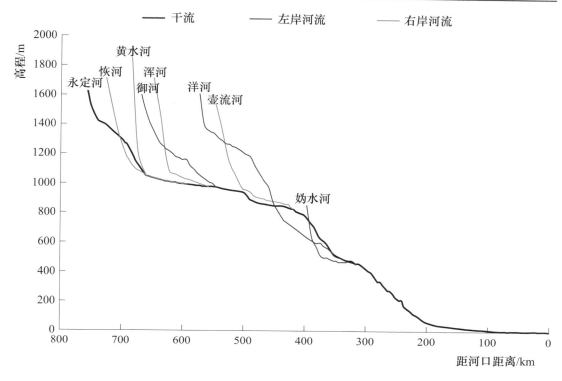

图 4-2-8　永定河干流和主要一级支流纵剖面图

五、黄河

黄河位于东经 $95°53'\sim119°19'$，北纬 $32°9'\sim41°51'$，东西长 2057km，南北长 1077km，为中国第二长河。发源于青海省曲麻莱县麻多乡郭洋村巴颜喀拉山北麓的约古宗列盆地，源头区高程 4679.00m。干流流经青海、四川、甘肃、宁夏、内蒙古、陕西、山西、河南及山东等 9 省（自治区），最后在山东省东营市垦利县黄河口镇大汶流村流入渤海，干流全长 5687km。流域面积为 813122km²，涉及青海 159958km²、四川 18702km²、甘肃 143377km²、宁夏 51947km²、内蒙古 155266km²、陕西 132915km²、山西 97408km²、河南 36337km²、山东 17212km²。

黄河流域流域面积 50km² 及以上河流共 4157 条，其中山地河流 4013 条，平原河流 144 条。1~6 级山地河流的数量分别为 535 条、1606 条、1223 条、483 条、135 条和 30 条。流域面积 50km² 及以上、100km² 及以上、1000km² 及以上和 10000km² 及以上河流的数量分别为 4157 条、2061 条、199 条和 17 条。流域面积大于 10000km² 的除黄河干流外，另有一级支流洮河、湟水-大通河、祖厉河、清水河、乌加河、大黑河、无定河、汾河、渭河、洛河、沁河等 11 条。另湟水-大通河的一级支流湟水，渭河的一级支流葫芦河、泾河、北洛河，泾河的一级支流马莲河等 5 条支流的流域面积也大于 10000km²。渭河为黄河的最大支流。流域内主要的湖泊有鄂陵湖、扎陵湖、乌梁素海、盐池、红碱淖、沙湖、岗纳格玛错、阿涌贡玛、星海湖、尕海湖等。

黄河干流纵剖面的落差约 4680m，平均比降 0.596‰。流域内共有水文站和水位站 446 个，其中水文站 381 个、水位站 65 个。多年平均年降水深 441.1mm，多年平均年径流深 74.7mm。

黄河干流流经的主要城市有兰州、中卫、吴忠、银川、乌海、巴彦淖尔、包头、三门峡等。

黄河流域流域面积 3000km² 及以上河流一览见表 4-2-5，分布见图 4-2-9。黄河干流和主要一级支流纵剖面见图 4-2-10。

表 4-2-5　　　　黄河流域流域面积 3000km² 及以上河流一览表

序号	河流名称	河名备注	河流级别	上一级河流名称	河流长度/km	流域面积/km²
1	黄河		0		5687	813122
2	卡日曲		1	黄河	156	3131
3	多曲		1	黄河	163	5706
4	热曲		1	黄河	194	6470
5	达日河		1	黄河	112	3383
6	东柯河	又名东柯曲	1	黄河	160	3446
7	白河	又名安曲、嘎曲	1	黄河	279	5497
8	黑河	又名墨曲、麦曲、洞亚恰、若尔盖河	1	黄河	511	7719
9	泽曲		1	黄河	256	4755
10	切木曲		1	黄河	154	5550
11	巴曲		1	黄河	153	4241
12	曲什安河		1	黄河	216	5850
13	大河坝河		1	黄河	169	3939
14	沙珠玉河		1	黄河	188	8264
15	隆务河		1	黄河	170	4955
16	大夏河		1	黄河	215	7169
17	洮河		1	黄河	699	25520
18	湟水-大通河	大通河（湟水汇入断面以上）	1	黄河	643	32878
19	湟水		2	湟水-大通河	300	15558
20	北川河		3	湟水	153	3371
21	庄浪河	金强河（天祝县境内）	1	黄河	188	4001

序号	河流名称	河名备注	河流级别	上一级河流名称	河流长度/km	流域面积/km²
22	祖厉河	厉河（会宁县城以上）	1	黄河	219	10680
23	关川河		2	祖厉河	206	3513
24	清水河		1	黄河	319	14623
25	西河		2	清水河	124	3140
26	苦水河		1	黄河	233	5712
27	都思兔河	苦水沟（海流图河汇入断面以上）	1	黄河	160	7949
28	摩林河		2		187	6970
29	陶来沟		2		87	3116
30	乌加河	格尔敖包高勒（总排干以上）、乌加河（总排干至乌毛计闸）、乌梁素海退水渠（乌毛计闸以下）	1	黄河	348	28739
31	美岱沟	美岱沟（拐角处以上）、只几梁后河（拐角处至哈素海出口断面）、哈素海退水渠（哈素海出口断面以下）	1	黄河	173	5262
32	大黑河		1	黄河	238	12361
33	什拉乌素河	又名东沟门沟，什拉乌素后河（什拉乌素前河汇入断面以上）	2	大黑河	130	3150
34	红河	又名浑河，苍头河（山西境内）	1	黄河	229	5573
35	皇甫川	纳林川（乌兰沟汇入断面以上）	1	黄河	139	3243
36	窟野河	乌兰木伦河（悖牛川汇入断面以上）	1	黄河	245	8710
37	秃尾河		1	黄河	141	3466
38	三川河	北川河（大东川河汇入断面以上）	1	黄河	172	4158
39	无定河		1	黄河	477	30496
40	榆溪河	又名榆林溪	2	无定河	101	5329
41	大理河		2	无定河	172	3910
42	清涧河		1	黄河	175	4078
43	昕水河		1	黄河	140	4325
44	延河	又名延水	1	黄河	290	7686
45	汾河		1	黄河	713	39721

序号	河流名称	河名备注	河流级别	上一级河流名称	河流长度/km	流域面积/km²
46	潇河		2	汾河	142	4064
47	文峪河	上游称为中西河	2	汾河	160	4050
48	涑水河		1	黄河	199	5526
49	渭河		1	黄河	830	134825
50	榜沙河		2	渭河	109	3600
51	葫芦河		2	渭河	298	10726
52	千河		2	渭河	157	3506
53	漆水河		2	渭河	158	3951
54	泾河		2	渭河	460	45458
55	蒲河	安家川河（白家川河汇入断面以上）	3	泾河	198	7482
56	茹河	胡麻沟（河口段）、小河（洒河汇入断面以上）	4	蒲河	192	3378
57	马莲河	环江（西川汇入断面至环县曲子镇）、马莲河西川（庆城县南门大桥至环县曲子镇）	3	泾河	375	19084
58	柔远川	元城川（白马川汇入断面以上）、柔远川（柔远河汇入断面以下）、马莲河东川（庆城县境内）	4	马莲河	132	3066
59	黑河		3	泾河	173	4259
60	石川河	沮河（河源上游段）	2	渭河	136	4565
61	北洛河		2	渭河	711	26998
62	葫芦河	二将川（支流荔园堡川汇入断面以上）	3	北洛河	234	5446
63	洛河	伊洛河（伊河汇入断面以下）	1	黄河	445	18876
64	伊河		2	洛河	267	5974
65	沁河		1	黄河	495	13069
66	丹河		2	沁河	166	3137
67	金堤河		1	黄河	211	5171
68	大汶河	牟汶河（柴汶河汇入断面以上）、大清河（戴村坝坝址至东平湖入湖口）、小清河（大汶河出东平湖口断面以下）	1	黄河	231	8944

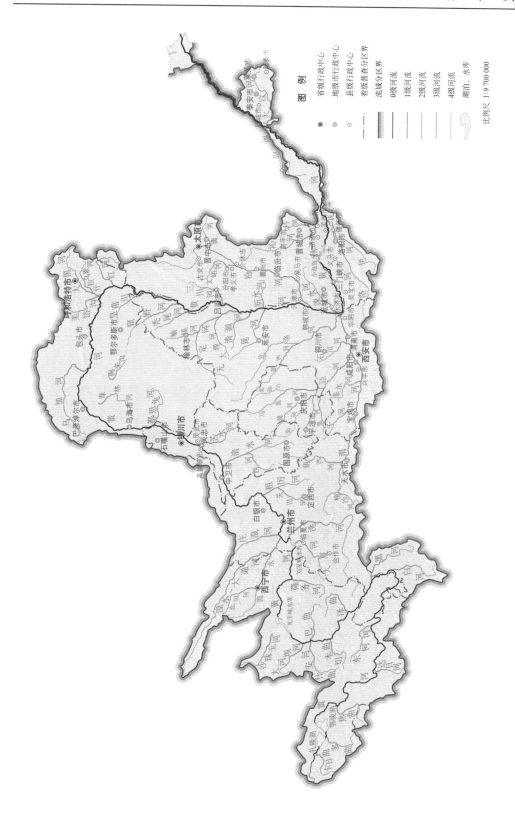

图 4 - 2 - 9　黄河流域流域面积 3000km² 及以上河流分布图

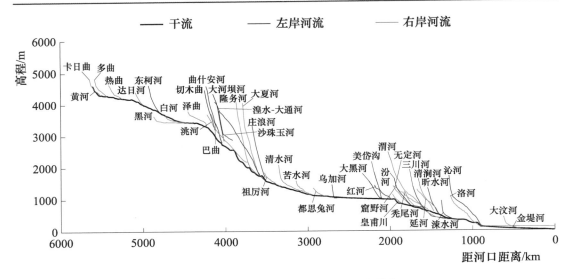

图 4-2-10 黄河干流和主要一级支流纵剖面图

六、渭河

渭河位于东经 103°58′～110°15′，北纬 33°41′～37°25′，东西长 560km，南北长 419km，是黄河的最大支流。发源于甘肃省定西市渭源县鸟鼠山，源头区高程 3144.70m。流经甘肃省定西、天水，陕西省宝鸡、咸阳、西安和渭南等地，至渭南市潼关县汇入黄河，干流全长 830km。渭河水系流域面积为 134825km²，流域跨甘肃、陕西、宁夏等 3 省（自治区），流域面积分别为 59369km²、67219km² 和 8237km²。

渭河南有东西走向的秦岭横亘，北有六盘山屏障。河源至宝鸡峡出口为上游，宝鸡峡至咸阳铁桥为中游，咸阳至潼关河口为下游。

渭河水系流域面积 50km² 以上河流共 677 条，均为山地河流。1～5 级河流的数量分别为 76 条、229 条、232 条、111 条和 28 条。流域面积 50km² 及以上、100km² 及以上、1000km² 及以上和 10000km² 及以上河流的数量分别为 677 条、349 条、35 条和 5 条。较大支流集中在北岸，水系呈扇状分布。渭河干流和主要支流葫芦河、北洛河、泾河及其支流马莲河等 5 条河流流域面积大于 10000km²。北岸支流多发源于黄土丘陵和黄土高原，相对源远流长，比降较小，含沙量大；南岸支流均发源于秦岭山区，源短流急，谷狭坡陡，径流较丰，含沙量小。泾河是渭河最大的支流，支流较多。流域内比较重要的湖泊有震湖。

渭河干流纵剖面的落差约 2820m，平均比降 1.27‰。流域内共有水文站和水位站 76 个，其中水文站 74 个、水位站 2 个。多年平均年降水深

555.4mm，多年平均年径流深71.5mm。

渭河干流流经的主要城市有宝鸡、咸阳、渭南等。

渭河水系流域面积1000km²及以上河流一览见表4-2-6，分布见图4-2-11。渭河干流和主要一级支流纵剖面见图4-2-12。

表4-2-6   渭河水系流域面积1000km²及以上河流一览表

序号	河流名称	河名备注	河流级别	上一级河流名称	河流长度/km	流域面积/km²
1	渭河		1	黄河	830	134825
2	大咸河		2	渭河	70	1161
3	榜沙河		2	渭河	109	3600
4	漳河		3	榜沙河	84	1371
5	散渡河		2	渭河	149	2482
6	葫芦河		2	渭河	298	10726
7	南河	又名小河，李店河（静宁县境内）	3	葫芦河	101	1243
8	水洛河	北洛河（南洛河汇入断面以上）、下洛河（南洛河汇入断面以下）	3	葫芦河	80	1792
9	耤河		2	渭河	84	1268
10	牛头河		2	渭河	88	1845
11	千河		2	渭河	157	3506
12	漆水河		2	渭河	158	3951
13	韦水河		3	漆水河	149	2123
14	黑河		2	渭河	126	2282
15	沣河		2	渭河	79	1524
16	灞河		2	渭河	103	2586
17	泾河		2	渭河	460	45458
18	汭河	石堡子河（华亭县内汭河与策底河汇入断面以上）	3	泾河	113	1673
19	洪河	又名红河	3	泾河	180	1336

123

序号	河流名称	河名备注	河流级别	上一级河流名称	河流长度/km	流域面积/km²
20	蒲河	安家川河（白家川河汇入断面以上）	3	泾河	198	7482
21	茹河	胡麻沟（河口段）、小河（酒河汇入断面以上）	4	蒲河	192	3378
22	马莲河	环江（西川汇入断面至环县曲子镇）、马莲河西川（庆城县南门大桥至环县曲子镇）	3	泾河	375	19084
23	西川	又名西河，桑家沟（源头段）	4	马莲河	80	2039
24	柔远川	元城川（白马川汇入断面以上）、柔远川（柔远河汇入断面以下）、马莲河东川（庆城县境内）	4	马莲河	132	3066
25	城北河	固城川（源头至合水县境内）、城北河（宁县境内）	4	马莲河	99	1858
26	黑河		3	泾河	173	4259
27	达溪河		4	黑河	132	2545
28	三水河	石底川（河源段）、马栏河（中游段）	3	泾河	126	1326
29	汭河	又名三水河，三岔河（上游段）	3	泾河	81	1137
30	石川河	沮河（河源上游段）	2	渭河	136	4565
31	清河		3	石川河	145	1615
32	北洛河		2	渭河	711	26998
33	周河		3	北洛河	87	1335
34	葫芦河	二将川（支流荔园堡川汇入断面以上）	3	北洛河	234	5446
35	沮河		3	北洛河	135	2484

图 4 - 2 - 11 渭河水系流域面积 1000km² 及以上河流分布图

图 例

◉	省级行政中心	—— 1级河流
◎	地级市行政中心	—— 2级河流
○	县级行政中心	—— 3级河流
—·—·—	省级普查分区界	—— 4级河流
——	流域分区界	

比例尺 1:3 000 000

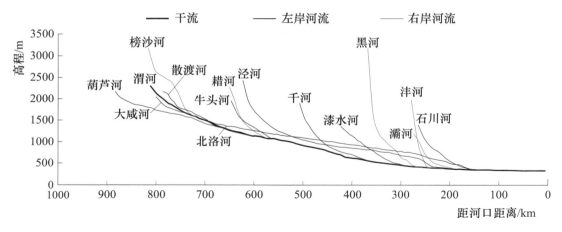

图 4-2-12　渭河干流和主要一级支流纵剖面图

七、淮河

淮河位于东经 111°56′～119°45′，北纬 30°57′～34°57′，东西长 718km，南北长 448km。发源于河南省桐柏县淮源镇陈庄林场，源头区高程 887.70m。淮河西起伏牛山，东临黄海，南以大别山、江淮丘陵、通扬运河及如泰运河南堤与长江分界，北以废黄河与沂沭泗水系为界，干流流经河南、湖北、安徽、江苏等 4 省。洪泽湖以下为淮河下游，水分三路下泄，即入江水道、入海水道和苏北灌溉总渠。洪泽湖以上淮河干流和入江水道的总长度为 1018km。淮河水系流域面积为 190982km²，流域跨河南、湖北、安徽、江苏等 4 省，流域面积分别为 84947km²、1373km²、66614km² 和 38048km²。

淮河水系流域面积 50km² 及以上河流 1035 条，其中山地河流 872 条，平原河流 163 条。1～6 级山地河流的数量分别为 74 条、294 条、337 条、134 条、29 条和 3 条。流域面积 50km² 及以上、100km² 及以上、1000km² 及以上和 10000km² 及以上河流的数量分别为 1035 条、540 条、54 条和 5 条。流域面积 10000km² 及以上的 5 条河流是淮河干流和左岸支流洪汝河、沙颍河、涡河以及分洪河流怀洪新河。左岸主要支流还有分洪河流茨淮新河；右岸主要支流有史河、淠河、池河等，均源于江淮分水岭北侧，流程较短，具山区河道特征。沙颍河为淮河流域面积最大的支流。沿淮多湖泊，分布在支流汇入口附近，湖面大但水深较浅。主要的湖泊有洪泽湖、南四湖、高邮湖、骆马湖、瓦埠湖、白马湖、城东湖、女山湖、城西湖、邵伯湖、宝应湖等。

淮河干流纵剖面的落差约 880m，平均比降 0.069‰。流域内共有水文站和水位站 465 个，其中水文站 345 个、水位站 120 个。多年平均年降水深 895.1mm，多年平均年径流深 236.9mm。

淮河干流流经的主要城市有淮南、蚌埠等。

淮河水系流域面积1000km² 及以上河流一览见表4-2-7，分布见图4-2-13。淮河干流和主要一级支流纵剖面见图4-2-14。

表4-2-7　　　　淮河水系流域面积1000km² 及以上河流一览表

序号	河流名称	河名备注	河流级别	上一级河流名称	河流长度/km	流域面积/km²
1	淮河		0		1018	190982
2	浉河	飞沙河（谭家河断面以上）	1	淮河	147	2012
3	竹竿河		1	淮河	131	2587
4	寨河		1	淮河	120	1021
5	潢河		1	淮河	163	2400
6	洪汝河	汝河（洪河汇入断面以上）	1	淮河	315	12331
7	臻头河		2	洪汝河	134	1813
8	北汝河		2	洪汝河	102	1139
9	洪河	小洪河（驻马店市境内）	2	洪汝河	261	4362
10	白露河		1	淮河	148	2211
11	史河	史灌河（灌河汇入断面以下）	1	淮河	250	6816
12	灌河		2	史河	164	1644
13	濛河分洪道		1	淮河	55	2549
14	谷河		2	濛河分洪道	91	1274
15	沣河		1	淮河	94	1439
16	汲河	西汲河（东汲河汇入断面以上）、汲河（东汲河汇入断面以下）	1	淮河	167	2231
17	淠河	漫水河（佛子岭大坝断面以上）、东淠河（佛子岭大坝至西淠河汇入断面）	1	淮河	267	5920
18	西淠河	宋家河（乌鸡河大桥断面以上）	2	淠河	106	1582
19	沙颖河	沙河（常胜沟汇入断面以下）、颖河（安徽境内）	1	淮河	613	36660
20	北汝河		2	沙颖河	275	5660
21	甘澧河	甘江河（澧河汇入断面以上）	2	沙颖河	160	2508
22	颖河		2	沙颖河	264	7223
23	清潩河		3	颖河	120	2137
24	清流河	老潩水（二道河汇入断面以上）	3	颖河	79	1486
25	贾鲁河		2	沙颖河	264	6137
26	双洎河	绥水（洧水汇入断面以上）	3	贾鲁河	202	1918
27	新运河		2	沙颖河	59	1366
28	泉河	汾河（泥河汇入断面以上）	2	沙颖河	223	5206

续表

序号	河流名称	河名备注	河流级别	上一级河流名称	河流长度/km	流域面积/km²
29	东淝河	金河（肥西县境内）	1	淮河	166	4650
30	庄墓河	又名瓦埠河，庄墓河三源（甄湾桥汇入断面以上）	2	东淝河	74	1065
31	西淝河下段		1	淮河	74	1658
32	窑河	洛河（定远与长丰交界处以上）、沛河（定远与长丰交界处以下至高塘湖口）、窑河（高塘湖以下）	1	淮河	114	1625
33	茨淮新河		1	淮河	131	7218
34	茨河	黑河（河南境内）	2	茨淮新河	189	2979
35	西淝河上段		2	茨淮新河	103	1957
36	芡河		2	茨淮新河	93	1405
37	涡河	白芋沟（大律王村断面以上）	1	淮河	411	15862
38	惠济河	马家河（黄汴河汇入断面以上）	2	涡河	191	4429
39	大沙河	小洪河（安徽境内）	2	涡河	123	1813
40	油河	清水河（河南境内）	2	涡河	128	1088
41	武家河	蔡河（杨大河汇入断面以上）	2	涡河	130	1060
42	新汴河		1	淮河	126	6911
43	新沱河	南沱河（淮北市境内）、沱河（河南夏邑县、永城市、商丘梁园区境内）、响河（虞城县境内）	2	新汴河	176	3995
44	王引河	巴清河（夏邑县境内）、洪河（虞城县境内）	3	新沱河	136	1457
45	萧濉新河	又名肖濉新河，大沙河（瓦子口汇入断面以上）	2	新汴河	130	2630
46	新濉河	濉河上段（奎河汇入断面以上）	1	淮河	138	3130
47	奎河		2	新濉河	72	1318
48	怀洪新河		1	淮河	125	12181
49	北淝河上段		2	怀洪新河	109	1522
50	浍河	又名包浍河	2	怀洪新河	213	4651
51	沱河	又名沱河下段	2	怀洪新河	125	3244
52	唐河		3	沱河	105	1481
53	池河	又名草冲河，商冲河（陈集河汇入断面以上）	1	淮河	237	5120

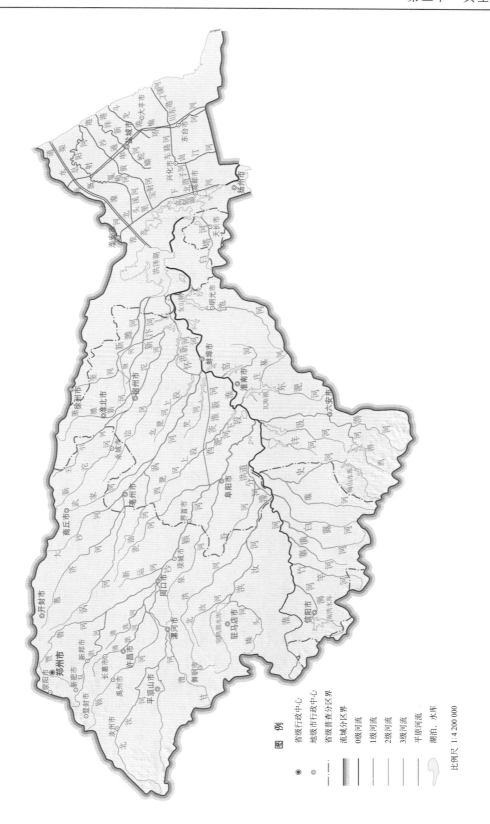

图 4-2-13 淮河水系流域面积 1000km² 及以上河流分布图

图 例

省级行政中心
地级市行政中心
省级普查分区界
流域分区界
0级河流
1级河流
2级河流
3级河流
平原河流
湖泊、水库

比例尺 1:4 200 000

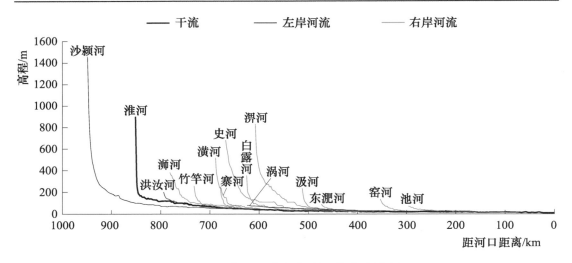

图 4-2-14　淮河干流和主要一级支流纵剖面图

八、长江

长江位于东经 90°32′～122°7′，北纬 24°28′～35°54′，东西长 3016km，南北长 1253km。发源于青海省格尔木市唐古拉山镇唐古拉山脉主峰各拉丹冬雪山西南侧姜根迪好冰川，源头区高程 5663.00m。流经三级阶梯，干流流经青海、西藏、四川、云南、重庆、湖北、湖南、江西、安徽、江苏、上海等 11 省（自治区、直辖市），最后在上海流入东海，长江干流全长 6296km。流域面积为 1796000km²，涉及青海 167988km²、西藏 23236km²、四川 467412km²、陕西 72694km²、贵州 115737km²、云南 109626km²、重庆 82373km²、广东 382km²、广西 8415km²、湖北 184560km²、甘肃 38300km²、湖南 206739km²、江西 163055km²、安徽 66699km²、河南 27578km²、福建 1091km²、浙江 12632km²、江苏 38503km² 和上海 8980km²。

长江干流各河段有不同的名称，当曲汇入断面以上河段称为沱沱河；当曲汇入断面至青海省玉树县巴塘河口称为通天河；巴塘河口至四川省宜宾市岷江-大渡河口河段称为金沙江；宜宾岷江-大渡河口至长江入海口河段称为长江，其中宜宾市至湖北省宜昌市南津关河段称为川江（奉节至宜昌间的三峡河段又有"峡江"之称），湖北省宜昌市宜都至湖南省城陵矶河段称为荆江，江苏省扬州镇江以下河段称为扬子江。湖北省宜昌市以上为上游，宜昌市至江西省湖口县为中游，湖口县以下至入海口为下游。

长江流域流域面积 50km² 及以上河流共 10741 条，其中山地河流 9440 条，平原河流 1301 条。1～7 级山地河流的数量分别为 541 条、2181 条、3173 条、2440 条、935 条、158 条和 11 条。流域面积 50km² 及以上、100km² 及以上、1000km² 及以上和 10000km² 及以上河流的数量分别为 10741 条、5276 条、464 条和 45 条。流域面积大于 80000km² 的河流有 9 条,除长江干流外,有雅砻江（128120km²）、岷江-大渡河（135387km²）、嘉陵江（158958km²）、乌江（87656km²）、沅江（89833km²）、湘江（94721km²）、汉江（151147km²）和赣江（81820km²）,嘉陵江是长江流域面积最大的支流。在江苏省扬州市,长江同京杭运河相交。长江流域内湖泊众多,重要湖泊有鄱阳湖、洞庭湖、太湖、巢湖、滇池、洪湖、库赛湖、龙感湖、卓乃湖、梁子湖等。

长江干流纵剖面的落差约 5670m,平均比降 0.453‰。流域内共有水文站和水位站 1525 个,其中水文站 996 个、水位站 529 个。多年平均年降水深 1084.6mm,多年平均年径流深 551.1mm。

长江干流流经的主要城市有攀枝花、宜宾、泸州、重庆、宜昌、荆州、岳阳、武汉、鄂州、黄冈、黄石、九江、安庆、池州、铜陵、芜湖、马鞍山、南京、镇江、常州、南通、上海等。

长江流域流域面积 10000km² 及以上河流一览见表 4-2-8,分布见图 4-2-15。长江干流和主要一级支流纵剖面见图 4-2-16。

表 4-2-8　　　　　长江流域流域面积 10000km² 及以上河流一览表

序号	河流名称	河名备注	河流级别	上一级河流名称	河流长度/km	流域面积/km²
1	长江	沱沱河（当曲汇入断面以上）、通天河（当曲汇入断面至称文细曲汇入断面）、金沙江（称文细曲汇入断面至岷江-大渡河汇入断面）	0		6296	1796000
2	当曲		1	长江	352	30944
3	布曲		2	当曲	232	13815
4	楚玛尔河		1	长江	541	31311
5	许曲	又名硕衣河、硕曲、山硕河、东旺河（香格里拉市境内）	1	长江	300	12225
6	水洛河	又名木里河、无量河、五郎河、多克楚河、多喀塑河、水落河、稻城河、稻坝河	1	长江	307	13857

序号	河流名称	河名备注	河流级别	上一级河流名称	河流长度/km	流域面积/km²
7	雅砻江		1	长江	1633	128120
8	鲜水河	又名鲜水、州江	2	雅砻江	586	19148
9	理塘河	又名无量河、小金河、木里河、里塘河	2	雅砻江	517	19046
10	安宁河	又名孙水、长江水、长河、白沙江、西泸水、越溪河、泸沽水	2	雅砻江	332	11065
11	普渡河	牧羊河（松华坝水库以上）、盘龙江（松华坝水库坝址至滇池入口）、海口河（滇池出口至石龙坝电站）、螳螂川（石龙坝电站至三岔河汇入断面）、普渡河（三岔河汇入断面至金沙江汇入断面）	1	长江	377	11696
12	牛栏江	果马河（水库段以上）	1	长江	447	13846
13	横江	又名八匡河、石门河，上游称洛泽河，关河（岔河至柿子坝）	1	长江	340	14878
14	岷江-大渡河	麻尔（柯河）曲（俄柯河汇入断面以上）	1	长江	1240	135387
15	绰斯甲河	又名杜柯河	2	岷江-大渡河	447	16015
16	青衣江	又名青衣水、沫水、蒙水、平乡江、平羌江、洪雅川、雅江	2	岷江-大渡河	289	12842
17	岷江		2	岷江-大渡河	594	34222
18	沱江	又名中水、中江、内水、内江、金堂江、金堂河、牛鞞水、牛鞞江、资水、资江、雁水、雁江、金川、釜川、泸江	1	长江	640	27604
19	赤水河	又名大涉水、鳛部水、安乐水、安乐溪、斋郎河、齐郎水、仁水、仁怀河、之溪、赤虺河、赤水	1	长江	442	18807

续表

序号	河流名称	河名备注	河流级别	上一级河流名称	河流长度/km	流域面积/km²
20	嘉陵江		1	长江	1132	158958
21	西汉水	又名犀牛江	2	嘉陵江	293	10105
22	白龙江	又名白水、黄沙江、桓水、白江水、羌水、啼狐水、强水、葭萌、东强水、桔柏水、醍醐水	2	嘉陵江	562	32181
23	渠江		2	嘉陵江	676	38913
24	州河	前河［四川省宣汉市江口水库断面（后河汇入断面）以上］	3	渠江	311	11100
25	涪江	又名涪水、涪江水、内江水、内江、武水、金盘溪、金盘河、小河	2	嘉陵江	668	35881
26	乌江		1	长江	993	87656
27	清江		1	长江	430	16764
28	澧水	澧水中源（澧水北源汇入断面以上）	2		407	16959
29	沅江	清水江（贵州境内）	2		1053	89833
30	舞水		3	沅江	446	10373
31	酉水		3	沅江	484	19344
32	资水	赧水（邵阳县夫夷水河汇入断面以上）	2		661	28211
33	湘江	潇水（湘江西源汇入断面以上）、大桥河（中河汇入断面以上）	2		948	94721
34	耒水	沤江（汝城县马桥乡大牛头村学堂挑组大湾以上）、东江（汝城县马桥乡大牛头村学堂挑组大湾至苏仙区五里牌镇与永兴县交界处）、便江（苏仙区五里牌镇与永兴县碧塘乡锦里村大邻组交界处至永兴县塘门口镇塘市村正街组与耒阳市交界处）	3	湘江	446	11776

序号	河流名称	河名备注	河流级别	上一级河流名称	河流长度/km	流域面积/km²
35	洣水	水口河（炎陵县水口镇官仓下村以上）、河漠水（炎陵县水口镇官仓下村至炎陵县三河镇西台村）	3	湘江	297	10327
36	汉江		1	长江	1528	151147
37	堵河	汇湾河（泉河汇入断面以上）、泗河（泉河汇入断面至官渡河汇入断面）、堵河（官渡河汇入断面至堵河汇入断面）	2	汉江	345	12450
38	丹江		2	汉江	391	16138
39	唐白河	白河（唐河汇入断面以上）、唐白河（唐河汇入断面以下）	2	汉江	363	23975
40	府澴河	涢水（又名府河，澴水汇入断面以上）、府澴河（澴水汇入断面至府澴汇入断面）	1	长江	357	13833
41	修水	东津水（渣津河汇入断面以上）	2		391	14910
42	赣江	绵江（湘水汇入断面以上）、贡水（湘水汇入断面至章江汇入断面）	2		796	81820
43	抚河	驿前港（杨溪水库以上）、盱江（南城县境内）、抚河（南城县界以下）	2		344	15767
44	信江	古称余水，又名信河，金沙溪（七一水库以上）、冰溪（玉山县境内）、玉山水（玉山县城至上饶市信州区）	2		366	15972
45	饶河	古称鄱江，乐安河（其纳昌江汇入断面以上）	2		309	14969

图 4 - 2 - 15　长江流域流域面积 10000km² 及以上河流分布图

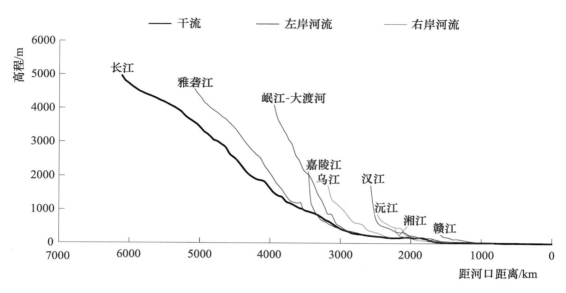

图 4-2-16　长江干流和主要一级支流纵剖面图

九、雅砻江

雅砻江位于东经 96°49′～102°42′，北纬 26°36′～34°13′，东西长 557km，南北长 855km，是长江流域河长最长的一级支流。发源于青海省称多县清水河镇巴颜喀拉山脉勒那冬则山，源头区高程 4848.50m。干流流经青海、四川等 2 省，在四川省攀枝花东区银江镇沙坝村汇入长江，干流全长 1633km。流域面积为 128120km²，涉及四川 117839km²、云南 3610km² 和青海 6671km²。

雅砻江水系流域面积 50km² 及以上河流有 740 条，均为山地河流。1～6 级河流的数量分别为 183 条、334 条、169 条、40 条、9 条和 4 条。流域面积 50km² 及以上、100km² 及以上、1000km² 及以上和 10000km² 及以上河流的数量分别为 740 条、345 条、25 条和 4 条。10000km² 及以上的 4 条河流是雅砻江干流及其支流鲜水河、理塘河和安宁河。流域内有泸沽湖、邛海等湖泊。

雅砻江干流纵剖面的落差约 3880m，平均比降 2.27‰。流域内共有水文站和水位站 19 个，其中水文站 16 个、水位站 3 个。多年平均年降水深 854.5mm，多年平均年径流深 452.8mm。

雅砻江水系流域面积 1000km² 及以上河流一览见表 4-2-9，分布见图 4-2-17。雅砻江干流和主要一级支流纵剖面见图 4-2-18。

表 4-2-9　　雅砻江水系流域面积 1000km² 及以上河流一览表

序号	河流名称	河名备注	河流级别	上一级河流名称	河流长度/km	流域面积/km²
1	雅砻江		1	长江	1633	128120
2	洋涌河	又名牙草用沟、羊甬沟	2	雅砻江	102	1725
3	马木考河	又名麻摩柯、麻田河、玛木考河、马木日阿库	2	雅砻江	162	3540
4	俄涌沟	又名鄂涌河、鄂甬河、鄂曲、俄曲	2	雅砻江	82	2091
5	劳协曲	又名通巴河、拉马河	2	雅砻江	74	1301
6	各曲	又名俄柯、各雍河、阿日扎河	2	雅砻江	118	2082
7	三岔河		2	雅砻江	78	1812
8	阿洛沟	又名洛河、玉曲、玉隆河、玉龙河	2	雅砻江	115	2016
9	达曲	又名达柯、达柯河	2	雅砻江	62	1047
10	热衣曲	又名热衣河	2	雅砻江	118	2199
11	鲜水河	又名鲜水、州江	2	雅砻江	586	19148
12	达曲	又名大多河	3	鲜水河	299	5201
13	庆达沟	又名庆大河、那南河	2	雅砻江	125	1848
14	霍曲	又名德差河	2	雅砻江	164	3298
15	吉珠沟	又名俄洛河	3	霍曲	102	1225
16	立曲	又名力丘河、新都桥河、木雅河	2	雅砻江	204	5888
17	色乌绒沟	又名色物绒沟、玉龙沟	3	立曲	91	1098
18	理塘河	又名无量河、小金河、木里河、里塘河	2	雅砻江	517	19046
19	卧罗河	又名甲母水、卧落河、盐井河、卧龙河	3	理塘河	178	8447
20	前所河	又名永宁河、匹夫河、大洼河、盖租河、盖祖河，木底箐河（河源段）、永宁大河（宁蒗县境内）	4	卧罗河	123	3752
21	宁蒗河		5	前所河	96	1647
22	九龙河	又名乌拉溪	2	雅砻江	131	3613
23	三源河	又名鳡鱼河、惠民河，蝉战河（河源段）、乌木河（清水河汇入断面以下）	2	雅砻江	119	2769
24	安宁河	又名孙水、长江水、长河、白沙江、西泸水、越溪河、泸沽水	2	雅砻江	332	11065
25	瓦里洛沟	又名孙水河、呷瓜河	3	安宁河	98	1605

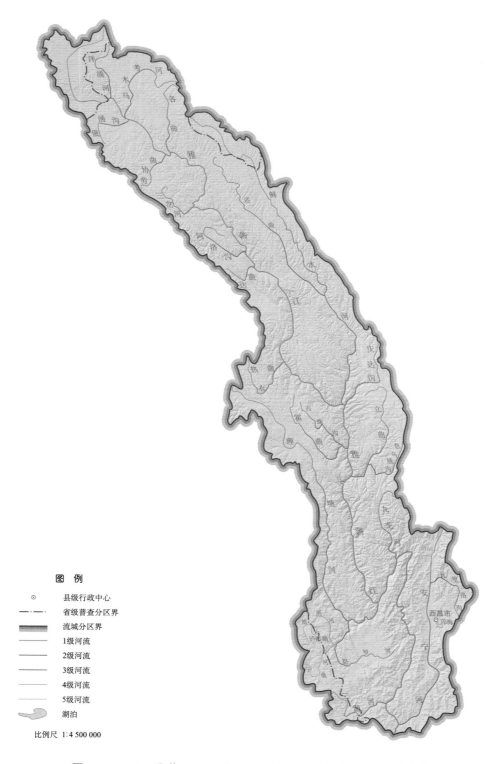

图 4－2－17　雅砻江水系流域面积 1000km² 及以上河流分布图

图　例

◎　　县级行政中心
—·—·—　省级普查分区界
▬▬▬▬　流域分区界
————　1级河流
————　2级河流
————　3级河流
————　4级河流
————　5级河流
〰〰　湖泊

比例尺 1：4 500 000

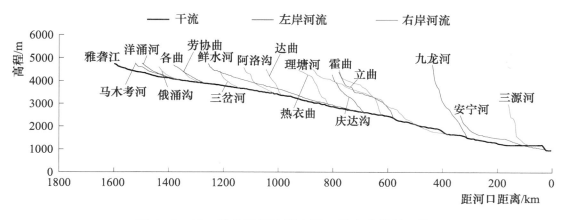

图 4-2-18　雅砻江干流和主要一级支流纵剖面图

十、汉江

汉江位于东经 106°5′~114°17′，北纬 30°22′~34°12′，东西长 772km，南北长 423km。发源于陕西省凤县南星镇留凤关林场，源头区高程 2124.00m。干流流经陕西、湖北等 2 省，在湖北省武汉市江汉区民族街道龙王庙村流入长江。干流全长 1528km，流域面积为 151147km²，流域跨陕西、甘肃、湖北、重庆、四川、河南等 6 省（直辖市），流域面积分别为 62817km²、168km²、58063km²、2383km²、492km²、27224km²。

汉江水系流域面积 50km² 及以上河流共 872 条，其中山地河流 819 条，平原河流 53 条。1~7 级山地河流的数量分别为 1 条、129 条、348 条、252 条、75 条、13 条、1 条。流域面积 50km² 及以上、100km² 及以上、1000km² 及以上和 10000km² 及以上河流的数量分别为 872 条、437 条、43 条、4 条。流域面积大于 10000km² 的一级支流有堵河、丹江和唐白河 3 条。流域内主要湖泊有汈汊湖、东西汊湖、龙赛湖、南湖、老观湖、张家湖、金银湖。

汉江干流纵剖面的落差约 2104m，平均比降 0.310‰。流域内共有水文站和水位站 182 个，其中水文站 126 个、水位站 56 个。多年平均年降水深 901.3mm，多年平均年径流深 368.8mm。

汉江干流流经的主要城市有汉中、安康、十堰、襄樊、荆门、孝感、武汉等。

汉江水系流域面积 1000km² 及以上河流一览见表 4-2-10，分布见图 4-2-19。汉江干流和主要一级支流纵剖面见图 4-2-20。

表 4－2－10　　汉江水系流域面积 1000km² 及以上河流一览表

序号	河流名称	河名备注	河流级别	上一级河流名称	河流长度/km	流域面积/km²
1	汉江		1	长江	1528	151147
2	玉带河		2	汉江	110	1220
3	褒河		2	汉江	195	3955
4	西河		3	褒河	92	1158
5	湑水河		2	汉江	168	2324
6	子午河		2	汉江	160	3013
7	牧马河		2	汉江	123	2793
8	池河		2	汉江	112	1032
9	任河	又名壬水、北江、仁河、任江、大竹河	2	汉江	219	4902
10	岚河		2	汉江	144	2125
11	月河		2	汉江	114	2829
12	坝河		2	汉江	125	2069
13	旬河		2	汉江	228	6322
14	乾佑河		3	旬河	146	2515
15	金钱河	又名夹河	2	汉江	241	5646
16	马滩河		3	金钱河	86	1441
17	天河	天桥河（陕西境内）	2	汉江	108	1688
18	堵河	汇湾河（泉河汇入断面以上）、泗河（泉河汇入断面至官渡河汇入断面）、堵河（官渡河汇入断面至堵河汇入断面）	2	汉江	345	12450
19	县河		3	堵河	99	1533
20	官渡河		3	堵河	134	2900
21	丹江		2	汉江	391	16138
22	银花河		3	丹江	85	1032

序号	河流名称	河名备注	河流级别	上一级河流名称	河流长度/km	流域面积/km²
23	淇河		3	丹江	157	1488
24	滔河		3	丹江	138	1146
25	老灌河	别名老鹳河，清河（娘娘庙汇入断面以上）	3	丹江	261	4357
26	北河		2	汉江	108	1191
27	南河	粉青河（马栏河汇入断面以上）、南河（马栏河汇入断面以下）	2	汉江	263	6514
28	马栏河		3	南河	109	2304
29	清河	东排子河（河南境内）	2	汉江	130	1938
30	唐白河	白河（唐河汇入断面以上）、唐白河（唐河汇入断面以下）	2	汉江	363	23975
31	湍河		3	唐白河	215	4957
32	西赵河	又名赵河	4	湍河	104	1339
33	刁河		3	唐白河	129	1099
34	唐河	赵河（潘河断面以上）	3	唐白河	260	8596
35	泌阳河		4	唐河	117	1708
36	三夹河	石步河（鸿仪汇入断面以上）	4	唐河	99	1446
37	滚河	沙河（滚河琚湾以上）	3	唐白河	144	2828
38	华阳河		4	滚河	84	1600
39	蛮河		2	汉江	188	3207
40	浰河		2	汉江	90	1122
41	潩河		2	汉江	99	1638
42	汉北河		2	汉江	241	1887
43	大富水		3	汉北河	169	1583

图 4 - 2 - 19 汉江水系流域面积 1000km² 及以上河流分布图

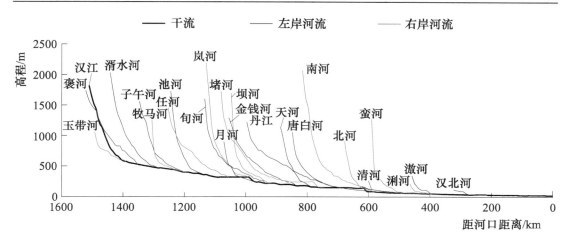

图 4-2-20 汉江干流和主要一级支流纵剖面图

十一、钱塘江

钱塘江位于东经 $117°38'$ ~ $121°48'$ ，北纬 $28°3'$ ~ $30°26'$ ，东西长 404km，南北长 261km。发源于安徽省休宁县龙田乡江田村，源头区高程 858.00m。

在安徽省境内称为田河，安徽省界至浙江省开化县华埠镇称为马金溪、金溪，开化县华埠镇至衢州双港口称为常山港，衢州双港口至兰溪横山下称为衢江，兰溪至梅城称为兰江，梅城至闻家堰称为富春江，闻家堰至九溪称为之江，九溪至芦潮港闸、外游山称为杭州湾。干流流经安徽和浙江等 2 省，最后注入东海。干流全长 609km，流域面积为 55491km²，流域跨安徽、福建、浙江、江西等 4 省，流域面积分别为 6187km²、132km²、49053km²、119km²。

钱塘江水系流域面积 50km² 及以上河流共 368 条，其中山地河流 281 条，平原河流 87 条。0~4 级山地河流的数量分别为 1 条、53 条、130 条、82 条、15 条。流域面积 50km² 及以上、100km² 及以上、1000km² 及以上和 10000km² 及以上河流的数量分别为 368 条、210 条、12 条、2 条。流域面积大于 1000km² 的一级支流有江山港、乌溪江、金华江、新安江、分水江、浦阳江、曹娥江等 7 条，另有金华江的一级支流武义江和新安江的一级支流横江、练江、武强溪等 4 条。流域内主要湖泊有西湖、白塔湖、大百家湖、湘湖、（狭）（猕）湖、瓜渚湖。

钱塘江干流纵剖面的落差约 858m，平均比降 0.202‰。流域内共有水文站和水位站 123 个，其中水文站 52 个、水位站 71 个。多年平均年降水深 1579.8mm，多年平均年径流深 874.0mm。

钱塘江干流流经的主要城市有衢州、金华、杭州等。

钱塘江水系流域面积 1000km² 及以上河流一览见表 4-2-11，分布见图

4-2-21。钱塘江干流和主要一级支流纵剖面见图4-2-22。

表4-2-11 钱塘江水系流域面积1000km² 及以上河流一览表

序号	河流名称	河 名 备 注	河流级别	上一级河流名称	河流长度/km	流域面积/km²
1	钱塘江	龙田河（安徽境内）、马金溪或金溪（安徽省界至开化县华埠镇）、常山港（开化县华埠镇至衢州双港口）、衢江（衢州双港口至兰溪横山下）、兰江（兰溪至梅城）、富春江（梅城至闻家堰）、桐江（梅城至桐庐）、之江（闻家堰至九溪）、杭州湾（九溪至芦潮港闸、外游山）	0		609	55491
2	江山港	又名须江、大溪，鹿溪（衢州双港口以上）、定村溪（江山市双溪口乡定村白水湾口以上）	1	钱塘江	132	1950
3	乌溪江	又名东溪、周公源（衢州市衢江区樟潭镇樟树潭以上）	1	钱塘江	162	2602
4	金华江	西溪（磐安县境内）、北江（东阳市境内）、东阳江（东阳市境内）、义乌江（义乌市境内）	1	钱塘江	182	6798
5	武义江	南溪（永康城区华溪汇入断面以上）、永康江（华溪汇入断面至武义县界）	2	金华江	126	2554
6	新安江	左龙溪（冯村河汇入断面以上）、大源河（左龙河汇入断面至小源河汇入断面）、率水（小源河汇入断面至横江汇入断面）、渐江（横江汇入断面至武强溪汇入断面）、新安江（横江汇入断面至安徽省界）	1	钱塘江	357	11673
7	横江	霁水（丰溪汇入断面以上）、漳水（丰溪汇入断面至东亭河汇入断面）、横江（东亭河汇入断面以下）	2	新安江	73	1009
8	练江	扬之水（布射水汇入断面以上）、练江（布射水汇入断面以下）	2	新安江	65	1601
9	武强溪	营川河（安徽境内）	2	新安江	92	1912
10	分水江	后溪（倒龙山以上）、昌北溪（倒龙山至汤家湾）、昌化溪（汤家湾至紫溪）	1	钱塘江	167	3443
11	浦阳江		1	钱塘江	150	3455
12	曹娥江	夹溪（磐安县境内）、澄潭江（镜岭水库坝址至新昌江汇入断面）	1	钱塘江	198	4481

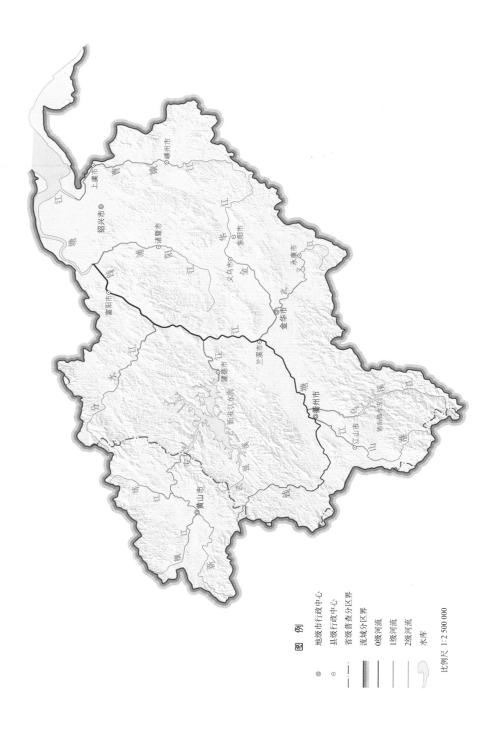

图 4－2－21 钱塘江水系流域面积 1000km² 及以上河流分布图

图 例

◎ 地级市行政中心
○ 县级市行政中心
---- 省级普查分区界
—— 流域分区界
—— 0级河流
—— 1级河流
—— 2级河流
🝆 水库

比例尺 1∶2 500 000

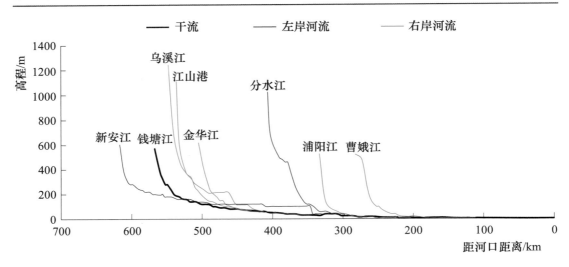

图 4-2-22　钱塘江干流和主要一级支流纵剖面图

十二、闽江

闽江位于东经 116°23′～119°41′，北纬 25°23′～28°17′，东西长 326km，南北长 318km，是福建省最大河流、浙闽诸河区域具代表性的河流。发源于福建省与江西省交界的建宁县均口镇台田村，源头区高程 664.00m。富屯溪-金溪汇入断面以上河段称为沙溪，沙溪口断面至建溪汇入断面河段称为西溪，建溪汇入断面以下河段称为闽江，穿过沿海山脉至福州市南台岛分南北两支，至罗星塔复合为一，折向东北在马尾区琅岐镇云龙村注入东海。干流全长 575km，流域面积为 60995km²，流域跨福建、浙江和江西等 3 省，流域面积分别为 59875km²、1115km² 和 5km²。

闽江水系流域面积 50km² 及以上河流共 365 条，均为山地河流。1～5 级河流的数量分别为 60 条、144 条、124 条、35 条和 1 条。流域面积 50km² 及以上、100km² 及以上、1000km² 及以上和 10000km² 及以上河流的数量分别为 365 条、194 条、15 条和 3 条。流域面积大于 1000km² 的一级支流有罗口溪、文川溪、富屯溪-金溪、建溪、尤溪、古田溪、大樟溪等 7 条，另富屯溪-金溪的一级支流泰宁溪、角溪、富屯溪，建溪的一级支流麻阳溪、南浦溪、松溪，尤溪的一级支流文江溪等 7 条河流的流域面积也大于 1000km²，其中富屯溪-金溪、建溪的流域面积大于 10000km²。流域内没有达到普查标准以上的湖泊。

闽江干流纵剖面的落差约 660m，平均比降 0.539‰。流域内共有水文站和水位站 52 个，其中水文站 27 个、水位站 25 个。多年平均年降水深 1724.9mm，多年平均年径流深 991.8mm。

闽江干流流经的主要城市有三明、南平和福州等。

闽江水系流域面积 1000km² 及以上河流一览见表 4－2－12，分布见图 4－2－23。闽江干流和主要一级支流纵剖面见图 4－2－24。

表 4－2－12　　　　闽江水系流域面积 1000km² 及以上河流一览表

序号	河流名称	河 名 备 注	河流级别	上一级河流名称	河流长度/km	流域面积/km²
1	闽江	水茜溪（泉湖溪汇入断面以上）、东溪（西溪汇入断面以上）、翠江（西溪汇入断面至安乐溪汇入断面）、龙津河（安乐溪汇入断面至梦溪汇入断面）、九龙溪（西溪汇入断面至安砂水库）、燕江（安砂水库至益溪汇入断面）、沙溪（富屯溪-金溪汇入断面以上）、西溪（沙溪口断面至建溪汇入断面）、闽江南港（南北港分流断面至闽江南北港汇入断面）	0		575	60995
2	罗口溪	童坊溪（长汀县境内）、北团溪（连城县境内）	1	闽江	114	2019
3	文川溪	姑田溪（连城县境内）	1	闽江	106	1161
4	富屯溪-金溪	都溪（里沙溪汇入断面至建宁县沙洲头断面）、澜溪（沙洲头断面至宁溪汇入断面）、濉溪（建宁濉城镇至大田溪汇入断面）、金溪（池潭水库断面至富屯溪汇入断面）	1	闽江	318	13730
5	泰宁溪	龙湖溪（交溪汇入断面以上）、林溪（交溪汇入断面至朱口断面）、朱溪（朱口断面至上青溪汇入断面）、杉溪（北溪汇入断面以下）	2	富屯溪-金溪	81	1157
6	角溪	盖洋溪（中溪汇入断面至盖洋镇青瑶溪汇入断面）	2	富屯溪-金溪	68	1049
7	富屯溪		2	富屯溪-金溪	206	5285
8	建溪	又名北溪，东溪（西溪汇入断面以上）、崇阳溪（西溪汇入断面至南浦溪汇入断面）	1	闽江	257	16400
9	麻阳溪		2	建溪	133	1568
10	南浦溪	忠信溪（上同村以上）、柘溪（上同村至官田溪汇入断面）、樟溪（仙阳至樟溪汇入断面）	2	建溪	200	4021
11	松溪		2	建溪	198	4778
12	尤溪	武陵溪（屏山溪汇入断面以上）、均溪（大田县石牌断面至高才断面）、坂面溪（大田县高才断面至尤溪县水东断面）	1	闽江	197	5435
13	文江溪	苏坑溪（大田槐南断面以上）	2	尤溪	105	1372
14	古田溪	达才溪（长桥断面至柏源溪汇入断面）、长桥溪（长桥断面以上）	1	闽江	125	1795
15	大樟溪	国宝溪（德化县城关以上）、浐溪（德化县城关至涌溪汇入断面）	1	闽江	236	4878

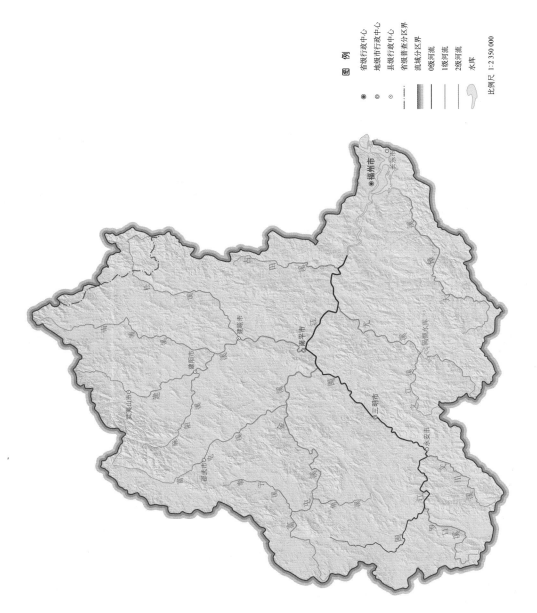

图 4 – 2 – 23 闽江水系流域面积 1000km² 及以上河流分布图

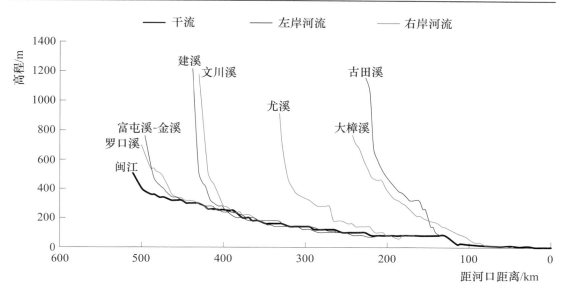

图 4-2-24　闽江干流和主要一级支流纵剖面图

十三、韩江

韩江位于东经 115°12′～117°9′，北纬 23°16′～26°6′，东西长 196km，南北长 310km。发源于广东省紫金县南岭镇东溪村，源头区高程 960.00m。广东省河源市紫金县七星岽至广东省梅州市五华县水寨镇称为琴江、广东省梅州市五华县水寨镇至广东省梅州市大埔县三河镇称为梅江，在广东省潮州市湘桥区太平街道进入韩江水网区域。干流全长 409km，流域面积为 29206km²，流域跨广东、江西、福建等 3 省，流域面积分别为 17014km²、187km²、12005km²。

韩江水系流域面积 50km² 及以上河流共 197 条，其中山地河流 180 条，平原河流 17 条。0～4 级山地河流的数量分别为 1 条、46 条、66 条、63 条、4 条。流域面积 50km² 及以上、100km² 及以上、1000km² 及以上和 10000km² 及以上河流的数量分别为 197 条、91 条、9 条、2 条。流域面积大于 1000km² 的一级支流有五华河、宁江、石窟河、汀江等 4 条，另有汀江的一级支流旧县河、黄潭河、永定河、梅潭河等 4 条。

韩江干流纵剖面的落差约 950m，平均比降 0.418‰。流域内共有水文站和水位站 26 个，其中水文站 16 个、水位站 10 个。多年平均年降水深 1667.5mm，多年平均年径流深 895.6mm。

韩江干流流经的主要城市有梅州、潮州等。

韩江水系流域面积 1000km² 及以上河流一览见表 4-2-13，分布见图 4-2-25。韩江干流和主要一级支流纵剖面见图 4-2-26。

表 4 - 2 - 13　　　　韩江水系流域面积 1000km² 及以上河流一览表

序号	河流名称	河 名 备 注	河流级别	上一级河流名称	河流长度/km	流域面积/km²
1	韩江	琴江（广东省河源市紫金县七星崀至广东省梅州市五华县水寨镇）、梅江（广东省梅州市五华县水寨镇至广东省梅州市大埔县三河镇）	0		409	29206
2	五华河	龙母河（广东省河源市龙川县亚鸡寨至广东省河源市龙川县龙母镇）、铁场河（广东省河源市龙川县龙母镇至广东省河源市龙川县铁场镇）	1	韩江	103	1842
3	宁江	溪尾河（广东省兴宁市罗浮镇明天嶂至广东省兴宁市罗岗镇官庄村歧山排）、罗岗河（广东省兴宁市罗岗镇官庄村歧山排至广东省兴宁市坪洋镇大东村坪洋）	1	韩江	96	1417
4	石窟河	又名石窟溪、蕉岭河，中山河（福建省龙岩市武平县境内）	1	韩江	180	3677
5	汀江		1	韩江	329	11893
6	旧县河		2	汀江	112	1698
7	黄潭河		2	汀江	117	1220
8	永定河		2	汀江	90	1079
9	梅潭河	又名大埔水、百侯水、长乐水，芦溪（福建境内）	2	汀江	138	1604

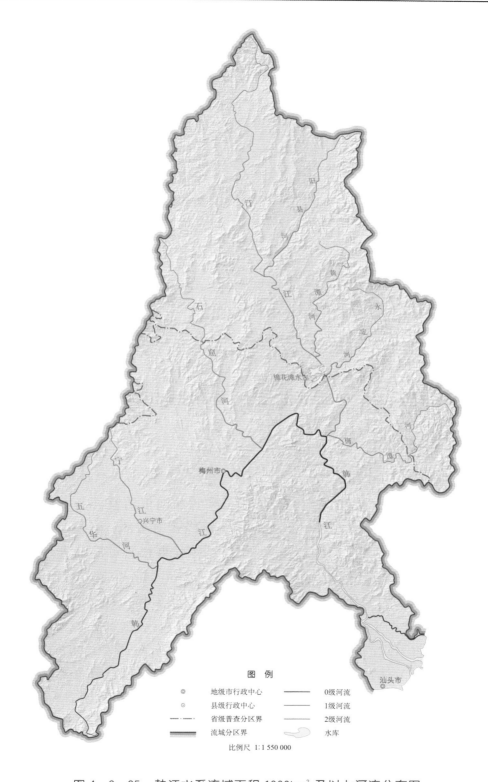

图 4－2－25　韩江水系流域面积 1000km² 及以上河流分布图

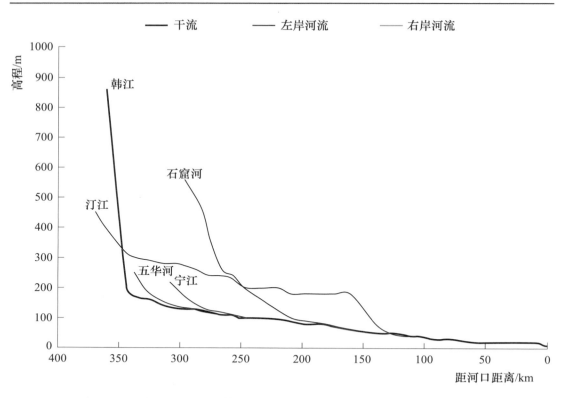

图 4－2－26　韩江干流和主要一级支流纵剖面图

十四、西江

西江位于东经 102°14′～112°49′，北纬 21°31′～26°50′，东西长 1077km，南北长 584km，是珠江最长的河流。发源于云南省曲靖市沾益县炎方乡磨脚村的马雄山东麓，源头区高程 2195.30m。自源头流经云南东部、贵州西南部、广西大部和广东西部，至广东省肇庆市高要市金利镇爱群村思贤滘口进入珠江三角洲河网区，干流全长 2087km。流域面积为 340784km²（不含境外部分面积），涉及云南 58665km²、广西 202377km²、贵州 60362km²、湖南 1419km²、广东 17961km²。

西江西部为云贵高原，中部丘陵、盆地相间，东南部为三角洲冲积平原，地势西北高，东南低。西江干流不同河段有不同名称，从河源至望谟县蔗香双江口称为南盘江，在贵州、广西两省（自治区）边境接纳北盘江后称为红水河，向东南流到象州石龙附近接纳北岸柳江后称为黔江，在桂平接纳西南来的郁江后称为浔江，到梧州接纳西北来的桂江后始称西江。从河源到三江口为上游，包括南盘江和红水河两段；从三江口到梧州市为中游，包括黔江段和浔江段；梧州市至思贤滘为下游。

　　西江水系流域面积 50km² 及以上河流共 1808 条，其中山地河流 1807 条，平原河流 1 条。1~7 级河流的数量分别为 212 条、597 条、643 条、282 条、67 条、4 条和 1 条。流域面积 50km² 及以上、100km² 及以上、1000km² 及以上和 10000km² 及以上河流的数量分别为 1808 条、944 条、101 条和 8 条。流域面积大于 10000km² 的除了西江干流外，一级支流有北盘江、柳江、郁江、桂江、贺江等 5 条，另柳江的一级支流龙江、郁江的一级支流左江等 2 条二级支流的流域面积也大于 10000km²。西江流域内主要的湖泊有抚仙湖、杞麓湖、星云湖、异龙湖、阳宗海等。

　　西江干流纵剖面的落差约 2190m，平均比降 0.510‰。流域内共有水文站和水位站 185 个，其中水文站 155 个、水位站 30 个。多年平均年降水深 1391.7mm，多年平均年径流深 682.1mm。

　　西江干流流经的主要城市有曲靖、梧州、云浮、肇庆等。

　　西江水系流域面积 1000km² 及以上河流一览见表 4-2-14，分布见图 4-2-27。西江干流和主要一级支流纵剖面见图 4-2-28。

表 4-2-14　　西江水系流域面积 1000km² 及以上河流一览表

序号	河流名称	河 名 备 注	河流级别	上一级河流名称	河流长度/km	流域面积/km²
1	西江	南盘江（双江口以上）、红水河（双江口至三江口）、黔江（三江口至桂平市）、浔江（桂平至梧州市）、西江（梧州市至思贤滘）	0		2087	340784
2	海口河		1	西江	66	1116
3	巴江		1	西江	66	1363
4	曲江	自河源以下分别称为董炳河、玉溪大河、猊江、峨山大河、曲江、华溪河	1	西江	199	4117
5	泸江		1	西江	145	4838
6	沙甸河	犁江河（长桥海水库以上）、黑水河（长桥海水库至开远市红果哨黑冲闸）、沙甸河（黑冲闸至个旧市鸡街团坡）	2	泸江	78	1681
7	甸溪河	板桥河（河源段）、金马河（上段）、禹门河（中段）、甸溪河（弥勒坝以下）	1	西江	206	3458
8	清水江	自上而下分别称为公革河、南丘河、革雷河、马碧河、清水江	1	西江	211	5488
9	北门河		2	清水江	85	1326
10	黄泥河	块择河（新堡电站以上）、色衣河（新堡电站以下）、喜旧溪河（九龙河汇入断面以下）、黄泥河（小黄泥河汇入断面以下）	1	西江	257	7645

序号	河流名称	河 名 备 注	河流级别	上一级河流名称	河流长度/km	流域面积/km²
11	九龙河	又名墨红河、篆长河	2	黄泥河	162	2388
12	小黄泥河	新桥河（贵州境内）	2	黄泥河	98	1448
13	马别河		1	西江	147	2965
14	北盘江	盘龙河（龙潭河汇入断面以上）、革香河（龙潭河汇入断面以下）、北盘江（可渡河汇入断面以下）	1	西江	456	26357
15	亦那河		2	北盘江	87	1312
16	拖长江		2	北盘江	90	1168
17	可渡河		2	北盘江	157	3031
18	乌都河		2	北盘江	98	2071
19	月亮河		2	北盘江	58	1048
20	麻沙河		2	北盘江	92	1457
21	打邦河		2	北盘江	131	2899
22	红辣河		2	北盘江	143	1953
23	大田河		2	北盘江	144	2370
24	蒙江	格凸河（双河口以上）	1	西江	251	8770
25	涟江		2	蒙江	139	2447
26	坝王河		2	蒙江	164	2433
27	六硐河	又名白龙河、拉平河、牛河	1	西江	239	5789
28	曹渡河	又名摆金河	2	六硐河	166	2133
29	布柳河		1	西江	180	2781
30	吾隘河	又名清水河、南丹河	1	西江	82	1010
31	盘阳河	又名赐福河	1	西江	134	2589
32	灵岐河	又名良岐河、灵奇河	1	西江	192	1931
33	达洪江	又名平治河	1	西江	82	1194
34	地苏河		1	西江	36	1007
35	刁江		1	西江	220	3596
36	奇庚江	又名小清水河、永定河	1	西江	55	1047
37	清水河	又名李依河、思览江	1	西江	190	4188

序号	河流名称	河 名 备 注	河流级别	上一级河流名称	河流长度/km	流域面积/km²
38	南河		2	清水河	78	1024
39	北之江	又名青水河	1	西江	109	1362
40	柳江	都柳江（寻江汇入断面以上）、融江（寻江汇入断面至龙江汇入断面）、柳江（龙江汇入断面以下）	1	西江	743	58370
41	寨蒿河		2	柳江	103	2311
42	平江河		3	寨蒿河	91	1078
43	双江河		2	柳江	92	1373
44	寻江	又名古宜河	2	柳江	208	5081
45	平等河		3	寻江	98	1032
46	浪溪河		2	柳江	100	1236
47	贝江	平等河（汪洞乡廖合村都欢屯河汇入断面以上）	2	柳江	139	1760
48	牛鼻河	又名黄金河、四堡河、阳江	2	柳江	78	1337
49	龙江	打狗河（贵州省界断面以上）	2	柳江	392	16894
50	樟江		3	龙江	103	1529
51	大环江		3	龙江	160	2941
52	古宾河		4	大环江	98	1459
53	小环江	又名中洲河、中洲小江	3	龙江	153	2366
54	东小江	又名下枧河、古龙河、天河	3	龙江	145	1691
55	洛清江	又名义江	2	柳江	273	7591
56	西河	又名滩头河	3	洛清江	105	1152
57	中渡河	又名石门河、洛江、三皇河	3	洛清江	78	1123
58	石榴河		3	洛清江	138	1347
59	运江	又名罗秀河	2	柳江	106	2211
60	郁江	驮娘江（百色澄碧河汇入断面以上）、右江（澄碧河汇入断面至左江汇入断面）、郁江（左江汇入断面至桂平三角嘴，其中左江汇入口至南宁市邕宁区八尺江河口段又称为邕江）	1	西江	1159	89691

序号	河流名称	河 名 备 注	河流级别	上一级河流名称	河流长度/km	流域面积/km²
61	西洋江	自上而下分别称为大河、西洋河、西洋江	2	郁江	225	5494
62	西版河		3	西洋江	78	1260
63	那马河		2	郁江	89	1114
64	谷拉河	自上而下分别称为普厅河、百贯河、谷拉河	2	郁江	162	3684
65	乐里河	又名逻里河、潞城河	2	郁江	125	1403
66	澄碧河	又名泗水	2	郁江	141	2092
67	福禄河		2	郁江	72	1270
68	百东河	又名田州河	2	郁江	139	1295
69	龙须河	又名归顺江、鉴水、鉴河	2	郁江	180	2854
70	古溶江	又名古榕江、英竹河、江城河	2	郁江	107	1209
71	罗兴江	又名天等河、布泉河、儒浩河	2	郁江	129	2179
72	武鸣河	又名丁当河	2	郁江	215	3980
73	左江	又名平而河、斤南水、斤员水	2	郁江	552	32350
74	水口河		3	左江	158	5623
75	明江	又名綮江	3	左江	300	6343
76	派连河	又名思陵河	4	明江	121	1574
77	下雷河	又名驮来溪、逻水、暹水	4	黑水河	76	1153
78	向水河	又名大新河、桃城河	4	黑水河	83	1099
79	黑水河	又名难滩水、归春河	3	左江	189	6050
80	汪庄河	又名渠荣河	3	左江	102	1197
81	八尺江		2	郁江	143	2291
82	武思江	又名怀江	2	郁江	115	1133
83	鲤鱼江	又名蒙公河、宝江	2	郁江	84	1172
84	白沙河	又名六陈河	1	西江	101	1148
85	蒙江	又名大水河、湄江河、蒙山河	1	西江	191	3891
86	大同江		2	蒙江	105	1139
87	北流河	又名绣江	1	西江	277	9353
88	杨梅河	金垌河（广东省信宜市金垌镇合垌村至金垌镇平地村）	2	北流河	87	1093

续表

序号	河流名称	河 名 备 注	河流级别	上一级河流名称	河流长度/km	流域面积/km²
89	黄华江	又名黄华河，白石河（广东省信宜市白石镇白石圩至怀乡镇大仁村）、大成河（广东省信宜市钱排镇钱排村至白石镇白石圩）	2	北流河	222	2400
90	义昌江	又名义昌河	2	北流河	144	1862
91	桂江	又名抚河，大溶江（灵河汇入断面至川江汇入断面）、漓江（灵河汇入断面至恭城河汇入断面）	1	西江	438	18761
92	荔浦河	又名荔水	2	桂江	122	2039
93	恭城河		2	桂江	164	4282
94	思勤江	红花河（公安镇牛庙村断面以上）	2	桂江	114	1762
95	富群水	又名富群江、富罗冲，公会河（平桂区公会镇境内）、招贤河（富罗镇砂子村以上）	2	桂江	94	1221
96	贺江	麦岭河（富川县城北镇城北村断面以上），富江（又名富川江，平桂管理区西湾街道西湾社区以上）	1	西江	352	11562
97	大宁河	又名南和河、安和河、桂西河、桂岭河、临江	2	贺江	110	2407
98	东安江	又名东安河	2	贺江	154	2389
99	大平河	又名梨埠河、大水	3	东安江	102	1099
100	罗定江	又名南江河、泷江，南江（广东省云浮市郁南县大湾至郁南县南江口）、横水河（广东省信宜市合水镇鸡笼顶东北侧金龙坑尾至合水镇木栏寨）、白龙河（广东省信宜市合水镇木栏寨至合水镇荔枝垌）	1	西江	202	4480
101	新兴江	又名允水、新江水、新江，箬竹河（广东省云浮市新兴县南部的天露山至新兴县洞口镇）、新兴江（广东省云浮市新兴县洞口镇至高要市南岸新兴江口）	1	西江	143	2352

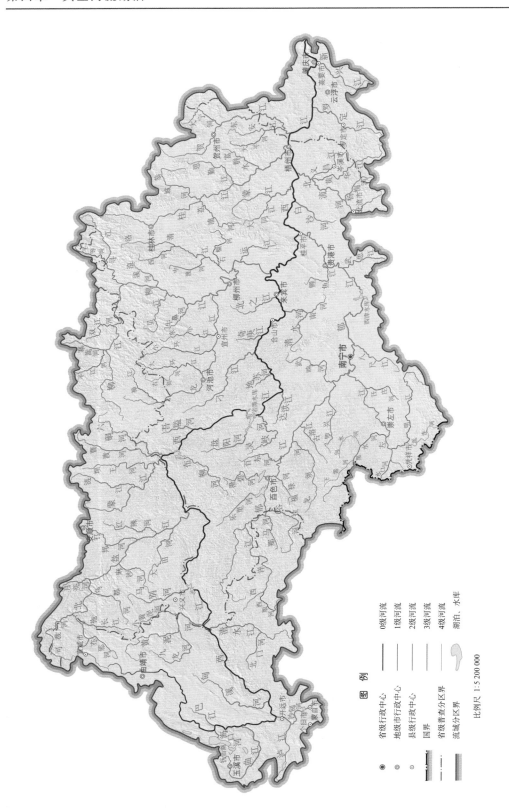

图例

◎	省级行政中心
◎	地级市行政中心
○	县级行政中心
	国界
	省级普查分区界
	流域分区界

——	0级河流
——	1级河流
——	2级河流
——	3级河流
——	4级河流
	湖泊、水库

比例尺 1∶5 200 000

图 4 - 2 - 27　西江水系流域面积 1000km² 及以上河流分布图

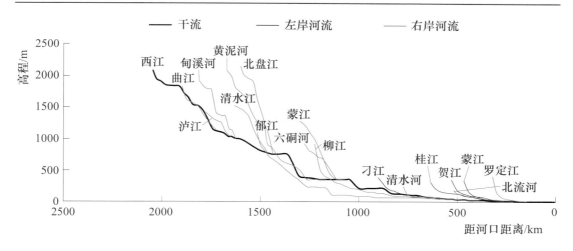

图 4-2-28　西江干流和主要一级支流纵剖面图

十五、澜沧江

澜沧江位于东经 93°51′～101°51′，北纬 21°8′～33°50′，东西长 782km，南北长 1414km。发源于青海省玉树藏族自治州杂多县扎青乡昂闹村，源头高程 5260.00m。干流流经青海、西藏和云南等 3 省（自治区），在云南省西双版纳傣族自治州勐腊县关累镇曼岗村出境成为缅甸和老挝的界河后始称湄公河。湄公河流经缅甸、老挝、泰国、柬埔寨和越南，于越南胡志明市流入南海。澜沧江干流全长 2194km。澜沧江水系流域面积为 164778km²，涉及青海、西藏和云南等 3 省（自治区），流域面积分别为 37015km²、39342km² 和 88421km²。

澜沧江上游山区有大量冰川和永久积雪，上中游河道穿行于横断山脉之中，河流深切，形成两岸高山对峙、坡陡险峻的 V 形峡谷，水流湍急。下游沿河多河谷平坝，水量主要来自下游地区，河道中险滩急流较多，径流资源丰富。

澜沧江水系流域面积 50km² 及以上河流共 916 条，全部为山地河流。1～5 级河流的数量分别为 204 条、413 条、247 条、47 条和 4 条。流域面积50km² 及以上、100km² 及以上、1000km² 及以上和 10000km² 及以上河流的数量分别为 916 条、416 条、42 条和 4 条。除澜沧江干流外，子曲、昂曲和黑惠河（又名漾濞河）等 3 条一级支流的流域面积大于 10000km²。澜沧江流域内主要的湖泊有洱海、布冲错、茈碧湖等。

澜沧江干流纵剖面的落差约 4780m，平均比降为 1.43‰。流域内共有水文站和水位站 45 个，其中水文站 41 个、水位站 4 个。多年平均年降水深971.8mm，多年平均年径流深 445.6mm。

澜沧江干流流经的主要城市有景洪。

澜沧江水系流域面积 1000km² 及以上河流一览见表 4-2-15，分布见图 4-2-29。澜沧江干流和主要一级支流纵剖面见图 4-2-30。

表 4-2-15　　澜沧江水系流域面积 1000km² 及以上河流一览表

序号	河流名称	河 名 备 注	河流级别	上一级河流名称	河流长度/km	流域面积/km²
1	澜沧江		0		2194	164778
2	扎那曲		1	澜沧江	89	1977
3	阿涌		1	澜沧江	93	1154
4	布当曲		1	澜沧江	96	1959
5	宁曲		1	澜沧江	84	1287
6	子曲		1	澜沧江	299	12852
7	盖曲		2	子曲	161	6002
8	草曲		3	盖曲	100	1449
9	热曲		1	澜沧江	95	2472
10	昂曲		1	澜沧江	520	16872
11	木曲		2	昂曲	62	1137
12	沙木涌		2	昂曲	85	1407
13	巴曲		2	昂曲	144	1757
14	麦曲		1	澜沧江	189	6460
15	坤达曲		2	麦曲	104	1107
16	史曲		2	麦曲	89	1491
17	色曲		1	澜沧江	329	7265
18	格曲		2	色曲	111	1712
19	比曲		1	澜沧江	68	1054
20	登曲		1	澜沧江	65	1054
21	通甸河	又名碧玉河	1	澜沧江	100	1348
22	沘江	上游称为桂登河、金坪河	1	澜沧江	176	2696
23	永平大河	又名银江	1	澜沧江	105	1440
24	黑惠江	又名漾濞江	1	澜沧江	342	12044
25	西洱河	洱海以上称为弥苴河	2	黑惠江	139	2697
26	顺濞河		2	黑惠江	131	1709

序号	河流名称	河 名 备 注	河流级别	上一级河流名称	河流长度/km	流域面积/km²
27	罗闸河	上游称为右甸河,接纳上甲河称为勐佑河,接纳秧粮河称为南桥河,晓街河汇入断面以下称为罗扎河	1	澜沧江	196	3225
28	勐戛河		1	澜沧江	103	1532
29	小黑江	上游称为南碧河,中游称为勐省河	1	澜沧江	183	5779
30	勐勐河	又名南勐河、南美河,勐库大河(双江县境内)	2	小黑江	85	1356
31	威远江	又名小黑江,河源段称勐统河	1	澜沧江	290	8780
32	小黑江		2	威远江	119	1976
33	普洱河	又名普洱大河,上游称为东洱河	2	威远江	97	1868
34	黑河		1	澜沧江	135	2106
35	南果河	发展河(澜沧县境内)、南朗河(勐海县县界至那牛河汇入断面)、纳懂河(那牛河汇入断面至曼浪河汇入断面)、南果河(曼浪河汇入断面以下)	1	澜沧江	91	1251
36	流沙河	南卡河(马过老坝河汇入断面以上)、南开河(马过老坝河汇入断面至南哈河汇入断面)、流沙河(南哈河汇入断面以下)	1	澜沧江	118	2066
37	补远江	又名南班河、罗梭江,上游称为勐先河,中游称为曼老江,下游亦称为小黑江	1	澜沧江	298	7706
38	普文河	大开河(麻地河汇入断面以上)、普文河(麻地河汇入断面以下)	2	补远江	111	1213
39	南阿河	南木阿龙河(南木阿河汇入断面以上)、南阿河(南木阿河汇入断面以下)	1	澜沧江	138	1538
40	南腊河	南岛河(南晏河汇入断面以上)	1	澜沧江	185	4561
41	南垒河		1	澜沧江	90	5882
42	南览河	上游称为南拉河,打洛江(勐海县打洛镇境内)	2	南垒河	228	3943

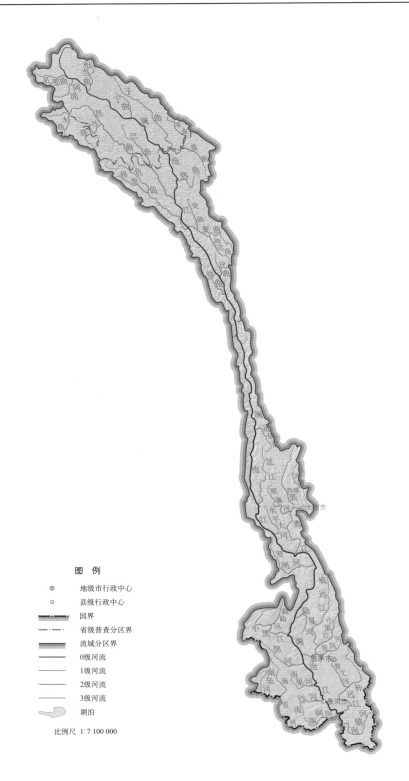

图 4 - 2 - 29 澜沧江水系流域面积 1000km² 及以上河流分布图

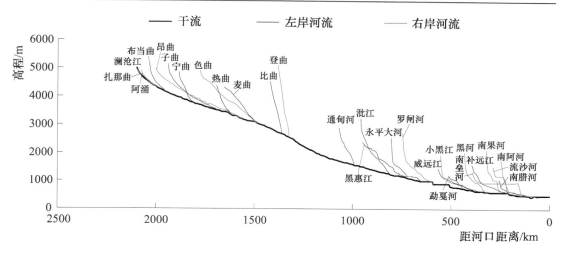

图 4 - 2 - 30　澜沧江干流和主要一级支流纵剖面图

十六、怒江

怒江位于东经 91°5′～99°49′，北纬 23°48′～32°47′，东西长 841km，南北长 1006km。发源于青藏高原的唐古拉山南麓，河源区位于西藏自治区那曲地区安多县帮麦乡多卓如村，源头区高程 5281.00m。干流流经西藏、云南等 2 省（自治区），在云南省德宏芒市中山乡芒丙村流出国境，怒江流入缅甸后称为萨尔温江，最后注入安达曼海，怒江干流全长 2091km。流域面积为 137026km²，涉及西藏、青海、云南等 3 省（自治区），流域面积分别为 103537km²、12km² 和 33477km²。

西藏嘉玉桥以上为怒江上游，又称为那曲河，除高大雪峰外山势平缓，河谷平浅，湖沼广布。西藏嘉玉桥至云南省泸水县为怒江的中游，进入云南省境内后，怒江奔流在碧罗雪山与高黎贡山之间的横断山区，平均高差 3000m 以上，山高谷深，危崖耸立，水流湍急。两岸支流大多垂直入江，干支流构成羽状水系。水流在谷底咆哮怒吼，故称为"怒江"。云南省泸水县以下为下游，河谷较为开阔，岭谷高差已降至 500m 左右，江面海拔在 800m 以下。

怒江水系流域面积 50km² 及以上河流共 785 条，全部为山地河流。1～6级河流的数量分别为 217 条、342 条、188 条、31 条、5 条和 1 条。流域面积 50km² 及以上、100km² 及以上、1000km² 及以上和 10000km² 及以上河流的数量分别为 785 条、362 条、39 条和 2 条。流域面积大于 10000km² 的支流只有索曲。怒江流域内湖泊水面面积普遍不大，面积稍大的有错那、错加、嘎弄。

怒江干流纵剖面的落差约 4770m，平均比降 1.46‰。流域内共有水文站

20 个。多年平均年降水深 890.6mm，多年平均年径流深 532.8mm。

怒江水系流域面积 1000km² 及以上河流一览见表 4-2-16，分布见图 4-2-31。怒江干流和主要一级支流纵剖面见图 4-2-32。

表 4-2-16 怒江水系流域面积 1000km² 及以上河流一览表

序号	河流名称	河 名 备 注	河流级别	上一级河流名称	河流长度/km	流域面积/km²
1	怒江		0		2091	137026
2	桑曲		1	怒江	69	1036
3	母各曲		1	怒江	115	2095
4	次曲		1	怒江	104	1217
5	垄曲		1	怒江	62	1354
6	乐曲		1	怒江	99	1475
7	夏秋河		1	怒江	230	8489
8	当曲		2	夏秋河	81	1305
9	白曲		2	夏秋河	100	2152
10	嘎弄		1	怒江	59	1063
11	索曲		1	怒江	282	13930
12	本曲		2	索曲	155	2406
13	连曲		2	索曲	90	1261
14	益曲		2	索曲	117	2359
15	斯曲		2	索曲	64	1276
16	热曲		1	怒江	131	2382
17	热曲		1	怒江	57	1459
18	姐曲		1	怒江	160	5579
19	七曲		2	姐曲	84	1053
20	莫弄		2	姐曲	74	1283
21	麦曲		1	怒江	89	1718
22	穷卡弄		1	怒江	96	1326
23	色曲		1	怒江	171	4803

序号	河流名称	河　名　备　注	河流级别	上一级河流名称	河流长度/km	流域面积/km²
24	日曲		2	色曲	84	1367
25	卓玛朗错曲		1	怒江	82	2492
26	打曲		1	怒江	122	2973
27	雍达曲-卸曲		2	打曲	66	1242
28	德曲		1	怒江	110	3794
29	加木措曲		2	德曲	63	1677
30	冷曲		1	怒江	132	3115
31	热路曲-昂曲		1	怒江	67	1880
32	伟曲		1	怒江	491	9389
33	勐波罗河	东河（保山市隆阳区境内）、枯柯河（保山市隆阳区县界至昌宁县柯街镇界）	1	怒江	187	6607
34	大勐统河	勐统河（更戛河汇入断面以上）、大勐统河（更戛河汇入断面以下）、镇康河（永康河汇入断面以下）	2	勐波罗河	107	3054
35	永康河		3	大勐统河	64	1054
36	南汀河	又名南丁河，河源段称为昔戛河（勐托河）	1	怒江	255	8245
37	南捧河	小勐统河（源头段）、晒米河（硝塘河汇入断面以下）、凤尾河（乌木小河汇入断面至芦子园河汇入断面）、南捧河（芦子园河汇入断面以下）	2	南汀河	116	2747
38	南卡江		1	怒江	129	2325
39	南康河		2	南卡江	57	1149

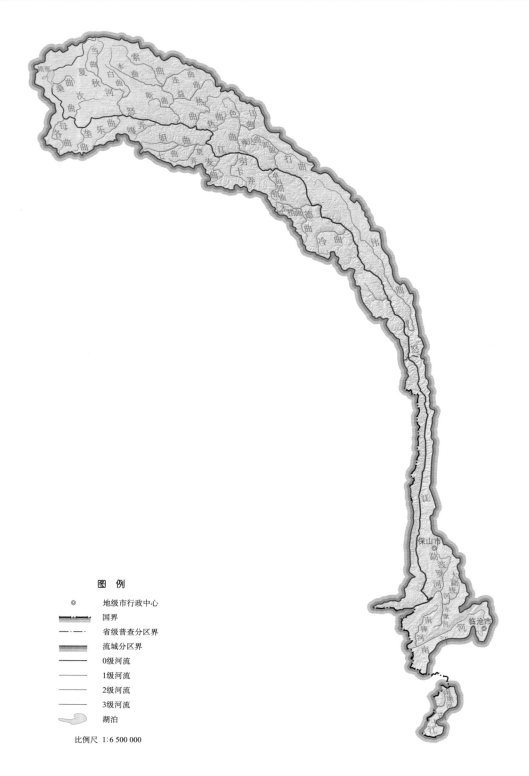

图 4-2-31 怒江水系流域面积 1000km² 及以上河流分布图

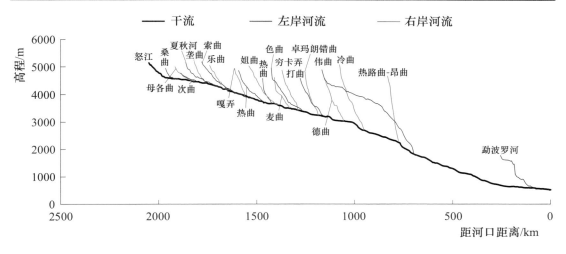

图 4-2-32　怒江干流和主要一级支流纵剖面图

十七、雅鲁藏布江

雅鲁藏布江位于东经 82°0′～97°6′，北纬 27°59′～31°17′，东西长 1445km，南北长 367km，是中国最长的高原河流。发源于西藏自治区西南部喜马拉雅山北麓的杰马央宗冰川，源头区位于西藏自治区普兰县霍尔乡，高程 5312.00m。河流由西向东横贯西藏自治区南部，绕过喜马拉雅山脉最东端的南迦巴瓦峰后骤然转向南流，形成世界第一大峡谷——雅鲁藏布大峡谷，在西藏自治区藏南地区流出国境后称为布拉马普特拉河，最后在孟加拉国境内与恒河汇合注入孟加拉湾。雅鲁藏布江干流全长 2296km，流域面积为 345953km^2。

雅鲁藏布江水系流域面积 50km^2 及以上河流共 1918 条，均为山地河流。1～6 级河流的数量分别为 240 条、682 条、629 条、287 条、76 条和 3 条。流域面积 50km^2 及以上、100km^2 及以上、1000km^2 及以上和 10000km^2 及以上河流的数量分别为 1918 条、946 条、102 条和 14 条。流域面积大于 10000km^2 的除雅鲁藏布江干流外，一级支流有帕隆藏布、尼洋河、拉萨河、门曲、年楚河、多雄藏布、察隅河、西巴霞曲、鲍罗里河、洛扎雄曲等 10 条；另多雄藏布的一级支流美曲藏布、察隅河的一级支流丹巴曲等 2 条二级支流的流域面积也大于 10000km^2。拉萨河为雅鲁藏布江的最大支流。流域内湖泊众多，主要的湖泊有羊卓雍错、普莫雍错、佩枯错、森里错、哲古错、错母折林、多庆错、沉错、空母错、巴纠错、错高湖、浪强错、拿日雍错、昂仁金错、阿木错等。

雅鲁藏布江干流纵剖面的落差约 5190m，平均比降 1.29‰。流域内共有水文站和水位站 45 个，其中水文站 35 个、水位站 10 个。多年平均年降水深

1262.1mm，多年平均年径流深 951.6mm。

雅鲁藏布江干流流经的主要城市有日喀则，其一级支流拉萨河流经的城市有拉萨。

雅鲁藏布江水系流域面积 1000km² 及以上河流一览见表 4-2-17，分布见图4-2-33。雅鲁藏布江干流和主要一级支流纵剖面见图 4-2-34。

表 4-2-17　　雅鲁藏布江水系流域面积 1000km² 及以上河流一览表

序号	河流名称	河名备注	河流级别	上一级河流名称	河流长度/km	流域面积/km²
1	雅鲁藏布江		0		2296	345953
2	康布麻曲		3		101	2105
3	洛扎雄曲		1	雅鲁藏布江	152	13248
4	当许雄曲		2	洛扎雄曲	92	2041
5	娘江曲		2	洛扎雄曲	134	6809
6	达旺河		3	娘江曲	145	3578
7	鲍罗里河		1	雅鲁藏布江	215	10059
8	拜昌河		2	鲍罗里河	101	1100
9	姜宾曲		2	鲍罗里河	126	3729
10	贝门村曲		3	姜宾曲	85	1171
11	西巴霞曲		1	雅鲁藏布江	428	30910
12	多曲		2	西巴霞曲	107	2613
13	色曲		2	西巴霞曲	127	2338
14	洛河		2	西巴霞曲	91	1107
15	西乌河		2	西巴霞曲	72	1144
16	坎拉河		2	西巴霞曲	191	8081
17	卡门河		3	坎拉河	156	3333
18	潘尼尔河		2	西巴霞曲	110	2381
19	迪克朗河		2	西巴霞曲	121	1351
20	察隅河		1	雅鲁藏布江	507	30150
21	贡日嘎布曲		2	察隅河	173	4801
22	杜来河		2	察隅河	83	1831

续表

序号	河流名称	河名备注	河流级别	上一级河流名称	河流长度/km	流域面积/km²
23	丹巴曲		2	察隅河	171	11941
24	丹巴曲干流		3	丹巴曲	93	1456
25	唐公河		3	丹巴曲	103	2854
26	恩姆拉河		3	丹巴曲	117	1791
27	依屯河		3	丹巴曲	79	1363
28	雅莫林河		1	雅鲁藏布江	82	1259
29	西永崩河		1	雅鲁藏布江	185	5799
30	雅布曲		2	西永崩河	62	1353
31	西罔河		1	雅鲁藏布江	66	1046
32	邱桑河		1	雅鲁藏布江	66	1306
33	金珠河		1	雅鲁藏布江	81	2160
34	帕隆藏布		1	雅鲁藏布江	318	28959
35	曲宗藏布		2	帕隆藏布	74	1471
36	波堆藏布		2	帕隆藏布	119	4214
37	亚龙藏布		3	波堆藏布	79	1390
38	易贡藏布		2	帕隆藏布	302	13474
39	果献乌树弄曲		3	易贡藏布	88	2271
40	尼都藏布		3	易贡藏布	72	1262
41	甲贡弄巴-霞曲		3	易贡藏布	85	2934
42	甲贡弄巴		4	甲贡弄巴-霞曲	74	1056
43	勒曲藏布		3	易贡藏布	66	1645
44	拉月曲		2	帕隆藏布	93	2828
45	尼洋河		1	雅鲁藏布江	318	17843
46	娘曲		2	尼洋河	91	1860
47	泥曲		2	尼洋河	65	1603
48	帕桑曲-巴河		2	尼洋河	113	4193
49	朱拉曲		3	帕桑曲-巴河	101	1806

续表

序号	河流名称	河名备注	河流级别	上一级河流名称	河流长度/km	流域面积/km²
50	罗补绒曲		1	雅鲁藏布江	53	1122
51	里龙扑曲		1	雅鲁藏布江	85	1580
52	比扑曲		1	雅鲁藏布江	57	1149
53	角不朗		1	雅鲁藏布江	89	1618
54	增久曲		1	雅鲁藏布江	57	1448
55	四那妈曲		1	雅鲁藏布江	108	2036
56	雅砻河		1	雅鲁藏布江	83	2256
57	巴雄曲		2	雅砻河	52	1063
58	拉萨河		1	雅鲁藏布江	585	32629
59	麦曲		2	拉萨河	81	2304
60	绒土鲁		2	拉萨河	101	2217
61	乌鲁龙曲		2	拉萨河	142	3913
62	拉曲		3	乌鲁龙曲	69	1574
63	雪绒藏布		2	拉萨河	80	2042
64	墨竹玛曲		2	拉萨河	94	2191
65	澎波曲		2	拉萨河	77	1872
66	堆龙曲		2	拉萨河	163	5116
67	尼木玛曲		1	雅鲁藏布江	91	2377
68	门曲	卡洞加曲（河源段）	1	雅鲁藏布江	329	11459
69	嘎马林曲		2	门曲	140	2265
70	邬郁玛曲		1	雅鲁藏布江	75	1600
71	湘曲-香曲		1	雅鲁藏布江	182	7418
72	罗扎藏布		2	湘曲-香曲	61	1356
73	拉布藏布		2	湘曲-香曲	110	2378
74	年楚河		1	雅鲁藏布江	235	14172
75	康如普曲		2	年楚河	109	5968
76	西拉戊格雀曲		4		93	1455

序号	河流名称	河名备注	河流级别	上一级河流名称	河流长度/km	流域面积/km²
77	恰洛藏布		4		77	1036
78	虾鲁藏布		3	康如普曲	86	1250
79	天就扎吉曲		2	年楚河	59	1444
80	纳浦曲		1	雅鲁藏布江	105	2394
81	夏布曲		1	雅鲁藏布江	202	5480
82	荣曲		1	雅鲁藏布江	75	1407
83	多雄藏布		1	雅鲁藏布江	344	20051
84	东莫藏布		2	多雄藏布	94	1782
85	美曲藏布		2	多雄藏布	219	10003
86	查洛容曲		3	美曲藏布	69	1296
87	布曲藏布		3	美曲藏布	122	2662
88	烈巴藏布		3	美曲藏布	91	1537
89	莎迦冲曲		1	雅鲁藏布江	91	1483
90	彭吉藏布		1	雅鲁藏布江	96	1656
91	加大藏布		1	雅鲁藏布江	183	5752
92	如觉藏布		2	加大藏布	68	1101
93	萨曲		2	加大藏布	74	1024
94	翁布曲		1	雅鲁藏布江	71	1376
95	门曲		1	雅鲁藏布江	79	1239
96	柴曲藏布		1	雅鲁藏布江	178	4349
97	江曲藏布		1	雅鲁藏布江	172	6468
98	惹嘎藏布		2	江曲藏布	126	2908
99	加柱藏布		3	惹嘎藏布	60	1005
100	来乌藏布		1	雅鲁藏布江	180	3173
101	荣久藏布		1	雅鲁藏布江	121	1982
102	玛忧藏布		1	雅鲁藏布江	101	1849

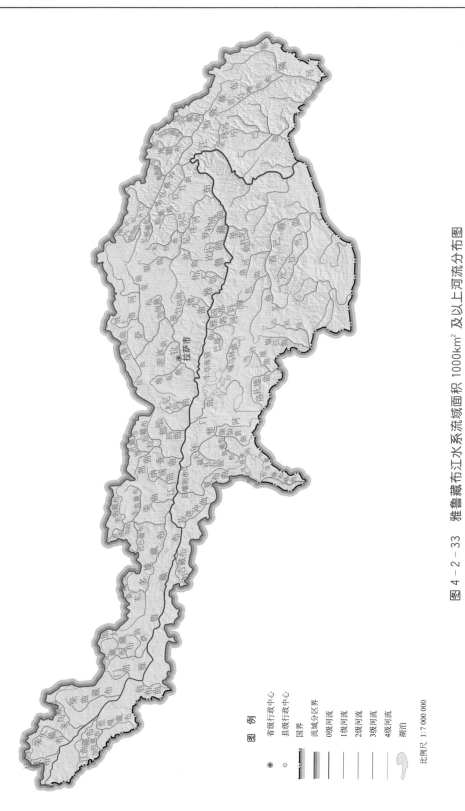

图 4 - 2 - 33　雅鲁藏布江水系流域面积 1000km² 及以上河流分布图

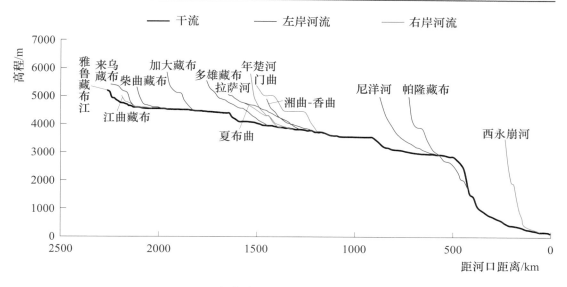

图 4-2-34　雅鲁藏布江干流和主要一级支流纵剖面图

十八、黑河

黑河位于东经 $97°20'\sim101°50'$，北纬 $37°43'\sim42°32'$，东西长 375km，南北长 542km，是甘肃省河西走廊最大的内流河。河流发源于青海省祁连县野牛沟乡边麻村祁连山脉分水岭东北，源头区高程 4377.00m。流经青海省祁连县、甘肃省肃南县、张掖市甘州区、临泽县、高台县、金塔县、内蒙古自治区额济纳旗，在额济纳旗苏泊淖尔苏木乡策克嘎查村入东居延海，干流全长 861km。流域面积为 80781km²，涉及甘肃、青海、内蒙古等 3 省（自治区），流域面积分别为 48299km²、11075km² 和 21407km²。

上游地区包括青海省祁连县大部分和甘肃省肃南县部分地区，中游地区包括甘肃省的山丹、民乐、张掖、临泽、高台等县（市），下游地区包括甘肃省金塔县部分地区和内蒙古自治区额济纳旗。黑河干流不同区间有多个名称，上游称为甘州河，甘肃与内蒙古省界至西河、东干渠出口称为额济纳河，西河和东干渠出口至昂茨河出口称为东河，昂茨河出口至东居延海入口又名一道河。

黑河水系流域面积 50km² 及以上河流共 209 条，其中山地河流 193 条，平原河流 16 条。1～4 级山地河流的数量分别为 40 条、95 条、44 条和 13 条。流域面积 50km² 及以上、100km² 及以上、1000km² 及以上和 10000km² 及以上河流的数量分别为 209 条、102 条、17 条和 2 条。流域面积大于 1000km² 的一级支流有柯柯里河、八宝河、山丹河、大沙河、山水河、马营河、讨赖河、卧虎山南沟等 8 条，其中讨赖河流域面积大于 10000km²。流域内主要湖泊有东居延海、西居延海、河西新湖以及天鹅湖等。

黑河干流纵剖面的落差约 4440m，平均比降为 2.91‰。流域内共有水文站和水位站 20 个，其中水文站 19 个、水位站 1 个。多年平均年降水深 183.0mm，多年平均年径流深 46.4mm。

黑河干流流经的主要城市有张掖。

黑河水系流域面积 1000km² 及以上河流一览见表 4-2-18，分布见图 4-2-35。黑河干流和主要一级支流纵剖面见图 4-2-36。

表 4-2-18　　黑河水系流域面积 1000km² 及以上河流一览表

序号	河流名称	河 名 备 注	河流级别	上一级河流名称	河流长度/km	流域面积/km²
1	黑河	额济纳河（甘肃与内蒙古省界至西河、东干渠出口）、东河（西河、东干渠出口至昂茨河出口）、一道河（昂茨河出口至东居延海入口）	0	—	883	80781
2	柯柯里河		1	黑河	75	1059
3	八宝河		1	黑河	110	2504
4	山丹河	山丹河（马营河汇入断面以下）、峡口河（马营河汇入断面以上）	1	黑河	166	9833
5	马营河		2	山丹河	111	1205
6	童子坝河		2	山丹河	114	1044
7	洪水河		2	山丹河	122	3309
8	大沙河	大沙河（梨园口以下）、梨园河（梨园口至肃南县城）、隆畅河（肃南县城至隆畅河汇入断面）、摆浪沟（隆畅河汇入断面以上）	1	黑河	160	2641
9	山水河	山水河（骆驼城乡以下）、摆浪河（骆驼城乡以上）	1	黑河	93	1186
10	马营河		1	黑河	145	2382
11	讨赖河	讨赖河（冰沟水文站以上）、北大河（冰沟水文站以下）	1	黑河	427	19828
12	野马大泉河	又名高崖泉河	2	讨赖河	65	1212
13	洪水河	洪水河（酒泉市肃州区政府以上）、临水河（酒泉市肃州区政府以下）	2	讨赖河	153	2017
14	丰乐河		2	讨赖河	126	2147
15	观山河		3	丰乐河	90	1257
16	卧虎山南沟		1	黑河	129	4368
17	卧虎山沟		2	卧虎山南沟	87	1830

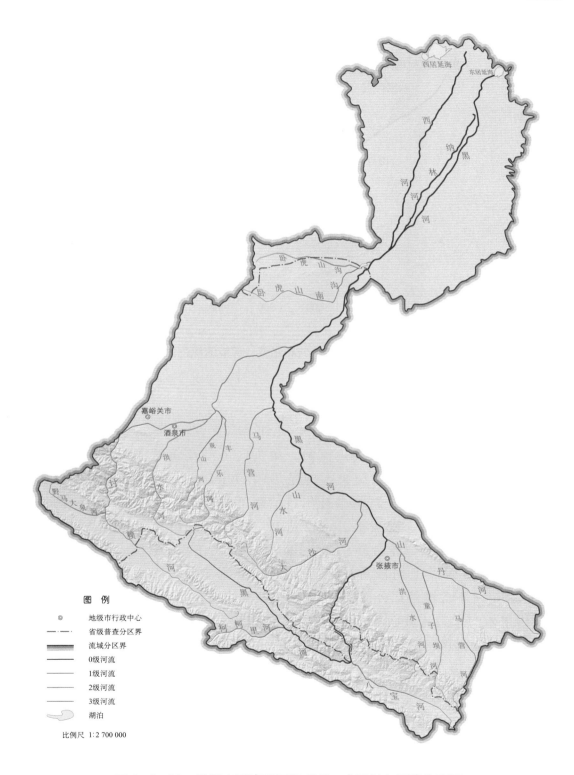

图 4－2－35 黑河水系流域面积 1000km² 及以上河流分布图

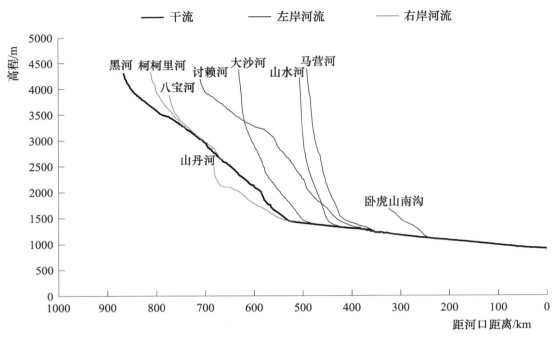

图 4-2-36　黑河干流和主要一级支流纵剖面图

十九、塔里木河

塔里木河位于东经 $73°2'\sim88°31'$，北纬 $34°50'\sim42°39'$，东西长 1327km，南北长 873km，是全国最长的内流河。源头区可溯及新疆维吾尔自治区叶城县西合休乡的喀喇昆仑山，源头区高程 5792.00m。先后汇集喀什噶尔河、和田河、阿克苏河等，流经新疆维吾尔自治区叶城县、塔什库尔干县、阿克陶县、泽普县、莎车县、麦盖提县、巴楚县、图木舒克市、阿瓦提县、阿拉尔市、沙雅县、库车县、轮台县、尉犁县、若羌县，在若羌县流入台特马湖。阿克苏河汇入断面以上河段称为叶尔羌河。干流全长 2727km，流域面积为 365902km² （不含境外部分面积），全部在新疆维吾尔自治区内。

塔里木河水系流域面积 50km² 及以上河流共 1084 条，全部为山地河流。1~6 级河流的数量分别为 154 条、339 条、378 条、175 条、36 条和 1 条。流域面积 50km² 及以上、100km² 及以上、1000km² 及以上和 10000km² 及以上河流的数量分别为 1084 条、601 条、79 条和 11 条。流域面积 10000km² 及以上的 11 条河流是：塔里木河干流、塔里木河的一级支流塔什库尔干河、盖孜河、提孜那甫河、喀什噶尔河、和田河、阿克苏河和木扎尔特河-渭干河，以及喀什噶尔河的一级支流恰克马克河、和田河的一级支流玉龙喀什河、阿克苏河的一级支流托什干河。塔里木河流域内主要湖泊有博斯腾湖、台特马湖、柴窝堡湖、艾西曼湖、阿克达希、红山湖、艾丁湖等。

塔里木河干流纵剖面的落差约 5810m，平均比降为 0.539‰。流域内共有水文站 53 个。多年平均年降水深 208.3mm，多年平均年径流深 72.2mm。

塔里木河水系流域面积 3000km² 及以上河流一览见表 4-2-19，分布见图 4-2-37。塔里木河干流和主要一级支流纵剖面见图 4-2-38。

表 4-2-19　　　塔里木河水系流域面积 3000km² 及以上河流一览表

序号	河流名称	河名备注	河流级别	上一级河流名称	河流长度/km	流域面积/km²
1	塔里木河	叶尔羌河（阿克苏河汇入断面以上）	0		2727	365902
2	克勒青河		1	塔里木河	262	6808
3	塔什库尔干河	喀拉其库尔河（塔克墩巴什河汇入断面以上）	1	塔里木河	304	11593
4	库山河		1	塔里木河	231	4322
5	盖孜河	木吉河（开牙克巴什河汇入断面至康西瓦河汇入断面）	1	塔里木河	401	15042
6	提孜那甫河		1	塔里木河	407	15008
7	乌鲁克河		2	提孜那甫河	235	3824
8	喀什噶尔河	克孜勒苏河（国界至疏勒县界）	1	塔里木河	1019	66770
9	玛尔坎苏河		2	喀什噶尔河	178	4479
10	恰克马克河		2	喀什噶尔河	348	13599
11	布古孜河		3	恰克马克河	174	5211
12	苏贝希沟-加依洛萨依河		2	喀什噶尔河	193	9135
13	柯坪河		3	苏贝希沟-加依洛萨依河	177	3192
14	和田河	喀拉喀什河（玉龙喀什河汇入断面以上）	1	塔里木河	1129	56063
15	玉龙喀什河		2	和田河	587	18915
16	哈能威代里牙河		3	玉龙喀什河	116	3208
17	皮山河		0		168	3076
18	努尔河		0		129	3026
19	阿克苏河	库玛拉克河（托什干河汇入断面以上）	1	塔里木河	468	46795
20	托什干河		2	阿克苏河	560	28230
21	玉山古西河		3	托什干河	149	3391
22	台兰河		1	塔里木河	226	3973
23	木扎尔特河-渭干河		1	塔里木河	457	18187
24	黑孜河		2	木扎尔特河-渭干河	137	4691
25	库车河		1	塔里木河	242	3985
26	库车河岔河		1	塔里木河	115	3742

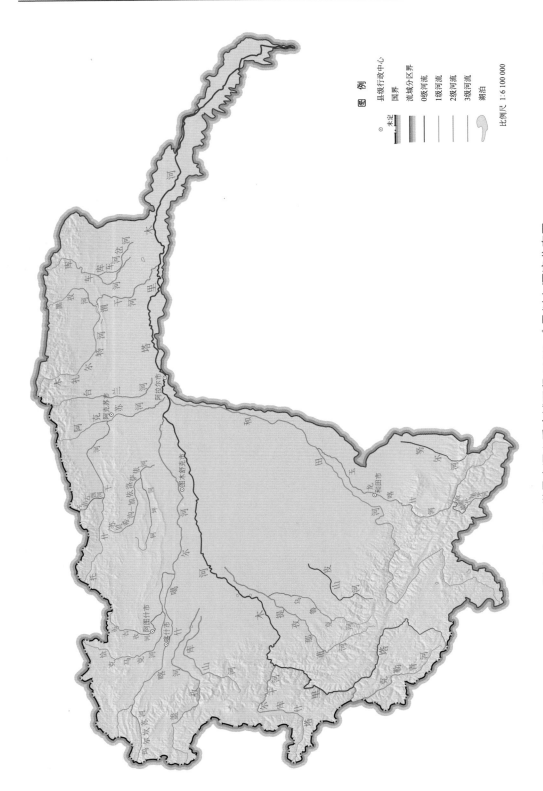

图 4 - 2 - 37 塔里木河水系流域面积 3000km² 及以上河流分布图

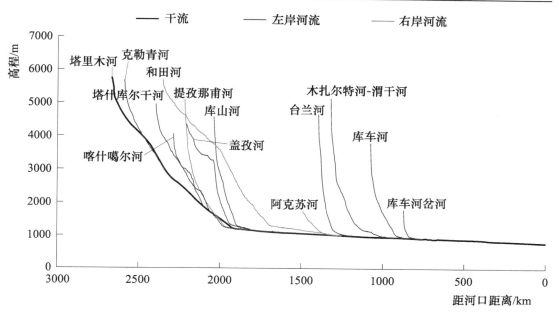

图 4-2-38　塔里木河干流和主要一级支流纵剖面图

第三节　典　型　湖　泊

本节选取鄱阳湖、洞庭湖、太湖、洪泽湖、兴凯湖、博斯腾湖等 6 个淡水湖；青海湖、色林错、纳木错、呼伦湖、扎日南木错等 5 个咸水湖作基本情况介绍。上述典型湖泊的选取原则如下。

（1）淡水湖和咸水湖常年水面面积排列前 5 位的湖泊。

（2）增加内流诸河区域最大的淡水湖博斯腾湖。

典型湖泊的表述根据湖泊常年水面面积的大小，并且按照先淡水湖、后咸水湖的顺序。

受篇幅限制，全国常年水面面积 100km² 及以上湖泊名录和分布图详见附录 B。

一、鄱阳湖

鄱阳湖位于江西省北部，东经 115°53′~116°45′，北纬 28°23′~29°46′，东西长 85.0km，南北长 152km，属长江流域鄱阳湖水系，为淡水湖。湖区涉及江西省湖口县、九江庐山区、星子县、都昌县、鄱阳县、新建县、永修市、德安市、共青城市等 9 个县级行政区。包括大小 40 个子湖，其中蚌湖、大汉湖、撮箕湖、金溪湖为几个较大的子湖。常年水面面积为 2978km²（2004 年 9

月 17 日对应于黄海高程 14.68m 水位时的资源卫星影像提取面积），平均水深 8.94m。当水位为 21.00m（国家 85 高程）时，江西省测量湖盆面积为 3676km^2，相应容积为 328.7 亿 m^3。鄱阳湖北部狭长、南部宽广。湖泊的集水面积为 162103km^2，湖水主要依赖地表径流和湖面降水补给，地表径流主要源自赣江、修水、抚河、信江、饶河等，出流则由湖口北注长江。年内洪、枯水期间的湖泊形态指标差异悬殊，甚至呈现"高水为湖、低水似河"和"洪水一片、枯水一线"的景观。鄱阳湖及其主要水系见图 4-3-1。

二、洞庭湖

洞庭湖位于湖南省北部，长江中游荆江南岸，东经 111°52′～113°9′，北纬 28°42′～29°38′，东西长 123km，南北长 96.4km，属长江流域洞庭湖水系，为淡水湖。湖区涉及湖南省南县、益阳资阳区、岳阳县、安乡县、汉寿县、湘阴县、沅江市、岳阳君山区、汨罗市、岳阳岳阳楼区、华容县、常德鼎城区等 12 个县级行政区。洞庭湖包括东洞庭湖区、南洞庭湖区、目平湖区、七里湖区和澧水洪道，水面面积为 2579km^2（2007 年 8 月 7 日资源卫星影像提取面积），湖泊容积为 206.4 亿 m^3（对应国家 85 高程 33.00m 水位容积），包括 30 多个子湖。湖面随水位高低影响明显，枯水时子湖出露，丰水时湖泊又连成一片。湖泊的集水面积为 262150km^2，湖水主要依赖地表径流和湖面降水补给，地表径流主要源自湘江、资水、沅江、澧水等河流。洞庭湖及其主要水系见图 4-3-2。

三、太湖

太湖位于东经 119°53′～120°37′，北纬 30°55′～31°33′，东西长 68.1km，南北长 69.1km，属长江流域太湖水系，为淡水湖。地处江苏省东南部、江浙两省分界处，湖区涉及江苏省吴江市、苏州吴中区、苏州虎丘区、苏州相城区、无锡滨湖区、宜兴市、常州武进区，浙江省长兴县、湖州吴兴区等 9 个县级行政区。常年水面面积为 2341km^2，平均水深为 2.06m，湖泊容积为 83.8 亿 m^3（对应吴淞高程 4.66m 水位容积）。湖泊西岸呈圆弧状，东北岸曲折多湖湾、岬角。湖水主要依靠湖面降水和地表径流补给，南部以苕溪汇入为主，北部主要来自江南运河和望虞河。太湖及其主要水系见图 4-3-3。

四、洪泽湖

洪泽湖位于东经 118°12′～118°53′，北纬 33°4′～33°38′，东西长 61.1km，南北长 61.1km，属淮河洪泽湖以上暨白马高宝湖区水系，为淡水湖。地处江

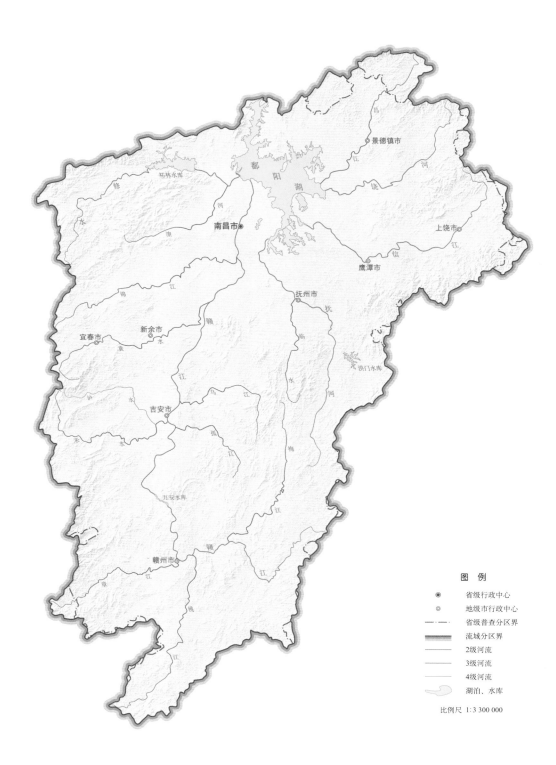

图 4－3－1 鄱阳湖及其主要水系分布图

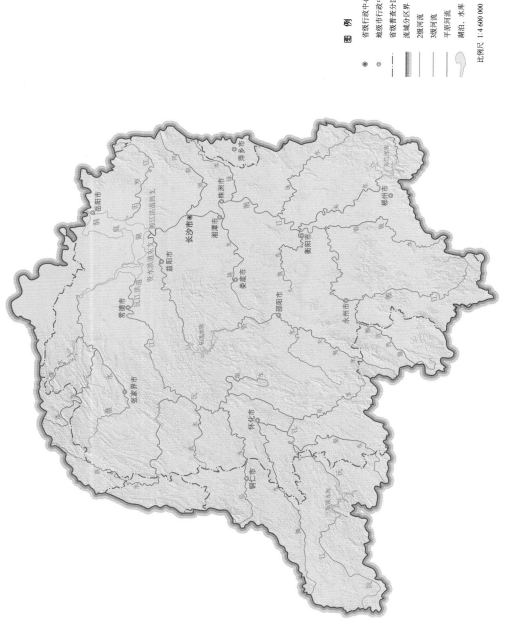

图 4 - 3 - 2　洞庭湖及其主要水系分布图

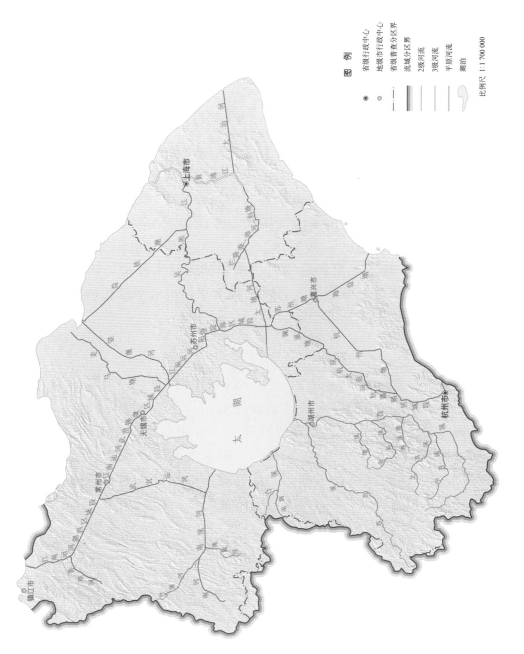

图 4 - 3 - 3 太湖及其主要水系分布图

苏省中西部，跨江苏省泗阳县、泗洪县、盱眙县、洪泽县、淮安淮阴区、宿迁宿城区等 6 个县级行政区。据记载，"洪泽"之名始于隋，是破釜涧异名。常年水面面积为 1525km²，平均水深为 3.5m，最大水深为 5m，湖泊容积为 111.2 亿 m³（对应黄海高程 15.86m 水位容积）。湖泊集水面积为 159732km²。湖水主要依靠湖面降水和地表径流补给，湖泊西部有淮河干流、怀洪新河、老汴河、濉河、徐洪河等汇入，湖南部有维桥河汇入；出流主要集中在湖东部，主要有入江水道、入海水道、苏北灌溉总渠。洪泽湖及其主要水系见图 4-3-4。

五、兴凯湖

兴凯湖位于东经 131°58′～132°52′，北纬 44°31′～45°21′，东西长 70.7km，南北长 89.3km，属黑龙江区域乌苏里江水系，为淡水湖，又名兴开湖，是我国最大的国际界湖。湖泊形状若月琴，跨黑龙江省密山市和俄罗斯，大部分水面面积在俄罗斯。我国境内常年水面面积为 1068km²，含国外部分全湖总常年水面面积为 4138km²，平均水深为 6.3m，最大水深为 7m。湖泊集水面积为 20756km²，湖水主要依赖地表径流和湖面降水补给，入湖河流有我国境内的白棱河、洛格河、白泡子、兴凯湖排干等，出流则经松阿察河流入乌苏里江。兴凯湖及其主要水系见图 4-3-5。

六、博斯腾湖

博斯腾湖位于东经 86°24′～87°26′，北纬 41°45′～42°7′，东西长 93.2km，南北长 40.4km，属内流诸河区域塔里木内流水系，为淡水湖。湖区跨新疆维吾尔自治区博湖县、和硕县等 2 个县级行政区。常年水面面积为 986km²，最大水深为 28m。湖泊集水面积为 41299km²，湖水主要依赖地表径流补给，开都河-孔雀河为重要的径流补给来源，其他补给来源有黄水沟河、曲惠沟、乌什塔拉河等。湖水出流由开都河-孔雀河向西流出。博斯腾湖及其主要水系见图 4-3-6。

七、青海湖

青海湖位于东经 99°37′～100°46′，北纬 36°32′～37°14′，东西长 98.8km，南北长 80.1km，属内流诸河柴达木内流水系，为咸水湖，又名库库诺尔、错鄂博。湖区位于青海东部，跨青海省共和县、刚察县、海晏县。青海湖似梨形，湖中以沙岛为面积最大的岛屿，次为海心山。常年水面面积为 4233km²，平均水深为 18.4m，最大水深为 26.6m。本次普查实测湖泊容积为 785.0 亿 m³（对应国家 85 高程 3193.50m 水位容积）。湖泊集水面积为 29658km²，湖

图 4 - 3 - 4 洪泽湖及其主要水系分布图

图 例

◎	省级行政中心
◎	地级市行政中心
	省级行政分区界
	流域分区界
	0级河流
	1级河流
	2级河流
	湖泊、水库

比例尺 1:3 100 000

图 4 - 3 - 5　兴凯湖及其主要水系分布图

图 4 - 3 - 6　博斯腾湖及其主要水系分布图

图例

流域分区界

0级河流

1级河流

2级河流

湖泊

比例尺 1:2 000 000

水主要依靠湖面降水和地表径流补给，入湖河流集水面积 50km² 以上的河流 20 余条，主要有布哈河、恰当曲、沙柳河、哈尔盖河、甘子河、倒淌河、乌哈阿兰曲、黑马河等。青海湖及其主要水系见图 4-3-7。

八、色林错

色林错位于东经 88°25′～89°22′，北纬 31°32′～32°8′，东西长 86.3km，南北长 66.6km，属内流诸河羌塘高原内流水系，为咸水湖，又名奇林湖。湖区跨西藏自治区尼玛、申扎、班戈 3 县。湖泊呈"十"字延伸，常年水面面积为 2209km²。湖泊属于尾闾湖，集水面积为 46108km²，湖水主要依靠湖面降水和地表径流补给。入湖常年或季节性河流主要有西岸入湖的扎根藏布、北岸入湖的扎加藏布、东岸入湖的达噶瓦藏布和西南岸入湖的阿里藏布 4 条。色林错及其主要水系见图 4-3-8。

九、纳木错

纳木错位于东经 90°14′～91°4′，北纬 30°29′～30°56′，东西长 76.4km，南北长 45.3km，属内流诸河羌塘高原内流水系，为咸水湖，曾名腾格里海，藏语谓"天湖"之意。湖区跨西藏自治区班戈、当雄 2 县。湖泊形似楔子，主轴呈北东-南西向延伸，常年水面面积为 2018km²，平均水深为 54m，最大水深为 97.5m。本次普查实测湖泊容积为 1090.0 亿 m³（对应黄海高程 4722.84m 水位容积）。湖泊集水面积为 10759km²，湖水主要依靠湖面降水和地表径流补给，主要入湖河流有波曲、昂曲、扛热俄买曲、强嘎曲。纳木错及其主要水系见图 4-3-9。

十、呼伦湖

呼伦湖位于东经 116°58′～117°48′，北纬 48°35′～49°20′，东西长 55.2km，南北长 84.2km，属黑龙江区域额尔古纳河水系，为咸水湖，又名呼伦池、达赉诺尔，呼伦为突厥语，意为海。湖区位于内蒙古自治区东北部，跨内蒙古自治区新巴尔虎右旗、新巴尔虎左旗等 2 个县级行政区。湖泊呈西南-东北向延伸，为吞吐形湖泊，额尔古纳河贯穿其间，常年水面面积为 1847km²。湖泊集水面积为 148009km²，其中国内面积为 35856km²，湖水主要依靠湖面降水和地表径流补给，主要入湖河流为西南部入湖的克鲁伦河（额尔古纳河干流上游河段）、东南部入湖的哈拉哈河，出流为北岸的达赉鄂洛木河（额尔古纳河干流河段）。呼伦湖及其主要水系见图 4-3-10。

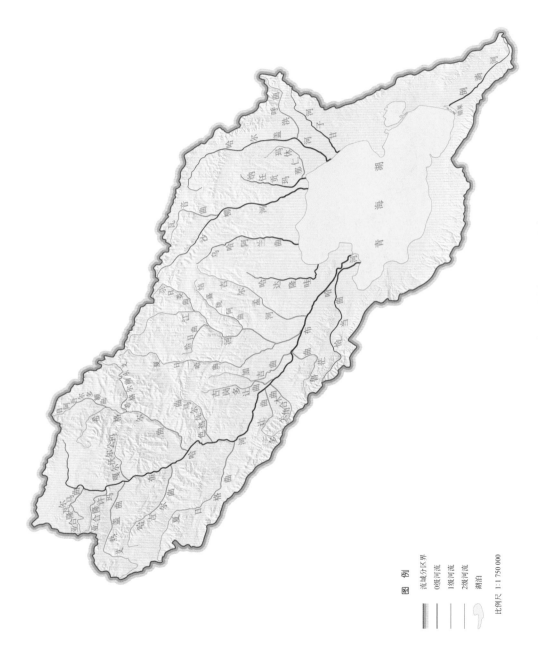

图 4 - 3 - 7　青海湖及其主要水系分布图

图　例

流域分区界

0级河流

1级河流

2级河流

湖泊

比例尺　1:1 750 000

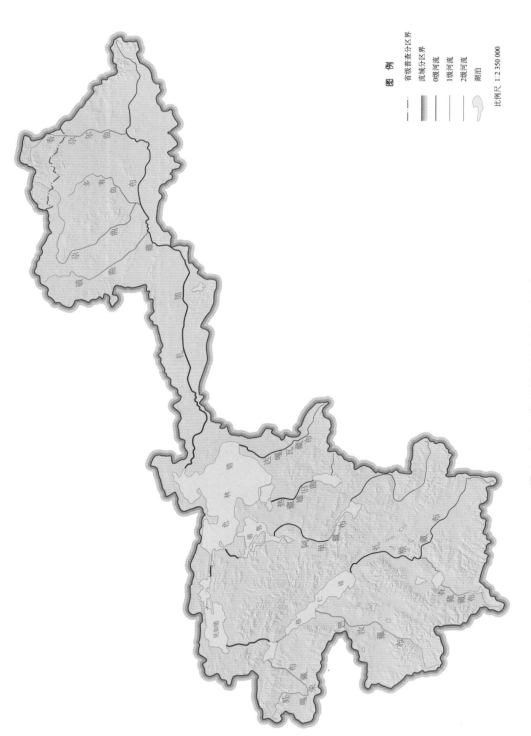

图 4 - 3 - 8　色林错及其主要水系分布图

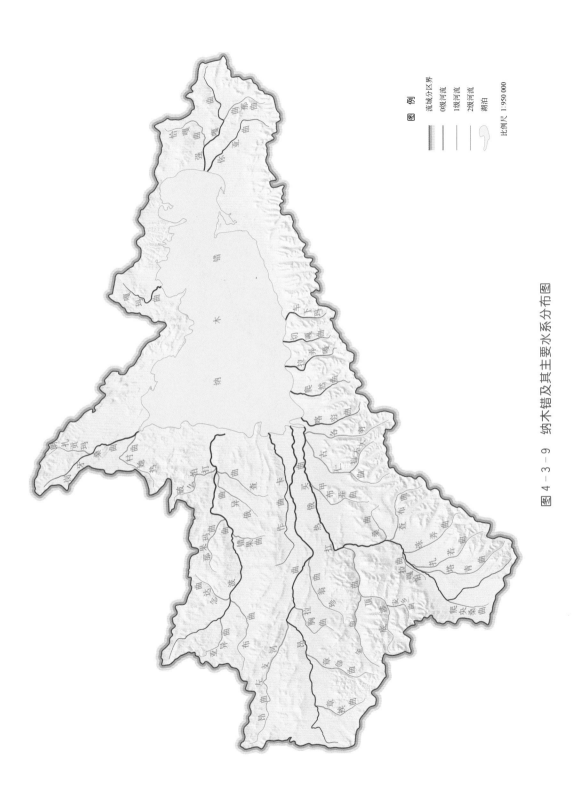

图4-3-9 纳木错及其主要水系分布图

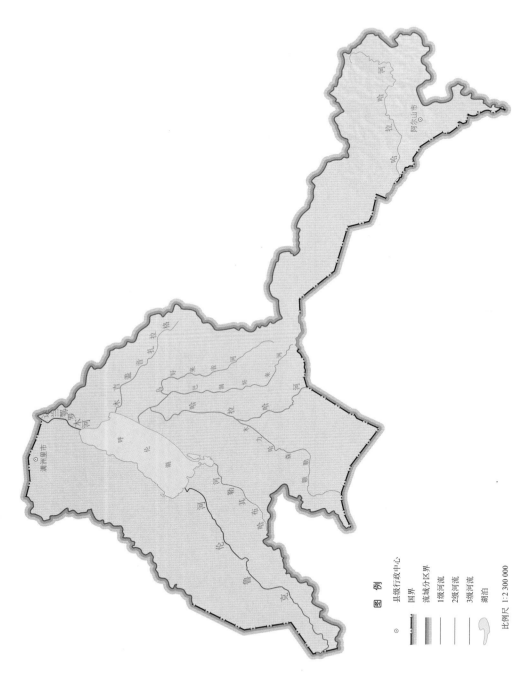

图 4 - 3 - 10 呼伦湖及其主要水系分布图

图 例

⊙ 县级行政中心
国界
流域分区界
1级河流
2级河流
3级河流
湖泊

比例尺 1:2 300 000

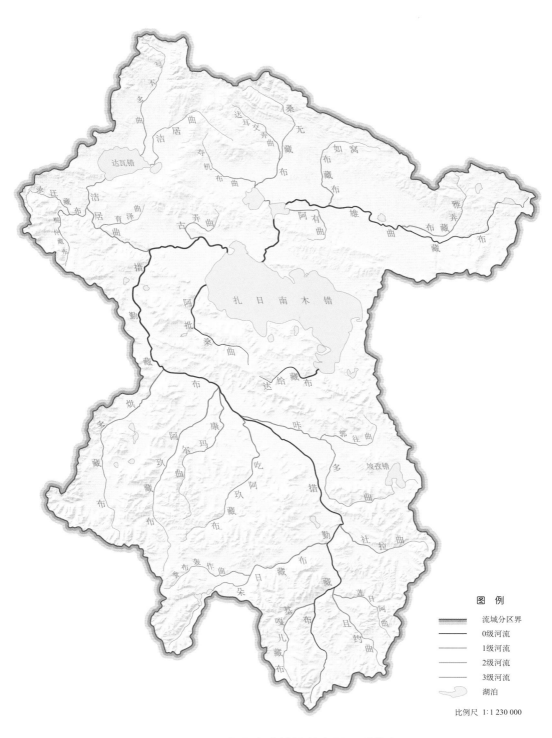

图 4－3－11 扎日南木错及其主要水系分布图

十一、扎日南木错

扎日南木错位于东经 $85°19'\sim85°54'$，北纬 $30°44'\sim31°5'$，东西长 51.7km，南北长 45.4km，属内流诸河羌塘高原内流水系，为咸水湖，又名塔热错，为西藏第三大湖。湖区跨西藏自治区措勤县、尼玛县、昂仁县等 3 个县级行政区。扎日南木错属尾闾湖，常年水面面积为 $998km^2$。最新测量湖区水面面积为 $955.7km^2$，湖泊容积为 290.2 亿 m^3（对应国家 85 高程 4611.20m 水位容积）。湖泊主要依赖湖面降水和地表径流补给，湖泊集水面积为 $19995km^2$，雄曲藏布、措勤藏布为两大主要湖水补给来源，其他补给来源为湖泊北部的洪弄曲、叉乌曲、申多曲，以及湖泊西部的餐勒曲、落龙荷勒曲、阿批桑曲和东南部的达给藏布。扎日南木错及其主要水系见图 4-3-11。

附录 A 全国流域面积3000km² 及以上河流名录和分布图

一、黑龙江区域流域面积 3000km² 及以上河流名录和分布图

表 A-1 黑龙江区域流域面积 3000km² 及以上河流名录

序号	1. 河流编码	2. 河流名称	2A. 河名备注	3. 河流级别	4. 上一级河流名称	5. 河流长度/km	6. 流域面积/km²	7. 干流流经
1	AA00000000J	额尔古纳河	克鲁伦河（呼伦湖出口断面以上）、达赉鄂洛木河（呼伦湖出口断面至海拉尔河汇入断面）	1	黑龙江	1350	152600	蒙古、内蒙古新巴尔虎右旗、满洲里市、俄罗斯、内蒙古新巴尔虎左旗、陈巴尔虎旗、额尔古纳市
2	AAA000000000C	哈拉哈河	哈拉哈河（贝尔湖出口断面以上）、乌尔逊河（贝尔湖出口断面至呼伦湖入口断面）、海拉斯台高勒（托列拉河汇入断面以上）	2	额尔古纳河	650	51133	内蒙古阿尔山市、蒙古、内蒙古新巴尔虎右旗、新巴尔虎左旗
3	AAAC0000000C	额勒森哈力木		3	哈拉哈河	154	4856	蒙古、内蒙古新巴尔虎右旗
4	AAA4A000000R	乌好来音河		3	哈拉哈河	144	4002	内蒙古新巴尔虎左旗
5	AAB00000000J	海拉尔河	库都尔河（大雁河汇入断面以上）	2	额尔古纳河	743	54706	内蒙古牙克石市、鄂温克族旗、呼伦贝尔海拉尔区、陈巴尔虎旗、新巴尔虎左旗、满洲里市、俄罗斯
6	AABB0000000L	免渡河	扎敦河（无名桥断面以上）	3	海拉尔河	204	6737	内蒙古牙克石市

续表

序号	1. 河流编码	2. 河流名称	2A. 河名备注	3. 河流级别	4. 上一级河流名称	5. 河流长度/km	6. 流域面积/km²	7. 干流流经
7	AABC0000000L	伊敏河		3	海拉尔河	394	22697	内蒙古鄂温克族旗、呼伦贝尔海拉尔区
8	AABCA000000L	辉河	惠腾高勒（呼莫高勒汇入断面以上）	4	伊敏河	454	11467	内蒙古鄂温克族旗、新巴尔虎左旗
9	AABD0000000R	莫尔格勒河		3	海拉尔河	317	4993	内蒙古陈巴尔虎旗
10	AA3A0000000R	西戈力吉河		2	额尔古纳河	135	3187	内蒙古陈巴尔虎旗
11	AAC0000000R	根河		2	额尔古纳河	415	15837	内蒙古根河市、牙克石市、额尔古纳市、陈巴尔虎旗
12	AACB0000000L	图里河		3	根河	142	3661	内蒙古牙克石市
13	AA4A0000000R	得尔布干河		2	额尔古纳河	272	6830	内蒙古根河市、额尔古纳市
14	AAD0000000R	激流河	塔里亚河（奥西加河汇入断面以上）、牛耳河（奥西加河汇入断面至金河汇合口断面）	2	额尔古纳河	467	15843	内蒙古根河市、额尔古纳市
15	AB0000000J	黑龙江		0		1905	888711	俄罗斯、黑龙江漠河县、塔河县、呼玛县、黑河爱辉区、孙吴县、逊克县、嘉荫县、萝北县、绥滨县、同江市、抚远县
16	AB2A0000000R	额木尔河		1	黑龙江	497	16110	黑龙江漠河县
17	AB2AB000000L	大林河		2	额木尔河	177	4579	黑龙江漠河县
18	AB22A000000R	盘古河		1	黑龙江	188	3661	黑龙江塔河县
19	AB22B000000R	大西尔根气河		1	黑龙江	153	3831	黑龙江塔河县

196

续表

序号	1. 河流编码	2. 河流名称	2A. 河名备注	3. 河流级别	4. 上一级河流名称	5. 河流长度/km	6. 流域面积/km²	7. 干流流经
20	AB2B0000000R	呼玛河		1	黑龙江	585	31181	黑龙江大兴安岭地区呼中区、大兴安岭地区新林区、塔河县、呼玛县
21	AB2BB000000R	塔河		2	呼玛河	213	6599	黑龙江大兴安岭地区新林区、塔河县
22	AB2BD000000R	倭勒根河		2	呼玛河	195	3926	黑龙江大兴安岭地区新林区、呼玛县
23	AB2C0000000R	逊毕拉河	又名逊河、逊别拉河、逊比拉河	1	黑龙江	318	15692	黑龙江黑河市瑷珲区、孙吴县、逊克县
24	AB2CC000000R	沾河		2	逊毕拉河	278	6546	黑龙江逊克县
25	AB2D0000000R	库尔滨河		1	黑龙江	258	5019	黑龙江逊克县
26	AC000000000R	松花江	南瓮河（二根河汇入断面以上）、嫩江（二根河汇入断面至第二松花江汇入断面）	1	黑龙江	2276	554542	黑龙江大兴安岭地区松岭区、呼玛县、嫩江县、内蒙古鄂伦春旗、莫力达瓦旗、黑龙江讷河市、甘南县、富裕县、齐齐哈尔梅里斯区、建华区、龙沙区、昂昂溪区、内蒙古扎赉特旗、黑龙江泰来县、杜尔伯特县、吉林省镇赉县、大安市、前郭尔罗斯县、松原宁江区
27	AC1A0000000R	那都里河	八支线河（那都里河北源汇入断面以上）	2	松花江	233	5427	黑龙江大兴安岭地区松岭区

续表

序号	1. 河流编码	2. 河流名称	2A. 河名备注	3. 河流级别	4. 上一级河流名称	5. 河流长度/km	6. 流域面积/km²	7. 干流流经
28	AC1B0000000R	多布库尔河	西多布库尔河（北多布库尔河汇入断面以上）	2	松花江	340	5889	黑龙江大兴安岭地区松岭区、内蒙古鄂伦春旗
29	AC1C0000000L	门鲁河	查尔格拉河（小河里河汇入断面以上）、根里河（小河里河汇入断面至泥鳅河汇入断面）	2	松花江	234	5414	黑龙江黑河爱辉区、嫩江县
30	AC1D0000000L	科洛河	龙门河（东卧牛河汇入断面以上）、卧牛河（西卧牛河汇入断面至英河汇入断面）	2	松花江	327	8509	黑龙江五大连池市、嫩江县
31	AC1E0000000R	甘河		2	松花江	499	19711	内蒙古鄂伦春自治旗、黑龙江大兴安岭地区加格达奇区、内蒙古莫力达瓦达斡尔族自治旗
32	AC1EC000000R	奎勒河		3	甘河	248	4740	内蒙古鄂伦春旗、莫力达瓦达旗
33	AC1F0000000L	讷漠尔河	南北河（二更河汇入断面以上）、南腰小河（南北河汇入断面以上）	2	松花江	498	13851	黑龙江北安市、五大连池市、克山县、讷河市
34	ACA1A000000M	诺敏河	马布拉河（诺敏河南源河汇入断面以上）	2	松花江	499	25420	内蒙古鄂伦春旗、莫力达瓦达旗、阿荣旗、黑龙江甘南县
35	ACA1AA00000R	毕拉河		3	诺敏河	270	7846	内蒙古阿荣旗
36	ACA1AB00000R	格尼河		3	诺敏河	226	5039	内蒙古阿荣旗、莫力达瓦达旗

续表

序号	1. 河流编码	2. 河流名称	2A. 河名备注	3. 河流级别	4. 上一级河流名称	5. 河流长度/km	6. 流域面积/km²	7. 干流流经
37	ACA1B000000M	阿伦河		2	松花江	337	5229	内蒙古阿荣旗、黑龙江甘南县，齐齐哈尔梅里斯区
38	AC2A0000000R	雅鲁河	南大河（雅鲁河左支河汇入断面以上）	2	松花江	387	19249	内蒙古牙克石市、扎兰屯市，黑龙江齐齐哈尔碾子山区，龙江县、内蒙古扎赉特旗
39	AC2AC000000R	济沁河		3	雅鲁河	205	4175	内蒙古扎兰屯市、黑龙江龙江县
40	AC2AD000000R	罕达罕河		3	雅鲁河	171	4164	内蒙古扎兰屯市、扎赉特旗，黑龙江龙江县
41	AC2B0000000R	绰尔河	钻辖辘滚河（小钻辖辘滚河断面以上）、东钻辖辘滚河（小钻辖辘滚河面至鸡爪河汇入断面）	2	松花江	563	17186	内蒙古牙克石市、扎兰屯市，扎赉特旗、黑龙江龙江县
42	AC2C1A00000M	乌裕尔河		3		598	7751	黑龙江北安市、克山县、依安县、富裕县、克东县、齐齐哈尔铁锋区、林甸县、杜尔伯特县
43	AC2D0000000R	呼尔达河		2	松花江	237	10405	内蒙古扎赉特旗、黑龙江泰来县、吉林镇赉县
44	AC2DA1A0000M	二龙涛河	呼尔勒河（查干木伦河汇入断面以上）	4		289	4865	内蒙古扎赉特旗、科尔沁右翼前旗、黑龙江泰来县、吉林省镇赉县
45	ACB0000000R	洮儿河		2	松花江	595	36186	内蒙古阿尔山市、科尔沁右翼前旗、乌兰浩特市、吉林省洮南市、白城洮北区、镇赉县、大安市

续表

序号	1. 河流编码	2. 河流名称	2A. 河名备注	3. 河流级别	4. 上一级河流名称	5. 河流长度/km	6. 流域面积/km²	7. 干流流经
46	ACBA0000000R	归流河	乌兰河（海勒斯台台郭勒汇入断面以上）	3	洮儿河	278	9526	内蒙古科尔沁右翼中旗、科尔沁右翼前旗、乌兰浩特市
47	ACBB0000000R	蛟流河		3	洮儿河	256	10550	内蒙古突泉县、吉林省洮南市
48	ACBBB000000R	大额木特河		4	蛟流河	180	5339	内蒙古突泉县、科尔沁右翼中旗、吉林省通榆县、洮南市
49	ACC0000000R	霍林河		2	松花江	706	36796	内蒙古扎鲁特旗、霍林郭勒市、科尔沁右翼中旗、通榆县、乾安县、大安市、前郭尔罗斯县
50	ACCA0000000R	坤都冷河		3	霍林河	181	3881	内蒙古扎鲁特旗、科尔沁右翼中旗
51	ACD0000000R	第二松花江	五道白河（四道白河汇入断面以上）、二道松花江（两江口至白山水库）	2	松花江	882	73803	吉林省安图县、抚松县、敦化市、桦甸市、靖宇县、蛟河市、吉林市丰满区、吉林市船营区、吉林市昌邑区、吉林市龙潭区、九台市、舒兰市、德惠市、榆树市、扶余县、农安县、前郭尔罗斯县、松原宁江区
52	ACDA0000000R	古洞河		3	第二松花江	155	4296	吉林省和龙市、安图县
53	ACDB0000000L	头道松花江		3	第二松花江	230	7909	吉林省抚松县、靖宇县
54	ACDC0000000L	辉发河	柳河（吉林与辽宁省界断面以上）	3	第二松花江	270	14905	辽宁省清原县、吉林省梅河口市、辉南县、磐石市、桦甸市

续表

序号	1. 河流编码	2. 河流名称	2A. 河名备注	3. 河流级别	4. 上一级河流名称	5. 河流长度/km	6. 流域面积/km²	7. 干流流经
55	ACD4B000000R	蛟河		3	第二松花江	121	3550	吉林省蛟河市
56	ACDD00000000L	饮马河		3	第二松花江	357	18125	吉林省伊通县、磐石市、长春双阳区、永吉县、长春二道区、九台市、德惠市、农安县
57	ACDDA0000000L	伊通河		4	饮马河	312	9748	吉林省伊通县、东丰县、长春朝阳区、长春南关区、长春二道区、长春宽城区、德惠市、农安县
58	AC5A0000000R	拉林河		2	松花江	389	19553	黑龙江五常市、吉林省舒兰市、黑龙江双城市、榆树市、吉林省扶余县
59	AC5AB000000R	牤牛河		3	拉林河	229	5374	黑龙江五常市
60	AC5AC000000L	卡岔河	又名细鳞河	3	拉林河	165	3170	吉林省舒兰市、榆树市
61	AC5B0000000R	阿什河	阿城河（符家围子河汇入断面以上）	2	松花江	199	3538	黑龙江哈尔滨阿城区、五常市、哈尔滨香坊区、哈尔滨松北区、哈尔滨道外区
62	ACE00000000L	呼兰河		2	松花江	455	39241	黑龙江铁力市、庆安县、绥化北林区、望奎县、青冈县、兰西县、哈尔滨松北区、滨呼兰区
63	ACEB0000000R	努敏河		3	呼兰河	305	5428	黑龙江绥棱县、绥化北林区、望奎县

201

序号	1. 河流编码	2. 河流名称	2A. 河名备注	3. 河流级别	4. 上一级河流名称	5. 河流长度/km	6. 流域面积/km²	7. 干流流经
64	ACEC0000000R	通肯河		3	呼兰河	372	10305	黑龙江北安市、海伦市、拜泉县、明水县、青冈县、望奎县
65	AC6D0000000R	蚂蚁河		2	松花江	280	10782	黑龙江尚志市、延寿县、方正县
66	ACF0000000R	牡丹江		2	松花江	693	37298	吉林省敦化市、黑龙江宁安市、牡丹江西安区、牡丹江阳明区、牡丹江东安区、牡丹江爱民区、海林市、林口县、依兰县
67	ACFD0000000L	海浪河		3	牡丹江	213	5245	吉林省敦化市、黑龙江海林市、牡丹江西安区
68	ACFE0000000R	乌斯浑河	鲶鱼河子（楚山河汇入断面以上）、鲶鱼河（楚山河汇入断面至亚河汇入断面）	3	牡丹江	152	4194	黑龙江林口县
69	AC7A0000000R	倭肯河	正身河（金矿河汇入断面以上）	2	松花江	326	11013	黑龙江勃利县、七台河茄子河区、七台河桃山区、七台河新兴区、桦南县、依兰县
70	AC7B0000000L	汤旺河	东汤旺河（西汤旺河汇入断面以上）	2	松花江	454	20778	黑龙江伊春伊岭区、伊春乌马河区、伊春新青区、伊春汤旺河区、伊春红星区、伊春五营区、伊春上甘岭区、伊春友好区、伊春伊春区、伊春乌马河区、伊春西林区、伊春美溪区、伊春金山屯区、伊春南岔区、汤原县

续表

序号	1. 河流编码	2. 河流名称	2A. 河名备注	3. 河流级别	4. 上一级河流名称	5. 河流长度/km	6. 流域面积/km²	7. 干流流经
71	AD000000000J	乌苏里江		1	黑龙江	474	60111	俄罗斯、黑龙江虎林市、饶河县、抚远县
72	ADA1A000000M	穆棱河		2	乌苏里江	666	16143	黑龙江穆棱市、鸡西梨树区、鸡西恒山区、鸡西城子河区、鸡西滴道区、密山市、鸡东县、虎林市
73	ADB1B000000M	挠力河		2	乌苏里江	639	3418	黑龙江七台河茄子河区、宝清县、富锦市、饶河县
74	AE000000000C	绥芬河	大绥芬河（小绥芬河汇入断面以上）	0		271	10084	吉林省汪清县、黑龙江东宁县、俄罗斯
75	AEC00000000L	小绥芬河		1	绥芬河	145	3428	黑龙江穆棱市、东宁县
76	AF000000000J	图们江	桦皮甸子河（东新河汇入断面以上）	0		535	22747	朝鲜、吉林省安图县、和龙市、龙井市、图们市、珲春市、俄罗斯
77	AFB00000000L	嘎呀河		1	图们江	228	13586	吉林省汪清县、图们市
78	AFBB0000000R	布尔哈通河		2	嘎呀河	174	7087	吉林省安图县、龙井市、延吉市、图们市
79	AFC00000000L	珲春河		1	图们江	202	3949	吉林省汪清县、珲春市

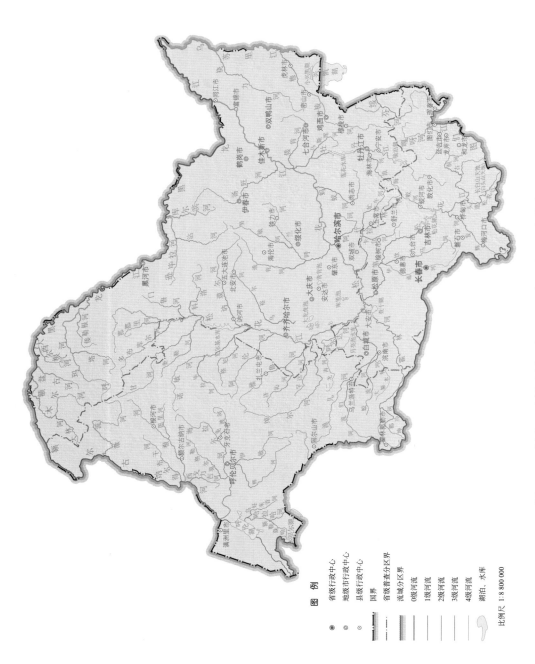

图 A－1　黑龙江区域流域面积 3000km² 及以上河流分布图

二、辽河区域流域面积 3000km² 及以上河流名录和分布图

表 A－2

辽河区域流域面积 3000km² 及以上河流名录

序号	1. 河流编码	2. 河流名称	2A. 河名备注	3. 河流级别	4. 上一级河流名称	5. 河流长度/km	6. 流域面积/km²	7. 干流流经
1	BA000000000S	辽河	西拉木伦河（老哈河汇入断面以上）、西辽河（老哈河汇入断面至东辽河汇入断面）、双台子河（养息牧河汇入断面以下）	0		1383	191946	内蒙古克什克腾旗、林西县、翁牛特旗、巴林右旗、阿鲁科尔沁旗、奈曼旗、开鲁县、通辽科尔沁区、科尔沁左翼中旗、吉林省双辽市、内蒙古科尔沁左翼后旗、辽宁省康平县、昌图县、法库县、开原市、铁岭县、铁岭市、沈阳沈北新区、新民市、辽中县、台安县、盘山县、盘锦双台子区
2	BA1C000000L	查干木伦河	又名查干沐沦河、阿山河（辉腾河汇入断面以上）	1	辽河	236	11611	内蒙古巴林左旗、林西县、巴林右旗
3	BAA00000000R	老哈河		1	辽河	451	29623	河北平泉县、内蒙古宁城县、辽宁建平县、内蒙古赤峰元宝山区、喀喇沁旗、赤峰松山区、翁牛特旗、敖汉旗、奈曼旗
4	BAAB0000000L	阴河	英金河（锡泊河汇入断面至英金河汇入断面）	2	老哈河	218	10598	河北围场县、内蒙古赤峰松山区、赤峰红山区、赤峰元宝山区
5	BAB00000000R	教来河	清河（奈曼旗八仙筒以下）	1	辽河	519	17620	内蒙古敖汉旗、通辽科尔沁区、奈曼旗、开鲁县、科尔沁左翼后旗、科尔沁左翼中旗

续表

序号	1. 河流编码	2. 河流名称	2A. 河名备注	3. 河流级别	4. 上一级河流名称	5. 河流长度/km	6. 流域面积/km²	7. 干流流经
6	BABA0000000L	教来河故道		2	教来河	169	5724	内蒙古奈曼旗、开鲁县
7	BABAA000000L	孟克河		3	教来河故道	268	3748	内蒙古敖汉旗、奈曼旗
8	BAC00000000L	乌力吉木仁河	又名乌尔吉沐沧河、乌力吉沐沧河、清河（开鲁县境内）	1	辽河	680	48793	内蒙古巴林左旗、阿鲁科尔沁旗、扎鲁特旗、科尔沁右翼中旗、吉林省通榆县、内蒙古科尔沁左翼中旗、吉林省双辽市
9	BACC0000000L	海黑令郭勒	苏吉高勒（森格仑郭勒汇入高勒断面至哈黑令郭勒汇入断面）、哈黑令河（阿鲁旗罕苏木苏木沙坝水库以上10km处至达勒林郭勒汇入断面）、黑冰沧河（达勒林郭勒汇入断面断面至海黑令郭勒令郭勒（达勒林郭勒汇入断面以上）、海黑令郭勒（达勒林郭勒汇入断面以下）	2	乌力吉木仁河	220	7818	内蒙古阿鲁科尔沁旗
10	BACG0000000R	新开河		2	乌力吉木仁河	350	7335	内蒙古开鲁县、阿鲁科尔沁旗、科尔沁左翼中旗
11	BA41A000000R	巴辽排干		1	辽河	139	3686	内蒙古科尔沁左翼后旗
12	BA4A0000000L	东辽河		1	辽河	377	11189	吉林省东辽县、辽源龙山区、辽源西安区、辽宁西丰县、吉林省伊通县、公主岭市、梨树县、双辽市、辽宁昌图县、内蒙古科尔沁左翼后旗、辽宁康平县

续表

序号	1. 河流编码	2. 河流名称	2A. 河名备注	3. 河流级别	4. 上一级河流名称	5. 河流长度/km	6. 流域面积/km²	7. 干流流经
13	BA4B0000000L	招苏台河		1	辽河	263	4828	吉林省梨树县、辽宁昌图县
14	BA4C0000000L	清河		1	辽河	159	5150	辽宁清原县、开原市、铁岭清河区
15	BA4D0000000R	柳河	又名扣河子河、厚很河、北大河、新开河	1	辽河	302	5345	内蒙古库伦旗、辽宁阜新县、彰武县、新民市
16	BA4E0000000R	绕阳河		1	辽河	326	10348	辽宁阜新县、彰武县、黑山县、台安县、北镇市、盘山县、盘锦兴隆台区
17	BAH00000000S	浑河	红河（上游）、大辽河（太子河汇入断面以下）、浑河（太子河汇入断面以上）	0		495	28260	辽宁清原县、抚顺新宾县、抚顺东洲区、抚顺新抚区、抚顺望花区、抚顺顺城区、沈阳东陵区、沈阳和平区、于洪区、沈阳苏家屯区、辽中县、辽阳县、台安县、海城市、盘山县、大石桥市、大洼县、营口老边区、营口站前区、营口西市区
18	BAHA0000000L	太子河		1	浑河	363	13493	辽宁新宾县、本溪县、本溪明山区、本溪溪湖区、本溪平山区、弓长岭区、灯塔市、辽阳市、辽阳宏伟区、辽阳太子河区、辽阳文圣区、辽阳白塔区、海城市

续表

序号	1. 河流编码	2. 河流名称	2A. 河名备注	3. 河流级别	4. 上一级河流名称	5. 河流长度/km	6. 流域面积/km²	7. 干流流经
19	BB1A0000000S	六股河		0		162	3069	辽宁建昌县、兴城市、绥中县
20	BBA0000000S	小凌河		0		209	5088	辽宁建昌县、朝阳县、葫芦岛南票区、锦州太和区、古塔区、锦州凌河区、凌海市
21	BBB0000000S	大凌河		0		453	23235	辽宁建昌县、喀喇沁左翼县、朝阳县、朝阳龙城区、朝阳双塔区、北票市、义县、凌海市、盘山县
22	BBBC0000000L	忙牛河		1	大凌河	146	4648	内蒙古奈曼旗、辽宁阜新县、北票市
23	BBBD0000000L	细河		1	大凌河	126	3096	辽宁阜新县、阜新新邱区、阜新太平区、阜新细河区、阜新海州区、阜新清河门区
24	BDD0000000S	大洋河	偏岭河（上游）	0		182	6554	辽宁岫岩县、凤城市、东港市
25	BE0000000J	鸭绿江		0		821	32861	朝鲜、吉林省长白县、白山浑江区、临江市、白山浑江区、集安市、辽宁宽甸县、丹东振兴区、元宝区、丹东振兴区、东港市
26	BEA0000000R	浑江		1	鸭绿江	431	15340	吉林省白山江源区、白山浑江区、通化二道江区、通化县、通化东昌区、集安市、辽宁桓仁县、宽甸县
27	BEB0000000R	爱河		1	鸭绿江	192	5809	辽宁凤城市、宽甸县、丹东振安区

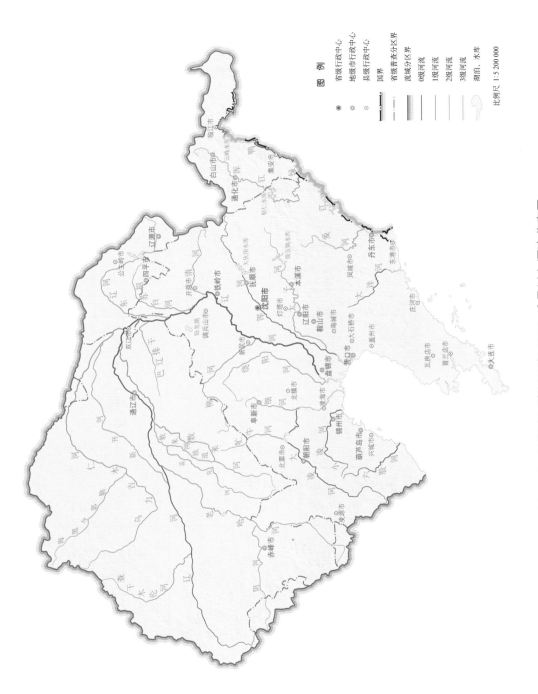

图 A - 2　辽河区域流域面积 3000km² 及以上河流分布图

三、海河区域流域面积 3000km² 及以上河流名录和分布图

表 A－3　海河区域流域面积 3000km² 及以上河流名录

序号	1. 河流编码	2. 河流名称	2A. 河名备注	3. 河流级别	4. 上一级河流名称	5. 河流长度/km	6. 流域面积/km²	7. 干流流经
1	CAA00000000S	滦河	闪电河（黑风河汇入断面以上）、大滦河（吐里根河汇入断面至小滦河汇入断面）	0		995	44227	河北丰宁县、沽源县、内蒙古正蓝旗、多伦县、河北隆化县、滦平县、承德双滦区、承德县、兴隆县、宽城县、迁西县、迁安市、卢龙县、滦县、滦南县、昌黎县、乐亭县
2	CAAC00000000L	伊逊河		1	滦河	227	6734	河北围场县、隆化县、滦平县、承德双滦区
3	CAAF00000000L	青龙河		1	滦河	265	6267	河北平泉县、辽宁凌源市、河北宽城县、青龙县、卢龙县、迁安市
4	CB1A00000000M	潮白河	白河（潮河汇入断面以上）	1		414	17312	河北沽源县、赤城县、北京延庆县、怀柔区、密云县、北京三河市、北京通州区、河北大厂县、香河县
5	CB1AC00000000L	潮河		2	潮白河	274	6498	河北丰宁县、滦平县、北京密云县

续表

序号	1. 河流编码	2. 河流名称	2A. 河名备注	3. 河流级别	4. 上一级河流名称	5. 河流长度/km	6. 流域面积/km²	7. 干流流经
6	CCOOOOOOOOS	永定河	源子河（朔城区神头镇马邑以上）、桑干河（洋河汇入断面以上）	0		869	47396	山西左云县、右玉县、朔州平鲁区、朔州朔城区、山阴县、应县、河北阳原县、大同县、阳高县、怀仁县、大同原平区、宣化县、涿鹿县、北京门头沟区、房山区、石景山区、丰台区、河北涿州市、大兴区、河北涿州市、固安县、永清县、廊坊广阳区、廊坊安次区、天津武清区、北辰区、宁河县、东丽区、滨海新区
7	CCCOOOOOOOL	御河	饮马河（大庄科河汇入断面以上）、御河（大庄科河汇入断面以下）	1	永定河	148	5016	内蒙古丰镇市、凉城县、山西大同新荣区、大同南郊区、大同县
8	CCDOOOOOOOR	壶流河	莎泉峪（白羊峪汇入断面以上）	1	永定河	161	4412	山西广灵县、河北蔚县、阳原县
9	CCEOOOOOOOL	洋河	又名二道河、后河、东洋河（内蒙古和河北省界断面至南洋河汇入断面）	1	永定河	267	15160	内蒙古兴和县、河北尚义县、万全县、怀安县、张家口桥西区、宣化县、张家口宣化区、怀来县、张家口下花园区、涿鹿县、怀来县
10	CCEAOOOOOOR	南洋河	白登河（天镇县卅里铺乡卅里铺村以上）、张官屯河（朱家窑头河汇入断面以上）	2	洋河	134	3904	山西阳高县、天镇县、河北怀安县

211

续表

序号	1. 河流编码	2. 河流名称	2A. 河名备注	3. 河流级别	4. 上一级河流名称	5. 河流长度/km	6. 流域面积/km²	7. 干流流经
11	CDA1B000000M	沙河	大沙河（胭脂河汇入断面以下）	3		272	4895	山西灵丘县、河北阜平县、曲阳县、行唐县、新乐市、定州市、安国市
12	CDA1C000000M	唐河		2		354	4739	山西泽源县、灵丘县、河北涞源县、唐县、顺平县、曲阳县、定州市、望都县、清苑县、安新县
13	CDB1B000000E	拒马河		1		238	4938	河北涞源县、易县、涞水县、北京房山区
14	CEA000000000E	滏阳河		1		450	21511	河北邯郸峰峰矿区、磁县、邯郸邯山区、邯郸丛台区、邯郸县、永年县、曲周县、鸡泽县、平乡县、任县、巨鹿县、隆尧县、宁晋县、新河县、冀州市、衡水桃城区、武邑县、武强县、献县
15	CEB000000000E	滹沱河		1		615	24664	山西繁峙县、代县、原平市、忻州忻府区、定襄县、五台县、孟县、河北平山县、鹿泉市、灵寿县、正定县、石家庄长安区、藁城市、无极县、晋州市、深泽县、安平县、饶阳县、武强县、献县

序号	1. 河流编码	2. 河流名称	2A. 河名备注	3. 河流级别	4. 上一级河流名称	5. 河流长度/km	6. 流域面积/km²	7. 干流流经
16	CEBD0000000R	冶河	松溪河（山西境内）、甘陶河（山西省界至绵河汇入断面）	2	滹沱河	200	6314	山西昔阳县、和顺县、河北井陉县、平山县
17	CGA0000000E	卫河	东大河（山西省晋城市境内）、大沙河（共产主义渠断面以上）	1		411	14834	山西陵川县、泽州县、河南博爱县、焦作中站区、武陟县、焦作山阳区、修武县、辉县市、获嘉县、新乡县、新乡卫滨区、新乡红旗区、新乡牧野区、卫辉市、滑县、浚县、汤阴县、内黄县、清丰县、河北魏县、河南南乐县、河北大名县、山东冠县
18	CGAD0000000L	共产主义渠		2	卫河	103	3882	河南新乡县、新乡凤泉区、新乡牧野区、卫辉市、浚县、汤阴县
19	CGB0000000E	漳河	浊漳河（涉县合漳村断面以上、河南境内）、浊漳南源（浊漳西源汇入断面以上）	1		440	19927	山西长子县、长治县、长治郊区、襄垣县、黎城县、潞城市、平顺县、河北涉县、河南林州市、安阳县、河北磁县、临漳县、魏县、大名县、馆陶县
20	CGBC0000000L	浊漳北源	交口河（杜城镇两河口村以上）	2	漳河	135	3797	山西榆社县、武乡县、襄垣县
21	CGBD0000000L	清漳河	张翼河（梁余河汇入断面以上）、清漳东源（清漳西源汇入断面以上）	2	漳河	210	5320	山西昔阳县、和顺县、左权县、黎城县、河北涉县

图 A-3　海河区域流域面积 3000km² 及以上河流分布图

图 例

★　中国首都
◎　省级行政中心
◉　地级市行政中心
○　县级行政中心
—·—·　省级普查分区界
▬▬▬　流域分区界
▬▬▬　0级河流
▬▬▬　1级河流
▬▬▬　2级河流
▬▬▬　3级河流
······　平原河流
🝆　湖泊、水库

比例尺 1:4 700 000

四、黄河流域流域面积 3000km² 及以上河流名录和分布图

黄河流域流域面积 3000km² 及以上河流名录

表 A - 4

序号	1. 河流编码	2. 河流名称	2A. 河名备注	3. 河流级别	4. 上一级河流名称	5. 河流长度/km	6. 流域面积/km²	7. 干流流经
1	D00000000000S	黄河		0		5687	813122	青海曲麻莱县、玛多县、玛沁县、达日县、甘德县、久治县、四川阿坝县、若尔盖县、青海河南县、同德县、兴海县、贵南县、共和县、尖扎县、化隆县、循化县、民和县、甘肃积石山县、永靖县、东乡族自治县、兰州西固区、兰州安宁区、兰州七里河区、兰州城关区、榆中县、皋兰县、白银市白银区、靖远县、白银平川区、景泰县、宁夏中卫沙坡头区、中宁县、青铜峡市、吴忠利通区、灵武市、永宁县、银川兴庆区、贺兰县、平罗县、石嘴山惠农区、内蒙古乌海南区、阿拉善左旗、乌海乌达区、乌海海勃湾区、鄂托克旗、磴口县、杭锦旗、杭锦后旗、巴彦淖尔临河区、五原县、乌拉特前旗、达拉特旗、包头九原区、土默特右旗、准格尔旗、托克托县、清水河县、山西偏关县、河曲县、陕西府谷县、山西保德县、兴县、吴堡县、神木县、山西临县、陕西绥德县、清涧县、山西柳林县、陕西吴堡县、

续表

序号	1. 河流编码	2. 河流名称	2A. 河名备注	3. 河流级别	4. 上一级河流名称	5. 河流长度/km	6. 流域面积/km²	7. 干流流经
1	D0000000000S	黄河		0		5687	813122	山西石楼县、陕西延川县、山西大宁县、吉县、陕西宜川县、山西乡宁县、陕西韩城市、山西河津市、万荣县、陕西合阳县、山西临猗县、永济市、陕西大荔县、山西芮城县、陕西潼关县、河南陕县、河南灵宝市、山西平陆县、渑池县、济源市、河南三门峡市、巩义市、温县、孟津县、垣曲县、洛阳市、河南新安县、济源市、原阳县、荥阳市、郑州惠济区、武陟县、郑州金水区、中牟县、开封金明区、封丘县、开封龙亭区、开封县、兰考县、山东东明县、河南长垣县、濮阳县、山东菏泽牡丹区、鄄城县、河南范县、山东郓城县、河南台前县、山东梁山县、东平县、阳谷县、东阿县、济南长清区、齐河县、济南天桥区、济南历城区、济阳县、章丘区、济南槐荫区、邹平县、高青县、滨州滨城区、博兴县、利津县、东营东营区、垦利县
2	D11C0000000R	卡日曲		1	黄河	156	3131	青海称多县、曲麻莱县
3	D1A0000000R	多曲		1	黄河	163	5706	青海称多、玛多县
4	D1B00000000R	热曲		1	黄河	194	6470	四川石渠县、青海玛多县

续表

序号	1. 河流编码	2. 河流名称	2A. 河名备注	3. 河流级别	4. 上一级河流名称	5. 河流长度/km	6. 流域面积/km²	7. 干流流经
5	D13B0000000R	达日河		1	黄河	112	3383	青海达日县
6	D13D0000000L	东柯河	又名东柯曲	1	黄河	160	3446	青海甘德县
7	D13F0000000R	白河	又名安曲、嘎曲	1	黄河	279	5497	四川红原县、阿坝县、若尔盖县
8	D1C0000000R	黑河	又名墨曲、麦曲、亚恰、若尔盖河	1	黄河	511	7719	四川红原县、若尔盖县、玛曲县
9	D14A0000000R	泽曲		1	黄河	256	4755	青海泽库县、河南县
10	D1D0000000L	切木曲		1	黄河	154	5550	青海玛沁县、兴海县
11	D15A0000000R	巴河		1	黄河	153	4241	青海泽库县、同德县
12	D1E0000000L	曲什安河		1	黄河	216	5850	青海玛沁县、兴海县
13	D16A0000000L	大河坝河		1	黄河	169	3939	青海兴海县
14	D1F0000000L	沙珠玉河		1	黄河	188	8264	青海共和县
15	D17C0000000R	隆务河		1	黄河	170	4955	青海泽库县、同仁县、尖扎县、循化县
16	D1G0000000R	大夏河		1	黄河	215	7169	青海同仁县、甘肃夏河县、临夏县、临夏市、东乡族自治县
17	DA0000000000R	洮河		1	黄河	699	25520	青海河南县、甘肃碌曲县、合作市（连花山）、卓尼县、临潭县、岷县、康乐县、临洮县、广河县、渭源县、东乡族自治县、永靖县
18	DB0000000000L	湟水-大通河	大通河（湟水汇入断面以上）	1	黄河	643	32878	青海天峻县、刚察县、祁连县、门源县、互助县、甘肃天祝县、永登县、青海民和县、甘肃兰州红古区、永靖县、兰州西固区

217

续表

序号	1. 河流编码	2. 河流名称	2A. 河名备注	3. 河流级别	4. 上一级河流名称	5. 河流长度/km	6. 流域面积/km²	7. 干流流经
19	DBA00000000R	湟水		2	湟水-大通河	300	15558	青海海晏县、湟源县、湟中县、西宁城北区、西宁城西区、西宁城东区、平安县、乐都县、民和县、互助县
20	DBAB0000000L	北川河		3	湟水	153	3371	青海大通县、西宁城北区
21	D31A0000000L	庄浪河	金强河（天祝县境内）	1	黄河	188	4001	甘肃天祝县、永登县、兰州西固区
22	D31B0000000R	祖厉河	厉河（会宁县城以上）	1	黄河	219	10680	甘肃通渭县、会宁县、靖远县
23	D31BB000000L	关川河		2	祖厉河	206	3513	甘肃通渭县、定西安定区、会宁县
24	D3A0000000R	清水河		1	黄河	319	14623	宁夏固原原州区、海原县、同心县、吴忠红寺堡区、中宁县、中卫沙坡头区
25	D3AE000000L	西河		2	清水河	124	3140	宁夏海原县、同心县
26	D32A1A00000M	苦水河		1	黄河	233	5712	宁夏同心县、甘肃环县、宁夏盐池县、吴忠红寺堡区、吴忠利通区、灵武市
27	D32B0000000R	都思兔河	苦水沟（海流图河汇入断面以上）	1	黄河	160	7949	内蒙古鄂托克旗、乌海海南区、宁夏平罗县
28	D3BA000000D	摩林河		2	黄河	187	6970	内蒙古鄂托克旗、杭锦旗
29	D3BB000000H	陶来沟		2		87	3116	内蒙古杭锦旗
30	D3C0000000L	乌加河	格尔敖包勒（总排干以上）、乌加河（总排干至乌毛计闸）、乌梁素海退水渠（乌毛计闸以下）	1	黄河	348	28739	内蒙古磴口县、乌拉特后旗、杭锦后旗、巴彦淖尔临河区、乌拉特中旗、五原县、乌拉特前旗

序号	1. 河流编码	2. 河流名称	2A. 河名备注	3. 河流级别	4. 上一级河流名称	5. 河流长度/km	6. 流域面积/km²	7. 干流流经
31	D34A0000000L	美岱沟	美岱沟（拐角处以上）、只几梁后河（拐角处至哈素海出口断面）、哈素海退水渠（哈素海出口断面以下）	1	黄河	173	5262	内蒙古固阳县、武川县、土默特右旗、土默特左旗、托克托县
32	D34B0000000L	大黑河		1	黄河	238	12361	内蒙古卓资县、呼和浩特赛罕区、呼和浩特玉泉区、土默特左旗、托克托县
33	D34BE000000L	什拉乌素河	又名东沟门沟·什拉乌素后河（什拉乌素前河汇入断面以上）	2	大黑河	130	3150	内蒙古凉城县、和林格尔县、呼和浩特赛罕区、土默特左旗、托克托县
34	D34C0000000L	红河	又名浑河、苍头河（山西境内）	1	黄河	229	5573	山西朔州平鲁区、右玉县、内蒙古凉城县、和林格尔县、清水河县
35	D34D0000000R	皇甫川	纳林川（乌兰沟汇入断面以上）	1	黄河	139	3243	内蒙古达拉特旗、准格尔旗、陕西府谷县
36	D34E0000000R	窟野河	乌兰木伦河（悖牛川汇入断面以上）	1	黄河	245	8710	内蒙古伊金霍洛旗、鄂尔多斯东胜区、陕西神木县
37	D34F0000000R	秃尾河		1	黄河	141	3466	陕西神木县、榆林榆阳区、佳县
38	D34G0000000L	三川河	北川河（大东川河汇入断面以上）	1	黄河	172	4158	山西方山县、吕梁离石区、柳林县
39	DC00000000R	无定河		1	黄河	477	30496	陕西定边县、靖边县、吴起县、乌审旗、陕西横山县、内蒙古鄂托克前旗、榆林榆阳区、米脂县、绥德县、清涧县

附录 A 全国流域面积 3000km² 及以上河流名录和分布图

续表

序号	1. 河流编码	2. 河流名称	2A. 河名备注	3. 河流级别	4. 上一级河流名称	5. 河流长度/km	6. 流域面积/km²	7. 干流流经
40	DCE0000000L	榆溪河	又名榆林溪	2	无定河	101	5329	陕西榆林榆阳区、横山县
41	DCF0000000R	大理河		2	无定河	172	3910	陕西靖边县、横山县、子洲县、绥德县
42	D4A0000000R	清涧河		1	黄河	175	4078	陕西安塞县、子长县、清涧县、延川县
43	D4B0000000L	昕水河		1	黄河	140	4325	山西蒲县、隰县、大宁县
44	D4C0000000R	延河	又名延水	1	黄河	290	7686	陕西靖边县、安塞县、延安宝塔区、延长县
45	DD0000000L	汾河		1	黄河	713	39721	山西神池县、宁武县、静乐县、娄烦县、古交市、太原尖草坪区、阳曲县、太原万柏林区、太原晋源区、太原小店区、太原迎泽区、清徐县、祁县、文水县、平遥县、介休市、孝义市、灵石县、霍州市、洪洞县、汾西县、临汾尧都区、襄汾县、曲沃县、侯马市、新绛县、稷山县、河津市、万荣县
46	DDC0000000L	潇河		2	汾河	142	4064	山西昔阳县、寿阳县、晋中榆次区、清徐县、太原小店区
47	DDE0000000R	文峪河	上游称为中西河	2	汾河	160	4050	山西交城县、文水县、汾阳市、孝义市
48	D5B0000000L	涑水河		1	黄河	199	5526	山西绛县、闻喜县、夏县、运城盐湖区、临猗县、永济市

序号	1. 河流编码	2. 河流名称	2A. 河名备注	3. 河流级别	4. 上一级河流名称	5. 河流长度/km	6. 流域面积/km²	7. 干流流经
49	DE0000000000R	渭河		1	黄河	830	134825	甘肃渭源县、陇西县、武山县、甘谷县、天水麦积区、陕西宝鸡陈仓区、宝鸡渭滨区、宝鸡金台区、岐山县、眉县、扶风县、兴平市、户县、咸阳杨陵区、咸阳秦都区、周至县、咸阳渭城区、西安未央区、西安灞桥区、西安临潼区、高陵区、渭南临渭区、华阴市、大荔县
50	DE1C0000000R	榜沙河		2	渭河	109	3600	甘肃岷县、漳县、武山县
51	DEA0000000L	葫芦河		2	渭河	298	10726	宁夏西吉县、甘肃静宁县、庄浪县、秦安县、天水麦积区
52	DE2C0000000L	千河		2	渭河	157	3506	甘肃华亭县、张家川县、陕西陇县、千阳县、凤翔县、宝鸡陈仓区
53	DE2D0000000L	漆水河		2	渭河	158	3951	陕西麟游县、扶风县、永寿县、乾县、杨陵区、武功县
54	DEB0000000L	泾河		2	渭河	460	45458	宁夏泾源县、陕西长武县、甘肃平凉崆峒区、泾川县、正宁县、甘肃宁县、陕西淳化县、永寿县、礼泉县、泾阳县、高陵县
55	DEBA0000000L	蒲河	安家川河（白家川河汇入断面以上）	3	泾河	198	7482	甘肃环县、宁夏彭阳县、甘肃镇原县、庆阳西峰区、泾川县、宁县

续表

序号	1. 河流编码	2. 河流名称	2A. 河名备注	3. 河流级别	4. 上一级河流名称	5. 河流长度/km	6. 流域面积/km²	7. 干流流经
56	DEBAA000000R	茹河	胡麻沟（河口段），小河（酒河汇入断面以上）	4	蒲河	192	3378	甘肃环县、宁夏固原原州区、彭阳县、甘肃镇原县
57	DEBB0000000L	马莲河	环江（西川汇入断面至环县曲子镇），马莲河西川（庆城县南门大桥至环县曲子镇）	3	泾河	375	19084	宁夏盐池县、陕西定边县、甘肃环县、庆城县、合水县、宁县
58	DEBBD000000L	柔远川	元城川（白马川汇入断面以上），柔远川（柔远河汇入断面以下，马莲河东川（庆城县境内）	4	马莲河	132	3066	陕西定边县、甘肃华池县、庆城县
59	DEBC0000000R	黑河		3	泾河	173	4259	甘肃华亭县、崇信县、灵台县、泾川县、陕西长武县
60	DE3A0000000L	石川河	沮河（河源上游段）	2	渭河	136	4565	陕西铜川耀州区、富平县、西安阎良区、西安临潼区
61	DEC0000000L	北洛河		2	渭河	711	26998	陕西定边县、富县、吴起县、志丹县、甘泉县、富县、洛川县、宜君县、黄陵县、白水县、澄城县、蒲城县、大荔县、蒲关县、华阴市
62	DECA0000000R	葫芦河	二将川（支流荔园堡川汇入断面以上）	3	北洛河	234	5446	甘肃华池县、合水县、陕西富县、黄陵县

222

续表

序号	1. 河流编码	2. 河流名称	2A. 河名备注	3. 河流级别	4. 上一级河流名称	5. 河流长度/km	6. 流域面积/km²	7. 干流流经
63	DF0000000000R	洛河	伊洛河（伊河汇入断面以下）	1	黄河	445	18876	陕西华县、洛南县、河南卢氏县、洛宁县、宜阳县、洛阳洞西区、洛阳洛龙区、洛阳西工区、洛阳老城区、洛阳瀍河区、偃师市、巩义市
64	DFB0000000000R	伊河		2	洛河	267	5974	河南栾川县、嵩县、伊川县、洛阳洛龙区、偃师市
65	D7A0000000000L	沁河		1	黄河	495	13069	山西沁源县、安泽县、沁水县、阳城县、泽州县、河南济源市、沁阳市、博爱县、温县、武陟县、郑州惠济区
66	D7AB0000000000L	丹河		2	沁河	166	3137	山西高平市、泽州县、河南博爱县、沁阳市
67	D7B0000000000L	金堤河		1	黄河	211	5171	河南滑县、浚县、濮阳县、范县、台前县、山东莘县、阳谷县
68	DG0000000000R	大汶河	牟汶河（柴汶河汇入断面以上）、大清河（戴村坝坝址至东平湖入湖口）、小清河（大汶河出东平湖平面断面以下）	1	黄河	231	8944	山东莱芜莱城区、莱芜莱钢城区、莱芜钢城区、泰安岱岳区、肥城市、宁阳县、汶上县、东平县

223

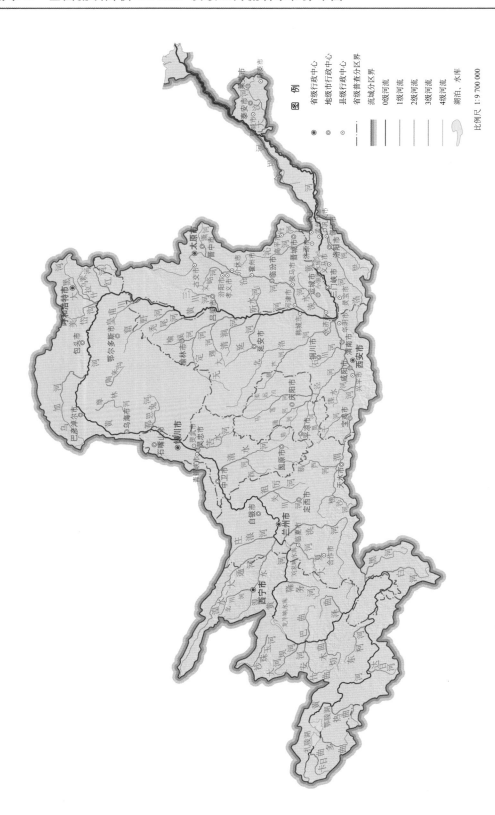

图 A－4　黄河流域流域面积 3000km² 及以上河流分布图

五、淮河区域流域面积 3000km² 及以上河流名录和分布图

表 A－5 淮河区域流域面积 3000km² 及以上河流名录

序号	1. 河流编码	2. 河流名称	2A. 河名备注	3. 河流级别	4. 上一级河流名称	5. 河流长度/km	6. 流域面积/km²	7. 干流流经
1	EA0000000000H	淮河		0		1018	190982	河南桐柏县、湖北随县、河南信阳浉河区、信阳平桥区、确山县、正阳县、罗山县、息县、潢川县、淮滨县、安徽阜南县、河南固始县、安徽霍邱县、颍上县、寿县、凤台县、淮南八公山区、淮南谢家集区、淮南潘集区、淮南田家庵区、淮南大通区、怀远县、蚌埠禹会区、蚌埠淮上区、江苏洪泽县、扬州广陵区、扬州邗江区、金湖县、盱眙县、江都市
2	EAA0000000L	洪汝河	汝河（洪河汇入断面以上）	1	淮河	315	12331	河南泌阳县、驻马店驿城区、遂平县、上蔡县、汝南县、平舆县、正阳县、新蔡县、安徽临泉县、阜南县、河南淮滨县
3	EAAC0000000L	洪河	小洪河（驻马店市境内）	2	洪汝河	261	4362	河南舞阳市、西平县、上蔡县、平舆县、新蔡县
4	EA2A0000000R	史河	史灌河（灌河汇入断面以下）	1	淮河	250	6816	安徽金寨县、霍邱县、河南固始县
5	EA2B0000000R	淠河	漫水河（佛子岭大坝断面以上）、东淠河（佛子岭大坝断面至西淠河汇入断面）	1	淮河	267	5920	安徽霍山县、六安裕安区、六安金安区、霍邱县、寿县

续表

序号	1. 河流编码	2. 河流名称	2A. 河名备注	3. 河流级别	4. 上一级河流名称	5. 河流长度/km	6. 流域面积/km²	7. 干流流经
6	EABOOOOOOOOL	沙颍河	沙河（常胜沟汇入断面以下）、颍河（安徽境内）	1	淮河	613	36660	河南鲁山县、平顶山湛河区、叶县、襄城县、舞阳县、漯河源汇区、漯河召陵区、西华县、商水县、周口川汇区、淮阳县、项城市、沈丘县、安徽界首市、太和县、阜阳颍泉区、阜阳颍州区、阜阳颍东区、颍上县
7	EABAOOOOOOOL	北汝河		2	沙颍河	275	5660	河南嵩县、汝阳县、汝州市、宝丰县、郏县、叶县、襄城县、舞阳县
8	EABCOOOOOOOL	颍河		2	沙颍河	264	7223	河南登封市、禹州市、襄城县、许昌县、临颍县、漯河郾城区、西华县、周口川汇区
9	EABDOOOOOOOL	贾鲁河		2	沙颍河	264	6137	河南新密市、郑州二七区、郑州中原区、郑州惠济区、郑州金水区、中牟县、开封县、尉氏县、鄢陵县、扶沟县、西华县、周口川汇区
10	EABEOOOOOOOR	泉河	汾河（泥河汇入断面以上）	2	沙颍河	223	5206	河南漯河召陵区、商水县、项城市、沈丘县、安徽临泉县、界首市、阜阳颍泉区、阜阳颍州区

续表

序号	1. 河流编码	2. 河流名称	2A. 河名备注	3. 河流级别	4. 上一级河流名称	5. 河流长度/km	6. 流域面积/km²	7. 干流流经
11	EA3A0000000R	东淝河	金河（肥西县境内）	1	淮河	166	4650	安徽肥西县、六安金安区、淮南谢家集区、寿县
12	EA3E0000000L	茨淮新河		1	淮河	131	7218	安徽阜阳颍泉区、阜阳颍东区、利辛县、蒙城县、淮南潘集区、怀远县
13	EAC00000000L	涡河	白芋沟（大津王村断面以上）	1	淮河	411	15862	河南开封金明区、开封县、尉氏县、通许县、扶沟县、杞县、太康县、柘城县、鹿邑县、安徽亳州谯城区、涡阳县、蒙城县、怀远县
14	EACC0000000L	惠济河	马家河（黄汴河汇入断面以上）	2	涡河	191	4429	河南开封金明区、开封鼓楼区、开封禹王台区、开封县、杞县、睢县、柘城县、鹿邑县、安徽亳州谯城区
15	EA4B0000000L	新汴河		1	淮河	126	6911	安徽宿州埇桥区、灵璧县、泗县、江苏泗洪县
16	EA4BA000000L	新沱河	南沱河（淮北市境内）、沱河（河南夏邑县、永城市、商丘梁园区境内）、响河（虞城县境内）	2	新汴河	176	3995	河南商丘梁园区、虞城县、夏邑县、永城市、安徽濉溪县、淮北烈山区、宿州埇桥区

227

续表

序号	1. 河流编码	2. 河流名称	2A. 河名备注	3. 河流级别	4. 上一级河流名称	5. 河流长度/km	6. 流域面积/km²	7. 干流流经
17	EA4C0000000L	新濉河	濉河上段（奎河汇入断面以上）	1	淮河	138	3130	安徽宿州埇桥区、灵璧县、泗县，江苏泗洪县
18	EA4E0000000L	怀洪新河		1	淮河	125	12181	安徽怀远县、固镇县、五河县，江苏泗洪县、明光市
19	EA4EC000000L	浍河	又名包浍河	2	怀洪新河	213	4651	河南夏邑县、永城市，安徽濉溪县、宿州埇桥区、固镇县
20	EA4ED000000L	沱河	又名沱河下段	2	怀洪新河	125	3244	安徽宿州埇桥区、固镇县、灵璧县、五河县、泗县
21	EA4F0000000R	池河	又名草冲河、商冲河（陈集河汇入断面以上）	1	淮河	237	5120	安徽长丰县、肥东县、定远县、明光市、凤阳县
22	ECD1A000000E	沂河	又名沂水	1		357	11470	山东沂源县、沂水县、沂南县、临沂兰山区、临沂河东区、临沂罗庄区、苍山县、郯城县，江苏邳州市、新沂市，宿迁宿豫区
23	ECD1AC00000R	祊河	又名浚水、北条水、小淮河（吴家庄汇入断面以上）、浚河（吴家庄汇入断面至温凉河汇入断面）、祊河（温凉河汇入断面以下）	2	沂河	153	3379	山东平邑县、费县，临沂兰山区

续表

序号	1. 河流编码	2. 河流名称	2A. 河名备注	3. 河流级别	4. 上一级河流名称	5. 河流长度/km	6. 流域面积/km²	7. 干流流经
24	ECE1A000000E	梁济运河		2		91	3201	山东梁山县、汶上县、嘉祥县、济宁任城区、济宁市中区
25	ECF1A000000M	沭河	老沭河（分沂入沭水道汇入断面以上）	1		310	5175	山东沂水县、莒县、莒南县、临沂河东区、临沭县、郯城县、江苏东海县、新沂市、沭阳县
26	EDA0000000S	大沽河		0		199	6205	山东招远市、莱西市、莱州市、即墨市、平度市、胶州市、青岛城阳区
27	EDB0000000S	北胶莱河		0		94	3750	山东平度市、高密市、昌邑市
28	EDC0000000S	潍河	管帅河（五莲县境内）	0		222	6502	山东沂水县、莒县、五莲县、诸城市、高密市、潍坊坊子区、潍坊寒亭区、昌邑市
29	ED4C000000S	弥河		0		193	3319	山东临朐县、青州市、寿光市、潍坊寒亭区
30	EDD0000000S	小清河		0		229	10433	山东济南槐荫区、济南天桥区、济南历城区、章丘市、邹平县、高青县、桓台县、博兴县、广饶县、寿光市
31	EDIC0000000R	塌河	阳河（上游段）	1	小清河	102	3737	山东青州市、广饶县、寿光市

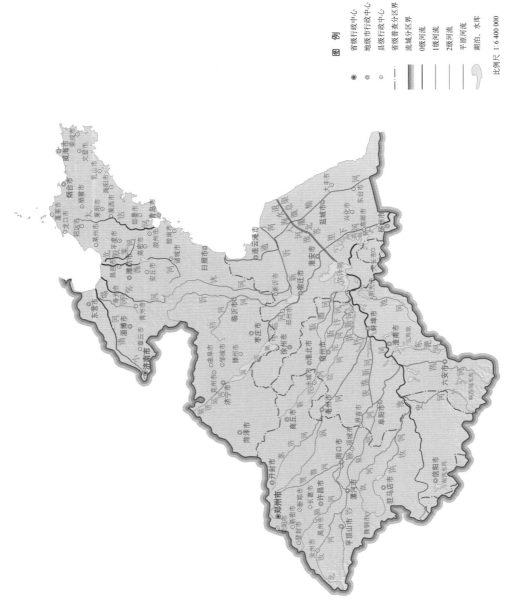

图 A－5　淮河区域流域面积 3000km² 及以上河流分布图

六、长江流域流域面积 3000km² 及以上河流名录和分布图

表 A-6

长江流域流域面积 3000km² 及以上河流名录

序号	1. 河流编码	2. 河流名称	2A. 河名备注	3. 河流级别	4. 上一级河流名称	5. 河流长度/km	6. 流域面积/km²	7. 干流流经
1	F00000000000S	长江	沱沱河（当曲汇入断面以上），通天河（当曲汇入断面至金沙江（称文细曲汇入断面）），金沙江（称文细曲汇入断面至岷江-大渡河汇入断面）	0		6296	1796000	青海格尔木市、治多县、曲麻莱县、称多县、玉树县、四川石渠县、西藏江达县、四川德格县、白玉县、西藏贡觉县、芒康县、四川巴塘县、得荣县、云南德钦县、维西县、香格里拉市、四川木里县、云南宁蒗县、玉龙县、丽江古城区、鹤庆县、宾川县、永胜县、大姚县、华坪县、永仁县、四川攀枝花西区、攀枝花仁和区、云南盐边县、四川会理县、云南元谋县、武定县、四川会东县、云南禄劝县、昆明东川区、四川宁南县、云南巧家县、四川布拖县、云南昭通昭阳区、四川金阳县、云南永善县、四川屏山县、雷波县、云南绥江县、四川宜宾山县、云南水富县、四川宜宾县、宜宾翠屏区、南溪县、长宁县、合江县、江安县、泸州纳溪区、泸州江阳区、泸州龙马潭区、泸县、重庆永川区、江津区、九龙坡区、大渡口区、渝中区、江北区、

续表

序号	1. 河流编码	2. 河流名称	2A. 河名备注	3. 河流级别	4. 上一级河流名称	5. 河流长度/km	6. 流域面积/km²	7. 干流流经
1	F00000000000S	长江	沱沱河（当曲汇入断面以上）、通天河文细曲汇入断面至金沙江（当曲汇入断面）、金沙江（称文细曲汇入断面至岷江—大渡河汇入断面）	0		6296	1796000	南岸区、巴南区、渝北区、长寿区、涪陵区、丰都县、忠县、石柱县、万州区、云阳县、奉节县、巫山县、湖北巴东县、秭归县、宜昌夷陵区、宜昌伍家岗区、宜昌点军区、宜昌西陵区、宜都市、枝江市、松滋市、宜昌猇亭、荆州市荆州区、荆州沙市区、公安县、江陵县、石首市、湖南华容县、湖南岳阳君山区、岳阳岳阳楼区、湖北监利县、洪湖市、临湘市、湖北赤壁市、嘉鱼县、武汉蔡甸区、武汉汉阳区、武汉汉南区、武汉江夏区、武汉江汉区、武汉江岸区、武汉武昌区、武汉洪山区、武汉青山区、黄冈黄州区、鄂州鄂城区、团风县、浠水县、黄石黄石港区、黄石西塞山区、黄石下陆区、蕲春县、阳新县、江西瑞昌市、九江浔阳区、湖北武穴市、江西九江县、彭泽县、安徽宿松县、江西湖口县、东至县、安徽望江县、怀宁县、安庆大观区、安庆迎江区

续表

序号	1. 河流编码	2. 河流名称	2A. 河名备注	3. 河流级别	4. 上一级河流名称	5. 河流长度/km	6. 流域面积/km²	7. 干流流经
1	F0000000000S	长江	沱沱河（当曲汇入断面以上）、通天河（当曲汇入断面至文细曲汇入断面）、金沙江（当曲细曲汇入断面至岷江-大渡河汇入断面）	0		6296	1796000	池州贵池区、枞阳县、铜陵郊区、铜陵县、繁昌县、无为县、芜湖三山区、芜湖飞江区、芜湖镜湖区、芜湖鸠江区、当涂县、和县、马鞍山金家庄区、江苏南京江宁区、南京雨花台区、南京浦口区、南京建邺区、南京下关区、南京六合区、仪征市、镇江润州区、扬州邗江区、镇江丹徒区、江都区、镇江京口区、扬州高港区、扬中市、泰兴市、常州新北区、江阴市、靖江市、如皋市、张家港市、南通港闸区、南通崇川区、南通通州区、常熟市、海门市、太仓市、启东市、上海崇明县、宝山区、浦东新区
2	F11D0000000L	介普勒节曲	又名扎木曲、冬多曲（扎木曲汇入断面以上）	1	长江	175	4292	青海治多县、格尔木市
3	F1A0000000R	当曲		1	长江	352	30944	青海杂多县、格尔木市、治多县
4	F1AB0000000L	天曲		2	当曲	177	3663	青海格尔木市、杂多县
5	F1AC0000000L	布曲		2	当曲	232	13815	青海格尔木市
6	F1ACA000000L	尕日曲	又名尕尔曲	3	布曲	162	4194	青海格尔木市
7	F1B0000000R	莫曲		1	长江	142	8871	青海杂多县、治多县

序号	1. 河流编码	2. 河流名称	2A. 河名备注	3. 河流级别	4. 上一级河流名称	5. 河流长度/km	6. 流域面积/km²	7. 干流流经
8	F13A0000000R	牙曲		1	长江	118	3008	青海治多县
9	F1C0000000L	北麓河		1	长江	209	8003	青海治多县、曲麻莱县
10	F14A0000000R	口前曲		1	长江	156	3554	青海治多县
11	F1D0000000L	楚玛尔河		1	长江	541	31311	青海治多县、曲麻莱县
12	F1E0000000L	色吾曲		1	长江	167	6699	青海曲麻莱县
13	F16A0000000R	聂恰曲	又名宁曲	1	长江	179	5721	青海治多县
14	F16B0000000L	德曲		1	长江	150	4236	青海曲麻莱县、称多县
15	F16C0000000L	赠曲	又名直曲、昌曲	1	长江	225	5475	四川巴塘县、白玉县
16	F16E0000000R	藏曲		1	长江	196	4643	西藏江达县
17	F16F0000000R	热曲		1	长江	176	5456	西藏江达县、贡觉县
18	F16G0000000L	那曲	又名巴曲、冲楮河、巴楚河、巴河、巴塘河	1	长江	153	3244	四川理塘县、巴塘县
19	F1F0000000L	许曲	又名硕衣河、硕曲、山硕河、东旺河（香格里拉市境内）	1	长江	300	12225	四川巴塘县、理塘县、稻城县、云南香格里拉市、四川乡城县、得荣县
20	F1FA0000000R	定曲	又名定柯	2	许曲	241	5491	四川巴塘县、乡城县、得荣县
21	F1G0000000L	水洛河	又名木里河、无量河、五郎河、多克楚河、水洛河、多喀塑河、稻城河、稻坝河	1	长江	307	13857	四川稻城县、理塘县、木里县、云南宁蒗县
22	F18D0000000R	渔泡江	进厂河（金家小河汇口以上）、渔泡江（金家小河汇口以下）	1	长江	179	4041	云南南华县、姚安县、祥云县、大姚县、宾川县

序号	1. 河流编码	2. 河流名称	2A. 河名备注	3. 河流级别	4. 上一级河流名称	5. 河流长度/km	6. 流域面积/km²	7. 干流流经
23	FA00000000L	雅砻江		1	长江	1633	128120	青海称多县、四川石渠县、新龙县、九龙县、木里县、德格县、甘孜县、理塘县、雅江县、康定县、西昌市、盐源县、冕宁县、米易县、盐边县、攀枝花东区
24	FA1B0000000L	马木冬河	又名麻摩柯、麻田河、玛木冬河、马木日阿库	2	雅砻江	162	3540	四川石渠县
25	FAAA0000000L	鲜水河	又名鲜水、州江	2	雅砻江	586	19148	青海达日县、四川色达县、甘孜县、炉霍县、道孚县、雅江县
26	FAAA0000000R	达曲	又名大多河	3	鲜水河	299	5201	四川甘孜县、色达县、炉霍县
27	FA2B0000000R	霍曲	又名德差河	2	雅砻江	164	3298	四川理塘县
28	FA2C0000000L	立曲	又名力丘河、新都桥河、木雅河	2	雅砻江	204	5888	四川雅江县、道孚县、康定县
29	FAB00000000R	理塘河	又名无量河、小金河、木里河、里塘河	2	雅砻江	517	19946	四川巴塘县、理塘县、木里县、盐源县
30	FABA0000000R	卧罗河	又名甲母水、卧落河、盐井河、卧龙河	3	理塘河	178	8447	四川盐源县、木里县
31	FABAC0000000L	前所河	又名永宁河、匹夫河、大盖租河、水宁大底箐河（河源段）、永宁河（宁蒗县境内）	4	卧罗河	123	3752	云南宁蒗县、四川盐源县

续表

序号	1. 河流编码	2. 河流名称	2A. 河名备注	3. 河流级别	4. 上一级河流名称	5. 河流长度/km	6. 流域面积/km²	7. 干流流经
32	FA3A0000000L	九龙河	又名乌拉溪	2	雅砻江	131	3613	四川九龙县
33	FAC0000000L	安宁河	又名孙水、长江水、长河、白沙江、西泸水、越溪河、泸沽水	2	雅砻江	332	11065	四川冕宁县、西昌市、德昌县、米易县、盐边县
34	F2A0000000R	龙川江	白龙河（毛板桥水库以上）、龙川江（毛桥水库以下）	1	长江	254	9254	云南南华县、楚雄市、禄丰县、牟定县、元谋县
35	F2AB0000000L	蜻蛉河		2	龙川江	149	3572	云南姚安县、大姚县、永仁县、元谋县
36	F2B0000000R	普渡河	牧羊河（松华坝水库以上）、盘龙江（松华坝水库坝址至海口河（滇池出口至盘龙池入口）、螳螂川（石龙坝电站至三岔河汇入断面）、普渡河（三岔河汇入断面至金沙江汇入断面）	1	长江	377	11696	云南嵩明县、昆明盘龙区、昆明五华区、呈贡县、晋宁县、安宁市、富民县、禄劝县、昆明东川区
37	F2C0000000R	小江		1	长江	148	3040	云南寻甸县、昆明东川区、会泽县
38	F2D0000000L	黑水河	又名却罗河	1	长江	174	3611	四川昭觉县、普格县、宁南县
39	F2E0000000R	牛栏江	果马河（水库段以上）	1	长江	447	13846	云南寻甸县、嵩明县、沾益县、宣威市、会泽县、贵州威宁县、云南鲁甸县、巧家县、昭通昭阳区

序号	1. 河流编码	2. 河流名称	2A. 河名备注	3. 河流级别	4. 上一级河流名称	5. 河流长度/km	6. 流域面积/km²	7. 干流流经
40	F2F0000000L	美姑河	又名溜筒河	1	长江	163	3236	四川美姑县、昭觉县、雷波县
41	F2G0000000U	横江	又名八匡河、石门河，上游称为洛泽河，美河（岔河至柚子坝）	1	长江	340	14878	贵州威宁县、赫章县、云南彝良县、大关县、盐津县、云南宜宾县、云南水富县
42	F2GA0000000L	洒渔河	上游称为居乐河	2	横江	172	3482	云南鲁甸县、昭通昭阳区、水善县、大关县
43	F2GB0000000R	白水江	又名牛街河	2	横江	178	3629	贵州赫章县、云南镇雄县、彝良县、盐津县
44	FB0000000L	岷江-大渡河	麻尔（柯河）曲（俄柯河汇入断面以上）	1	长江	1240	135387	青海久治县、班玛县、四川壤塘县、阿坝县、金川县、丹巴县、小金县、康定县、泸定县、石棉县、汉源县、甘洛县、乐山金口河区、峨眉山市、峨边县、沐川县、乐山沙湾区、乐山市中区、乐山五通桥区、犍为县、宜宾县、屏山县、宜宾翠屏区
45	FB1C0000000L	克柯河		2	岷江-大渡河	202	5151	青海久治县、班玛县、四川阿坝县
46	FB1D0000000L	梭磨河		2	岷江-大渡河	186	3014	四川红原县、马尔康县
47	FBA0000000R	绰斯甲河	又名杜柯河	2	岷江-大渡河	447	16015	青海达日县、四川色达县、四川壤塘县、马尔康县、金川县

序号	1. 河流编码	2. 河流名称	2A. 河名备注	3. 河流级别	4. 上一级河流名称	5. 河流长度/km	6. 流域面积/km²	7. 干流流经
48	FBAA0000000R	色曲		3	绰斯甲河	183	3200	四川色达县、壤塘县
49	FB2C0000000L	小金川	又名攒拉溪	2	岷江-大渡河	165	5255	四川小金县、丹巴县
50	FB2G0000000R	尼日河	又名牛日河、曼滩河	2	岷江-大渡河	143	4142	四川喜德县、越西县、甘洛县
51	FBB0000000L	青衣江	又名青衣水、沫水、蒙水、平乡江、平羌江、洪雅川、雅江	2	岷江-大渡河	289	12842	四川宝兴县、天全县、芦山县、雅安雨城区、洪雅县、夹江县、乐山市中区
52	FBBC0000000R	荥经河	又名邛来水、麂饮河、禄水、荥经水	3	青衣江	112	4001	四川荥经县、天全县
53	FBC0000000L	岷江		2	岷江-大渡河	594	34222	四川松潘县、黑水县、茂县、汶川县、都江堰市、崇州市、新津县、双流区、眉山东坡区、彭山县、青神县、乐山市中区
54	FBCB0000000L	岷江北源		3	岷江	193	5707	四川松潘县、茂县
55	FBCC0000000R	杂谷脑河	又名杂谷河、杂谷闹河、杂谷淖河	3	岷江	161	4616	四川理县、汶川县
56	FB4B0000000R	马边河	又名清溪、清水溪、清水河、赖因河、新镇河	2	岷江-大渡河	196	3581	四川美姑县、马边县、沐川县、犍为县

续表

序号	1. 河流编码	2. 河流名称	2A. 河名备注	3. 河流级别	4. 上一级河流名称	5. 河流长度/km	6. 流域面积/km²	7. 干流流经
57	F31A0000000R	南广河	又名符黑水、黑水、大涉水、渚皂溪、复宁溪、荣江、南广水、南广江	1	长江	217	4768	云南威信县、四川珙县、筠连县、高县、宜宾翠屏区
58	F31C0000000R	永宁河	又名纳江、云溪、清水、清水河、界首河	1	长江	155	3275	四川叙永县、泸州纳溪区
59	F3A0000000L	沱江	又名中水、中江、内水、内江、金堂江、金堂河、牛鞞江、牛鞞水、资水、资江、雒江、雁江、湔江、金川、沱江	1	长江	640	27604	四川绵竹市、罗江县、德阳旌阳区、广汉市、金堂县、简阳市、资阳雁江区、资中县、内江东兴区、内江市中区、自贡大安区、自贡沿滩区、富顺县、泸州龙马潭区、泸州江阳区
60	F3AD0000000R	釜溪河	又名荣水、荣溪、荣川、荣溪水、通水、清水溪、清溪河、盐井河	2	沱江	197	3487	四川威远县、自贡大安区、自贡贡井区、自流井区、自贡沿滩区、富顺县
61	F3AE0000000L	濑溪河	又名洈江、耶水、石溪、濑溪、思晏江、思济河、龙溪、岳阳河、波溪、胡市河	2	沱江	200	3236	四川安岳县、重庆大足县、荣昌县、四川泸县、泸州龙马潭区
62	F3B0000000R	赤水河	又名大涉水、安乐水、安乐溪、齐郎水、鳛部水、鳛郎河、仁水、仁怀河、之溪、赤嘅河、赤水	1	长江	442	18807	云南镇雄县、威信县、四川叙永县、贵州毕节市、四川古蔺县、贵州金沙县、仁怀市、习水县、赤水市、四川合江县
63	F3BB0000000R	桐梓河		2	赤水河	126	3362	贵州桐梓县、遵义县、仁怀市、习水县
64	F33D0000000R	綦江	松坎河（藻渡河汇入断面以上）	1	长江	223	7089	重庆綦江县、贵州习水县、桐梓县、重庆江津区

续表

序号	1. 河流编码	2. 河流名称	2A. 河名备注	3. 河流级别	4. 上一级河流名称	5. 河流长度/km	6. 流域面积/km²	7. 干流流经
65	FC0000000L	嘉陵江		1	长江	1132	158958	陕西凤县、甘肃两当县、徽县、陕西略阳县、宁强县、四川广元朝天区、广元利州区、广元元坝区、剑阁县、广元市、苍溪县、阆中市、南部县、仪陇县、蓬安县、南充顺庆区、南充高坪区、南充嘉陵区、岳池县、武胜县、重庆合川区、北碚区、渝北区、沙坪坝区、江北区、渝中区
66	FCA0000000R	西汉水	又名犀牛江	2	嘉陵江	293	10105	甘肃天水秦州区、礼县、西和县、陇南武都区、成县、康县、陕西略阳县
67	FCB0000000R	白龙江	又名白水、黄沙江、桓水、白江水、羌水、啼狐水、强水、葭萌、东强水、桔柏水、醍醐水	2	嘉陵江	562	32181	甘肃碌曲县、四川若尔盖县、甘肃迭部县、舟曲县、宕昌县、陇南武都区、文县、四川青川县、广元利州区、广元元坝区
68	FCBB000000R	白水江	又名白水河、文河、白水	3	白龙江	305	8311	四川九寨沟县、甘肃文县
69	FCC0000000L	东河	又名宋江、宋熙水、东河水、东游水、东溪	2	嘉陵江	294	5181	四川南江县、旺苍县、苍溪县、阆中市
70	FCD0000000R	西河	又名西兆水、京兆水、小潼水、状元溪、小涪水	2	嘉陵江	300	3692	四川江油市、剑阁县、阆中市、南部县、蓬安县
71	FCE0000000L	渠江		2	嘉陵江	676	38913	四川南江县、巴中巴州区、平昌县、达县、渠县、广安市广安区、华蓥市、岳池县、重庆合川区

续表

序号	1. 河流编码	2. 河流名称	2A. 河名备注	3. 河流级别	4. 上一级河流名称	5. 河流长度/km	6. 流域面积/km²	7. 干流流经
72	FCEA0000000R	恩阳河	又名清水江	3	渠江	142	3049	四川旺苍县、南江县、巴中巴州区
73	FCEB0000000L	大通江	又名通江、巴水（陕西境内）	3	渠江	225	8829	陕西西乡县、镇巴县、四川通江县、平昌县
74	FCEC0000000L	州河	前河［四川省宣汉市江口水库断面（后河汇入断面）以上］	3	渠江	311	11100	重庆城口县、四川宣汉县、达州通川区、达县、渠县
75	FCECA000000R	后河		4	州河	160	3635	四川万源市、宣汉县
76	FCED0000000R	流江河		3	渠江	230	3159	四川仪陇县、蓬安县、营山县、渠县
77	FCF0000000R	涪江	又名涪水、涪江水、内江水、武水、金盘溪、金盘河、小河	2	嘉陵江	668	35881	四川松潘县、平武县、江油市、绵阳游仙区、三台县、射洪县、大英县、遂宁船山区、蓬溪县、重庆潼南县、铜梁县、合川区
78	FCFA0000000R	通口河	又名盘江、龙泉水、石密水、石泉水、石泉河、石亭江、蜜溪、神溪、石板河、湔江、白草河	3	涪江	178	4212	四川松潘县、平武县、北川县、江油市
79	FCFC0000000L	梓江	又名梓潼江、驰水、驰江、射江、歧江、五妇水、马阁水、梓潼水、（潨）江、白马河、七曲河、马马河、梓潼水	3	涪江	321	5059	四川江油市、梓潼县、三台县、盐亭县、射洪县

续表

序号	1. 河流编码	2. 河流名称	2A. 河名备注	3. 河流级别	4. 上一级河流名称	5. 河流长度/km	6. 流域面积/km²	7. 干流流经
80	FCFE0000000R	琼江	又名禁溪、关箭溪、安居水、安居溪、大安溪、关濊河	3	涪江	240	4311	四川乐至县、遂宁安居区、重庆潼南县、铜梁县
81	F4A0000000L	御临河	又名大洪河、西河、御邻河	1	长江	231	3867	四川大竹县、邻水县、重庆长寿区、渝北区、江北区
82	F4B0000000L	龙溪河	礼让河（桂溪汇入断面以上）	1	长江	238	3248	重庆梁平县、垫江县、长寿区
83	FD0000000R	乌江		1	长江	993	87656	贵州威宁县、赫章县、毕节市、纳雍县、大方县、黔西县、织金县、清镇市、修文县、金沙县、息烽县、遵义县、开阳县、瓮安县、湄潭县、余庆县、石阡县、凤冈县、思南县、德江县、沿河县、重庆西阳县、彭水县、武隆县、涪陵区
84	FDA0000000U	三岔河		2	乌江	328	7160	贵州威宁县、六盘水钟山区、水城县、纳雍县、六盘水六枝特区、普定县、平坝县、织金县、清镇市、黔西县
85	FD2A0000000R	猫跳河		2	乌江	186	3359	贵州安顺西秀区、平坝县、清镇市、贵阳乌当区、修文县
86	FDB0000000L	湄江		2	乌江	152	4876	贵州绥阳县、湄潭县、遵义县、瓮安县

续表

序号	1. 河流编码	2. 河流名称	2A. 河名备注	3. 河流级别	4. 上一级河流名称	5. 河流长度/km	6. 流域面积/km²	7. 干流流经
87	FDC00000000R	清水江		2	乌江	215	6553	贵州平坝县、贵阳花溪区、贵阳南明区、贵阳云岩区、贵阳乌当区、龙里县、福泉市、瓮安县、开阳县
88	FDD00000000U	阿蓬江	唐岩河（恩施州出口以上）	2	乌江	244	5345	湖北利川市、咸丰县、重庆黔江区、酉阳县
89	FDE00000000L	洪渡河		2	乌江	204	3723	贵州湄潭县、正安县、凤冈县、德江县、务川沿河县
90	FDF00000000R	郁江		2	乌江	176	4562	湖北利川市、咸丰县、重庆黔江区、彭水县
91	FDG00000000L	芙蓉江		2	乌江	234	7806	贵州绥阳县、正安县、道真县、重庆彭水县、武隆县
92	F5A00000000L	小江	又名东里河、东河（南河汇合口断面以上）	1	长江	190	5205	重庆巫溪县、开县、云阳县
93	F52B0000000R	磨刀溪		1	长江	189	3049	重庆石柱县、湖北利川市、重庆万州区、云阳县
94	F5B00000000L	大宁河		1	长江	181	4407	重庆开县、巫溪县、巫山县
95	F53C0000000L	香溪河		1	长江	101	3214	湖北神农架林区、兴山县、秭归县
96	F5C00000000R	清江		1	长江	430	16764	湖北利川市、恩施市、宣恩县、建始县、巴东县、长阳县、宜都市

243

续表

序号	1. 河流编码	2. 河流名称	2A. 河名备注	3. 河流级别	4. 上一级河流名称	5. 河流长度/km	6. 流域面积/km²	7. 干流流经
97	FE1A0000000H	澧水	澧水中源（澧水北源汇入断面以上）	2		407	16959	湖南龙山县、湖北宣恩县、湖南桑植县、永顺县、张家界永定区、慈利县、石门县、临澧县、澧县、津市市
98	FE1AA000000L	溇水		3	澧水	251	5022	湖北鹤峰县、湖南桑植县、慈利县
99	FE1AB000000L	漤水	北溪河（石门县壶瓶山镇神景寨村至壶瓶山镇神景寨村）	3	澧水	148	3131	湖南石门县
100	FE1B0000000H	沅江	清水江（贵州境内）	2		1053	89833	贵州贵定县、都匀市、丹寨县、麻江县、凯里市、黄平县、施秉县、台江县、剑河县、锦屏县、天柱县、湖南会同县、芷江县、洪江市、中方县、溆浦县、辰溪县、泸溪县、沅陵县、桃源县、常德武陵区、常德鼎城区
101	FE1BA000000R	渠水	洪洲河（贵州省界断面以上）、播阳河（贵州省界断面至湖南通道县牙屯堡河汇入断面）	3	沅江	285	6774	贵州黎平县、湖南通道县、靖州县、会同县、洪江市
102	FE1BB000000L	舞水		3	沅江	446	10373	贵州瓮安县、黄平县、施秉县、镇远县、岑巩县、玉屏县、湖南新晃县、芷江县、怀化鹤城区、中方县、洪江市

244

续表

序号	1. 河流编码	2. 河流名称	2A. 河名备注	3. 河流级别	4. 上一级河流名称	5. 河流长度/km	6. 流域面积/km²	7. 干流流经
103	FE1BC000000R	巫水		3	沅江	244	4203	湖南新宁县、城步县、绥宁县、会同县、洪江市
104	FE1B4B00000R	溆水	二都河（四都河汇入断面以上）	3	沅江	148	3299	湖南溆浦县
105	FE1BD000000L	辰水	锦江（贵州和湖南省界断面以上）	3	沅江	309	7535	贵州江口县、铜仁市、湖南麻阳县、辰溪县
106	FE1B5A00000L	武水	峒河（吉首市沱江汇入断面以上）	3	沅江	150	3691	湖南花垣县、凤凰县、吉首市、泸溪县
107	FE1BE000000L	酉水		3	沅江	484	19344	湖北宣恩县、湖南龙山县、湖北来凤县、重庆酉阳县、秀山县、湖南保靖县、古丈县、永顺县、沅陵县
108	FE1C000000H	资水	赧水（邵阳县夫夷水河汇入断面以上）	2		661	28211	湖南城步县、武冈市、邵阳县、隆回县、邵阳县、邵阳大祥区、部阳县、邵阳双清区、新邵县、冷水江市、新化县、安化县、桃江县、益阳资阳区、益阳赫山区
109	FE1CB000000R	夫夷水	资江（老院子河汇入断面至广西省界）、杜岭河（源头段）、社岭河（白竹洞河汇入断面至老院子河汇入断面）	3	资水	249	4555	广西资源县、湖南新宁县、邵阳县

245

续表

序号	1. 河流编码	2. 河流名称	2A. 河名备注	3. 河流级别	4. 上一级河流名称	5. 河流长度/km	6. 流域面积/km²	7. 干流流经
110	FE1D0000000H	湘江	潇水（湘江西源汇入断面以上），大桥河（中河汇入断面以上）	2		948	94721	湖南蓝山县、永州冷水滩区、双牌县、道县、江华县、永州零陵区、祁阳县、祁东县、常宁市、衡阳雁峰区、衡阳珠晖区、衡南县、衡阳石鼓区、衡阳县、衡东县、株洲县、株洲芦淞区、株洲石峰区、株洲天元区、湘潭县、湘潭雨湖区、湘潭岳塘区、长沙天心区、长沙岳麓区、长沙开福区、望城县、湘阴县
111	FE1DA000000L	湘江西源	又名海洋河，上桂峡河（海洋河汇入断面以上）	3	湘江	262	9208	广西兴安县、全州县、湖南东安县、永州零陵区、永州冷水滩区
112	FE1DB000000R	舂陵水	俊水（蓝山县舂水汇入断面以上），钟水（舂水与嘉禾县至桂阳县交界处的沅潭河坝）	3	湘江	313	6637	湖南临武县、蓝山县、嘉禾县、新田县、桂阳县、耒阳市、常宁市、衡南县
113	FE1D3A00000L	蒸水	沤江（汝城县马桥乡大上头村学堂挑组大湾以上）、东江（汝城县马桥乡大牛头村学堂挑组大湾至苏仙区五里牌镇与永兴县交界处）、便江（苏仙区五里牌镇与永兴县碧塘乡锦里村大邻组交界处至永兴县塘门口镇塘口村正街组与耒阳市交界处）	3	湘江	198	3482	湖南邵东县、衡阳县、衡南县、衡阳蒸湘区、衡阳石鼓区
114	FE1DC000000R	耒水		3	湘江	446	11776	湖南桂东县、汝城县、资兴市、郴州苏仙区、永兴县、耒阳市、衡南县、衡阳珠晖区

246

续表

序号	1. 河流编码	2. 河流名称	2A. 河名备注	3. 河流级别	4. 上一级河流名称	5. 河流长度/km	6. 流域面积/km²	7. 干流流经
115	FE1DD000000R	洣水	水口河（炎陵县水口镇官仓下村以上）、河漠水（炎陵县水口镇官仓下村至炎陵县三河镇西台村）	3	湘江	297	10327	湖南炎陵县、茶陵县、攸县、衡东县
116	FE1DE000000R	渌水	澄潭江（醴陵市渌水汇入断面以上）	3	湘江	187	5659	江西万载县、湖南浏阳市、醴陵市、株洲县
117	FE1DF000000L	涟水		3	湘江	234	7173	湖南新邵县、涟源市、娄星区、双峰县、湘乡市、湘潭县、湘潭雨湖区
118	FE1DG000000R	浏阳河	大溪河（浏阳市小溪汇入断面以上）	3	湘江	224	4244	湖南浏阳市、长沙县、长沙雨花区、长沙芙蓉区、长沙开福区
119	FE15A000000H	汨罗江	汩水（江西境内）	2		252	5540	江西修水县、湖南平江县、汨罗市
120	F6A0000000L	沮漳河	沮河（漳河汇入断面以上）、沮漳河（漳河和沮河汇合断面以下）	1	长江	313	7290	湖北保康县、南漳县、远安县、当阳市、荆州市荆州区、枝江市
121	F63A000000R	陆水	菖蒲港（隽水汇入断面以上）、陆水（隽水汇入断面以下）	1	长江	183	3866	湖北通城县、崇阳县、嘉鱼县、赤壁市

续表

序号	1. 河流编码	2. 河流名称	2A. 河名备注	3. 河流级别	4. 上一级河流名称	5. 河流长度/km	6. 流域面积/km²	7. 干流流经
122	FF00000000L	汉江		1	长江	1528	151147	陕西凤县、留坝县、略阳县、勉县、汉中汉台区、南郑县、城固县、洋县、西乡县、石泉县、汉阴县、旬阳县、白河县、安康汉滨区、湖北郧西县、郧县、丹江口市、老河口市、谷城县、襄阳樊城区、襄阳襄城区、宜城市、襄阳襄州区、钟祥市、沙洋县、潜江市、天门市
123	FF1A00000000L	褒河	上游称为红岩河	2	汉江	195	3955	陕西太白县、留坝县、汉中汉台区、勉县
124	FF1C00000000L	子午河		2	汉江	160	3013	陕西宁陕县、佛坪县、石泉县、西乡县、洋县
125	FF1E00000000R	任河	又名王水、北江、仁河、任江、大竹河	2	汉江	219	4902	重庆城口县、四川万源市、陕西紫阳县
126	FFA00000000L	旬河		2	汉江	228	6322	陕西西安长安区、宁陕县、镇安县、旬阳县
127	FFB00000000L	金钱河	又名夹河	2	汉江	241	5646	陕西柞水县、山阳县、湖北郧西县
128	FFC00000000R	堵河	汇湾河（泉河汇入断面以上）、泗河（泉河汇入断面至官渡河汇入断面）、堵河（官渡河汇入断面至堵河汇入断面）	2	汉江	345	12450	陕西镇坪县、湖北竹溪县、神农架林区、竹山县、房县、郧县、十堰张湾区

续表

序号	1. 河流编码	2. 河流名称	2A. 河名备注	3. 河流级别	4. 上一级河流名称	5. 河流长度/km	6. 流域面积/km²	7. 干流流经
129	FFD000000000L	丹江	别名老鹳河、淯河（娘娘庙汇入断面汇入以上）	2	汉江	391	16138	陕西商洛商州区、丹凤县、商南县、湖北郧县、河南淅川县、湖北丹江口市
130	FFDC00000000L	老灌河	粉青河（马栏河汇入断面以上）、南河（马栏河汇入断面以下）	3	丹江	261	4357	河南栾川县、卢氏县、西峡县、淅川县
131	FFE000000000R	南河		2	汉江	263	6514	湖北神农架林区、房县、保康县、谷城县
132	FFF000000000L	唐白河	白河（唐河汇入断面以上）、唐白河（唐河汇入断面以下）	2	汉江	363	23975	河南嵩县、南召县、方城县、南阳卧龙区、南阳宛城区、新野县、湖北襄阳襄州区
133	FFFA00000000R	湍河		3	唐白河	215	4957	河南内乡县、邓州市、新野县
134	FFFC00000000L	唐河	赵河（潘河断面以上）	3	唐白河	260	8596	河南方城县、社旗县、唐河县、新野县、湖北襄阳襄州区
135	FF7B00000000R	蛮河		2	汉江	188	3207	湖北保康县、南漳县、宜城市、钟祥市
136	F7A000000000L	府涢河	涢水（又名府河，涢水汇入断面以上）、府涢河（府河和涢河汇合断面以下）	1	长江	357	13833	湖北随县、随州曾都区、广水市、安陆市、云梦市、应城市、孝感孝南区、武汉东西湖区、武汉黄陂区、武汉江岸区
137	F7AF00000000L	涢水	又名不水、应山河（孝昌县花园镇以上）	2	府涢河	145	3618	湖北广水市、孝昌县、孝感孝南区

序号	1. 河流编码	2. 河流名称	2A. 河名备注	3. 河流级别	4. 上一级河流名称	5. 河流长度/km	6. 流域面积/km²	7. 干流流经
138	F7B0000000L	举水		1	长江	165	4416	湖北麻城市、武汉新洲区、团风县
139	F7C0000000L	巴水		1	长江	152	3589	湖北麻城市、罗田县、浠水县、黄冈黄州区
140	F7D0000000R	富水	夏铺河（通山汇入断面以上）、富水（通山汇入断面以下）	1	长江	197	5201	湖北通山县、阳新县
141	FG1A0000000H	修水	东津水（渣津河汇入断面以上）	2		391	14910	江西铜鼓县、修水县、武宁县、永修县、星子县
142	FG1AE000000R	潦河	潦河（安义县长埠镇车田村石窝雷家北潦河汇入断面以下）	3	修水	156	4372	江西奉新县、安义县、永修县
143	FG1B0000000E	赣江	绵江（湘水汇入断面以上）、贡水（湘水汇入断面至章江汇入断面）	2		796	81820	江西瑞金市、石城县、赣州章贡区、万安县、会昌县、于都县、赣县、泰和县、吉安县、吉水县、青原区、吉州市、樟树市、丰城市、新干县、南昌县、新建县、南昌西湖区、南昌东湖区、南昌青山湖区、永修县
144	FG1BA000000R	梅江	又名宁都江、梅川、东江河（固厚河汇入断面以上）	3	赣江	231	7104	江西宁都县、瑞金市、于都县

续表

序号	1. 河流编码	2. 河流名称	2A. 河名备注	3. 河流级别	4. 上一级河流名称	5. 河流长度/km	6. 流域面积/km²	7. 干流流经
145	FG1BB000000L	桃江		3	赣江	317	7837	江西全南县、龙南县、信丰县、赣县
146	FG1BC000000L	章江	古亭水（上犹江水库以上）、上犹江（上犹江水库至章水汇入断面）、集龙江（乐洞水汇入断面以下）	3	赣江	239	7690	湖南汝城县、江西崇义县、上犹县、南康市、赣州章贡区
147	FG1B4D00000R	孤江	又名泷江	3	赣江	154	3082	江西兴国县、永丰县、吉水县、吉安青原区
148	FG1BD000000L	禾水		3	赣江	255	9097	江西莲花县、永新县、泰和县、吉安吉州区
149	FG1BDC00000L	泸水		4	禾水	161	3394	江西安福县、莲花县、吉安吉州区
150	FG1BE000000R	乌江		3	赣江	181	3922	江西永丰县、乐安县、吉水县
151	FG1BF000000L	袁水	又名袁河、秀江（宜春市境内）	3	赣江	277	6248	江西芦溪县、宜春袁州区、分宜县、新余渝水区、新干县、樟树市
152	FG1BG000000L	锦江	又名锦河、万载河、蜀江（万载县城区以上）	3	赣江	306	7506	江西宜春袁州区、万载县、宜丰县、上高县、高安市、新建县、丰城市
153	FG1C0000000H	抚河	驿前港（杨溪水库以上）、抚河（南城县境内）、旴江（南城县界以下）	2		344	15767	江西广昌县、南丰县、南城县、金溪县、抚州临川区、进贤县、南昌县

序号	1. 河流编码	2. 河流名称	2A. 河名备注	3. 河流级别	4. 上一级河流名称	5. 河流长度/km	6. 流域面积/km²	7. 干流流经
154	FG1CB0000000L	临水	黄水（宜水汇入断面以上）、宜黄水（崇仁河汇入断面以上）	3	抚河	165	5196	江西宜黄县、崇仁县、抚州临川区
155	FG1D0000000E	信江	古称余水、又名信河、金沙溪（七一水库以上）、冰溪（玉山县境内）、玉山水（玉山县城至上饶市信州区）	2		366	15972	江西玉山县、广丰县、上饶县、铅山县、横峰县、弋阳县、贵溪市、鹰潭月湖区、余江县、余干县
156	FG1E0000000E	饶河	古称都江、乐安河（其纳昌江汇入断面以上）	2		309	14969	江西婺源县、德兴市、乐平市、万年县、鄱阳县
157	FG1EA000000R	昌江	柏溪河（大洪水汇入断面以上）、阊江（祁门县城至安徽省界）	3	饶河	256	6313	安徽祁门县、江西浮梁县、景德镇珠山区、景德镇昌江区、鄱阳县
158	F81A0000000L	皖河	银河（徐良河汇入断面以上、店前河（大湖县与岳西县交界至界）、长河（潜水汇入断面以上）、菜子湖（菜子湖出湖口以下）	1	长江	184	6361	安徽岳西县、太湖县、潜山县、怀宁县、安庆大观区
159	F81B0000000L	大沙河	魏岭河（岳西县境内）、人形河（又名柏年河、怀宁县至桐城市界）、枞阳长河（枞阳湖出湖口以下）	1	长江	121	3336	安徽岳西县、潜山县、怀宁县、桐城市、怀宁县、安庆宜秀区、安庆迎江区
160	F8A1A1A0000H	杭埠河	姚家河（岳西县境内）、晓天河（晓天至龙河口水库出库断面）、杭埠河（龙河口出库断面至巢湖）	3		142	4249	安徽岳西县、舒城县、庐江县、肥西县

续表

序号	1. 河流编码	2. 河流名称	2A. 河名备注	3. 河流级别	4. 上一级河流名称	5. 河流长度/km	6. 流域面积/km²	7. 干流流经
161	F8B1A000000M	青弋江	美溪河（石云河汇入断面以上）、清溪河（石云河汇入断面至太平湖湖口）	1	长江	290	5889	安徽黟县、石台县、黄山黄山区、泾县、南陵县、宣城宣州区、芜湖鸠江区、芜湖镜湖区、芜湖弋江区
162	F8B1B000000M	水阳江	西津河（东津河汇入断面以上）、运粮河（黄池河汇入断面至新桥河汇入断面）、姑溪河（新桥河汇入断面以下）	1	长江	267	7500	安徽绩溪县、宁国市、宣城宣州区、江苏高淳区、安徽当涂县
163	F8B1BB00000R	郎川河	又名老郎川河、石流河（芦村水库以上）、无量溪（芦村水库至郎溪县合溪口）、北山河（南漪湖以下）	2	水阳江	146	3631	安徽广德县、郎溪县、宣城宣州区
164	F8C000000L	滁河	又名梁园河	1	长江	268	7386	安徽肥东县、巢湖市、滁州南谯区、和县、全椒县、江苏南京浦口区、安徽来安县、江苏南京六合区
165	FHBA1B0000M	苕溪	环城河兜港长港至五港交汇处（西苕溪汇入断面）至南苕溪口、南苕溪（余杭镇以上）、东苕溪（余杭镇至杭州镇至太湖湖口）	2		160	4678	浙江临安市、杭州余杭区、德清县、湖州南浔区、湖州吴兴区

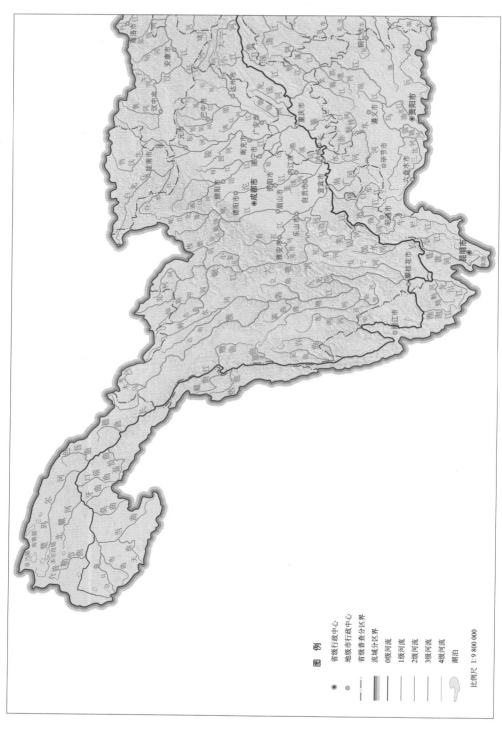

图 A-6（一） 长江流域流域面积 3000km² 及以上河流分布图

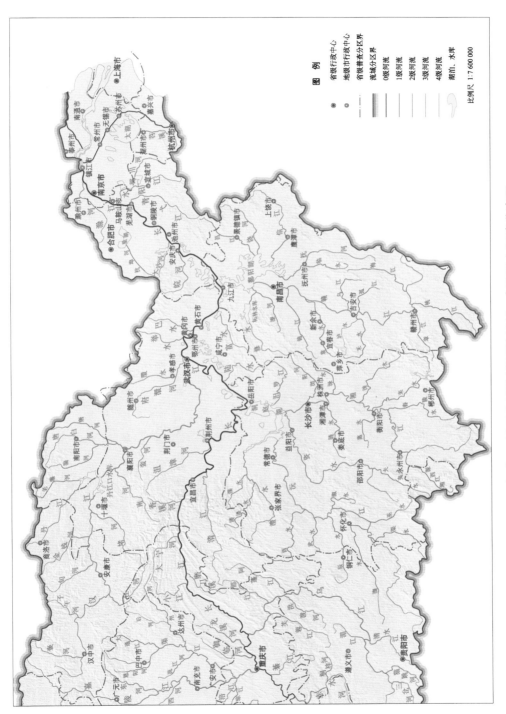

图 A-6（二）　长江流域流域面积 3000km² 及以上河流分布图

七、浙闽诸河区域流域面积 3000km² 及以上河流名录和分布图

表 A-7 浙闽诸河区域流域面积 3000km² 及以上河流名录

序号	1. 河流编码	2. 河流名称	2A. 河名备注	3. 河流级别	4. 上一级河流名称	5. 河流长度/km	6. 流域面积/km²	7. 干流流经
1	GA00000000S	钱塘江	龙田河（安徽境内）、马金溪、金溪（安徽省界至开化县华埠镇、常山港（开化县华埠镇至衢州双港口）、衢江（衢州双港口至兰溪口至梅城）、兰江（兰溪口至梅城）、富春江（梅城至闻家堰）、桐江（梅城至桐庐）、之江（闻家堰至九溪）、杭州湾（九溪至芦湖港闸）、外游山	0		609	55491	安徽休宁县、浙江开化县、常山县、衢州柯城区、衢州衢江区、龙游县、金华婺城区、兰溪市、建德市、桐庐县、富阳市、杭州西湖区、杭州萧山区、杭州滨江区、杭州上城区、杭州江干区、海宁市、绍兴县、上虞市、海盐县、上海市金山区
2	GAB00000000R	金华江	西溪（磐安县境内）、北江（东阳市境内）、东阳江（东阳市境内）、义乌江（又乌市境内）	1	钱塘江	182	6798	浙江磐安县、东阳市、义乌市、金华金东区、金华婺城区、兰溪市
3	GAC00000000L	新安江	左龙溪（冯村河汇入断面以上）、大源河（左龙河汇入断面至横江汇入断面）、率水（小源河汇入断面至武强溪汇入断面）、新安江（横江汇入断面至安徽省界）、新安江（横江汇入断面至安徽省界）	1	钱塘江	357	11673	安徽休宁县、黄山屯溪区、祁门县、歙县、浙江淳安县、建德市
4	GAD00000000L	分水江	后溪（倒龙山以上）、昌北溪（倒龙山至汤家湾）、昌化溪（汤家湾至紫溪）	1	钱塘江	167	3443	安徽绩溪县、浙江临安市、桐庐县

续表

序号	1. 河流编码	2. 河流名称	2A. 河名备注	3. 河流级别	4. 上一级河流名称	5. 河流长度/km	6. 流域面积/km²	7. 干流流经
5	GAE00000000R	浦阳江		1	钱塘江	150	3455	浙江浦江县、诸暨市、杭州市萧山区
6	GAF00000000R	曹娥江	夹溪（磐安县境内）、澄潭江（镜岭水库坝址至新昌江汇入断面）	1	钱塘江	198	4481	浙江磐安县、新昌县、嵊州市、上虞市、绍兴县越城区
7	GB000000000S	瓯江	八都溪（瑞垟溪汇入断面以上）、龙泉溪（龙泉市李家溪汇至莲都区大港头、大溪（大港头至青田县湖边村）	0		377	18165	浙江龙泉市、庆元县、云和县、丽水莲都区、青田县、温州鹿城区、永嘉县、温州龙湾区、乐清市
8	GBC00000000R	小溪	毛垟港（庆元交溪亭至景宁县交见圩）	1	瓯江	222	3572	浙江庆元县、景宁县、青田县
9	GC1B0000000S	飞云江		0		191	3712	浙江景宁县、泰顺县、文成县、瑞安市
10	GC2A0000000S	椒江	金坑（仙居县曹店港汇入断面以上）、永安溪（仙居县曹店港汇入断面至临海市三江村和始丰溪汇入断面）、灵江（临海市始丰溪汇入断面至黄岩区三江汇入断面）	0		220	6672	浙江仙居县、缙云县、临海市、台州椒江区
11	GC2B0000000S	甬江	剡江（县江汇入断面以上）、奉化江（县江汇入断面至姚江汇入断面）	0		119	4522	浙江余姚市、奉化市、嵊州市、宁波鄞州区、宁波海曙区、宁波江北区、宁波镇海区、宁波北仑区

257

续表

序号	1. 河流编码	2. 河流名称	2A. 河名备注	3. 河流级别	4. 上一级河流名称	5. 河流长度/km	6. 流域面积/km²	7. 干流流经
12	GD000000000S	闽江	水茜溪（泉湖溪汇入断面以上）、东溪（西溪汇入断面以上）、翠江（西溪汇入断面至安乐溪汇入断面）、龙津河（安乐溪汇入断面至梦溪汇入断面）、九龙溪（西溪汇入断面至安砂水库）、燕江（安砂水库至益溪汇入断面）、沙溪（益溪汇入断面至富屯溪-金溪汇入断面以上）、西溪（沙溪汇入断面至闽江南港断面至建溪汇入断面至闽江南港）、闽江南港（闽江南北港分流断面至闽江南北港汇入断面）	0		575	60995	福建建宁县、明溪县、永安市、宁化县、清流县、三明三元区、南平延平区、尤溪县、沙县、三明梅列区、古田县、闽清县、闽侯县、福州仓山区、长乐市、福州马尾区
13	GDC00000000L	富屯溪-金溪	都溪（里沙溪汇入断面至建宁县沙洲头断面）、澜溪（沙洲头断面至宁溪汇入断面）、濉溪（建宁滩城镇至大田溪汇入断面）、金溪（池潭水库至富屯溪汇入断面）	1	闽江	318	13730	福建建宁县、宁化县、泰宁县、将乐区、顺昌县、南平延平区
14	GDCB0000000L	富屯溪		2	富屯溪-金溪	206	5285	福建光泽县、邵武市、顺昌县
15	GDD00000000L	建溪	又名北溪、东溪（西溪汇入断面以上）、崇阳溪（西溪汇入断面至南浦溪汇入断面）	1	闽江	257	16400	福建武夷山市、建阳市、建瓯市、南平延平区
16	GDDB0000000L	南浦溪	忠信溪（上同村以上）、柘溪（上同村至官田溪汇入断面）、樟溪（仙阳至樟溪汇入断面）	2	建溪	200	4021	福建浦城县、建阳市、建瓯市
17	GDDC0000000L	松溪		2	建溪	198	4778	浙江庆元县、福建松溪县、政和县、建瓯市

续表

序号	1. 河流编码	2. 河流名称	2A. 河名备注	3. 河流级别	4. 上一级河流名称	5. 河流长度/km	6. 流域面积/km²	7. 干流流经
18	GDE00000000R	尤溪	武陵溪（屏山溪汇入断面至高才断面）、均溪（大田石牌断面以上）、坂面溪（大田县高才断面至尤溪县水东断面）	1	闽江	197	5435	福建大田县、德化县、尤溪县、南平延平区
19	GDG00000000R	大樟溪	国宝溪（德化县坂关以上）、浐溪（德化城关至涌溪汇入断面）	1	闽江	236	4878	福建德化县、永泰县、闽侯县
20	GE1A0000000S	九龙江	万安溪（雁石溪汇入断面以上）、九龙江北溪（漳州市境内河段、饮水工程闸址断面以上）、九龙江南港（江东断面以下。河口段分为三叉河、九龙江北港、中港和南港）	0		305	14835	福建连城县、龙岩新罗区、漳平市、华安县、长泰县、漳州芗城区、漳州龙文区、龙海市
21	GE1AE000000R	九龙江西溪	船场溪（花山溪汇入断面以上）、荆江（花山溪汇入断面至芗江汇入断面）	1	九龙江	175	4008	福建南靖县、漳州芗城区、漳州龙文区、龙海市
22	GE1B0000000S	晋江	西溪（东溪汇入断面以上）、清溪（蓝溪汇入断面以上）	0		180	5653	福建安溪县、永春县、南安市、泉州鲤城区、晋江市
23	GE2C0000000S	交溪	又名仕阳溪、赛江、东溪（牛渡潭溪汇入断面以上）、白石溪（上白石汇入断面至白石溪汇入断面）、富春溪（福安交溪湖汇入断面至福安交家渡汇入断面）、象江（穆阳溪汇入断面至利洋溪汇入断面）、白马河（利洋溪汇入断面以下）	0		169	5687	浙江泰顺县、福建柘荣县、福安市

图 A–7　浙闽诸河区域流域面积 3000km² 及以上河流分布图

八、珠江区域流域面积 3000km² 及以上河流名录和分布图

表 A - 8
珠江区域流域面积 3000km² 及以上河流名录

序号	1. 河流编码	2. 河流名称	2A. 河名备注	3. 河流级别	4. 上一级河流名称	5. 河流长度/km	6. 流域面积/km²	7. 干流流经
1	HA0000000E	西江	南盘江（双江口以上）、红水河（双江口至三江口）、黔江（三江口至桂平市）、浔江（桂平市至梧州市）、西江（梧州市至思贤滘）	0		2087	340784	云南沾益县、曲靖麒麟区、陆良县、宜良县、澄江县、华宁县、弥勒县、建水县、开远市、丘北县、泸西县、师宗县、罗平县、广西西林县、广西兴义市、广西隆林县、贵州安龙县、贵州天峨县、广西田林县、乐业县、贵州天峨县、望谟县、罗甸县、广西天峨县、南丹县、东兰县、大化县、马山县、都安县、忻城县、合山市、来宾兴宾区、象州县、武宣县、桂平市、平南县、藤县、苍梧县、梧州长洲区、梧州蝶山区、郁州万秀区、广东封开县、南县、德庆县、云安区、云浮云城区、云安县、肇庆高要市、肇庆端州区、高要市、肇庆鼎湖区、佛山三水区
2	HA1A0000000R	曲江	自河源以下分别称为董耐河、玉溪大河、猊江、峨山大河、曲江、华溪河	1	西江	199	4117	云南玉溪红塔区、江川县、峨山县、通海县、建水县、华宁县

续表

序号	1. 河流编码	2. 河流名称	2A. 河名备注	3. 河流级别	4. 上一级河流名称	5. 河流长度/km	6. 流域面积/km²	7. 干流流经
3	HA1B0000000U	泸江	板桥河（河源段）、金马河（上段）、禹门河（中段）、甸溪河（弥勒坝以下）	1	西江	145	4838	云南石屏县、建水县、旧市、开远市
4	HA1C0000000U	甸溪河		1	西江	206	3458	云南师宗县、泸西县、弥勒县
5	HA1D0000000U	清水江	自上而下分别称为公革河、南丘河、革雷河、马碧河、清水江	1	西江	211	5488	云南砚山县、丘北县、广南县、师宗县、广西西林县、云南罗平县
6	HA1E0000000U	黄泥河	块择河（新堡电站以上）、色衣河（新堡电站以下）、喜旧溪河（九龙河汇入断面以下）、黄泥河（小黄泥河汇入断面以下）	1	西江	257	7645	云南富源县、沾益县、罗平县、贵州兴义市
7	HAA00000000U	北盘江	盘龙河（龙潭河汇入断面以上）、革香河（龙潭河汇入断面以下）、北盘江（可渡河汇河汇入断面以下）	1	西江	456	26357	云南沾益县、宣威市、贵州盘县、水城县、六盘水六枝特区、普安县、晴隆县、兴仁县、关岭县、镇宁县、贞丰县、望谟县、册亨县
8	HAAB0000000L	可渡河		2	北盘江	157	3031	云南宣威市、水城县、贵州威宁县
9	HA2A0000000U	蒙江	格凸河（双河口以上）	1	西江	251	8770	贵州长顺县、安顺西秀区、紫云县、罗甸县

续表

序号	1. 河流编码	2. 河流名称	2A. 河名备注	3. 河流级别	4. 上一级河流名称	5. 河流长度/km	6. 流域面积/km²	7. 干流流经
10	HA2B0000000U	六硐河	又名白龙河、拉平河、牛河	1	西江	239	5789	贵州独山县、都匀市、平塘县、广西南丹县、天峨县、贵州罗甸县
11	HA2F0000000L	刁江		1	西江	220	3596	广西南丹县、河池金城江区、都安县
12	HA2G0000000R	清水河	又名李依河、思览江	1	西江	190	4188	广西上林县、宾阳县、来宾兴宾区
13	HAB0000000U	柳江	都柳江（寻江汇入断面以上）、融江（寻江汇入断面至龙江汇入断面）、柳江（龙江汇入断面以下）	1	西江	743	58370	贵州独山县、三都县、榕江县、从江县、广西三江县、融安县、融水县、罗城县、柳州柳南区、柳城县、柳州柳北区、柳州城中区、柳江县、鹿寨县、柳州鱼峰区、象州县、武宣县
14	HABA0000000L	寻江	又名古宜河	2	柳江	208	5081	广西资源县、湖南城步县、广西龙胜县、三江县
15	HABB0000000U	龙江	打狗河（贵州省界断面以上）	2	柳江	392	16894	贵州三都县、荔波县、广西南丹县、环江县、河池金城江区、宜州市、柳城县、柳江县
16	HABC0000000L	洛清江	又名义江	2	柳江	273	7591	广西临桂县、永福县、鹿寨县

续表

序号	1. 河流编码	2. 河流名称	2A. 河名备注	3. 河流级别	4. 上一级河流名称	5. 河流长度/km	6. 流域面积/km²	7. 干流流经
17	HAC0000000R	郁江	驮娘江（百色澄碧河汇入断面以上）、右江（澄碧河汇入断面至左江汇入断面），郁江（左江汇入口至南宁市三角嘴，其中左江汇入口至南宁市邕宁区八尺江河口段又称为邕江）	1	西江	1159	89691	云南广南县、广西西林县、云南富宁县、田东县、百色右江区、田阳县、广西平果县、隆安县、南宁江南区、南宁西乡塘区、南宁良庆区、南宁邕宁区、南宁青秀区、横县、贵港港南区、贵港覃塘区、贵港港北区、桂平市
18	HACA0000000R	西洋江	自上而下分别称为大河、西洋河、西洋江	2	郁江	225	5494	云南广南县、富宁县、广西西林县、田林县
19	HAC2A000000U	谷拉河	自上而下分别称为普厅河、百贯河、谷拉河	2	郁江	162	3684	云南富宁县、广南县、广西百色右江区
20	HACB0000000L	武鸣河	又名丁当河	2	郁江	215	3980	广西上林县、武鸣县、马山县、南宁西乡塘区
21	HACC0000000R	左江	又名平而河、斤南水、斤员水	2	郁江	552	32350	越南、广西凭祥市、龙州县、宁明县、崇左江州区、扶绥县、南宁西乡塘区、南宁江南区
22	HACCA000000L	水口河		3	左江	158	5623	越南、广西龙州县
23	HACCB000000R	明江	又名紫江	3	左江	300	6343	广西上思县、宁明县、龙州县

续表

序号	1. 河流编码	2. 河流名称	2A. 河名备注	3. 河流级别	4. 上一级河流名称	5. 河流长度/km	6. 流域面积/km²	7. 干流流经
24	HACC411A000U	黑水河	又名淮滩水、归春河	3	左江	189	6050	广西靖西县、越南、广西大新县、崇左江州区、龙州县
25	HA4A0000000L	蒙江	又名大水河、湄江河、蒙山河	1	西江	191	3891	广西金秀县、蒙山县、藤县
26	HA4B0000000R	北流河	又名绣江	1	西江	277	9353	广西北流市、容县、藤县
27	HA4C0000000L	桂江	又名拓河、大溶江（灵河汇入断面至平川江汇入断面）、漓江（灵河汇入断面至恭城河汇入断面）	1	西江	438	18761	广西兴安县、灵川县、桂林叠彩区、桂林秀峰区、桂林雁山区、桂林七星区、桂林象山区、阳朔县、平乐县、昭平县、苍梧县、梧州长洲区、梧州蝶山区、梧州万秀区
28	HA4CC000000L	恭城河		2	桂江	164	4282	广西恭城县、湖南江永县、广西平乐县
29	HA4D0000000L	贺江	麦岭河（富川县城北镇城北村断面以上）、富江（又名富川江。平桂管理区西湾街道西湾社区以上）	1	西江	352	11562	广西富川县、钟山县、贺州八步区（平桂）、贺州八步区、广东封开县
30	HA4E0000000R	罗定江	又名南江河、泷江、南江（广东省云浮市郁南县南江口）、横水河（广东省信宜市合水镇鸡笼顶金龙河坑尾至合水镇木栏寨）、白龙河（广东省信宜市合水镇木栏寨至镇荔枝河镇荔枝垌）	1	西江	202	4480	广东信宜市、罗定市、郁南县

续表

序号	1. 河流编码	2. 河流名称	2A. 河名备注	3. 河流级别	4. 上一级河流名称	5. 河流长度/km	6. 流域面积/km²	7. 干流流经
31	HBO0000000E	北江	浈江（江西省信丰县油山镇石碣至广东省韶关市武江区沙洲尾）	0		475	46806	江西信丰县、广东南雄市、始兴县、仁化县、韶关武江区、韶关曲江区、英德市、清远清城区、清新县、佛山三水区、四会市
32	HBB0000000R	武江		1	北江	260	7119	湖南临武县、宜章县、广东乐昌市、乳源县、韶关浈江区、韶关武江区
33	HBC0000000L	滃江		1	北江	174	4808	广东翁源县、英德市
34	HBD0000000R	连江	又名小北江、星子河（湖南省宜章县东风镇下洞至广东省连州市连州以上）、温江（庙公坑人口以下）、连江（庙公坑人口以下）	1	北江	281	9949	湖南宜章县、广东连州市、阳山县、英德市
35	HBF0000000R	绥江	中洲河（广东省清远市连山县摘鹅岭至广东省肇庆市怀集县城）	1	北江	229	7175	广东连山县、怀集县、广宁县、四会市
36	HCO0000000E	东江	寻乌水（江西省寻乌县东江源村桠髻钵山至广东省河源市龙川县麻布岗镇）	0		507	27050	江西寻乌县、广东兴宁市、龙川县、和平县、东源县、河源源城区、紫金县、博罗县、惠州惠城区、东莞市
37	HCC0000000R	新丰江		1	东江	163	5817	广东新丰县、连平县、东源县、河源源城区
38	HCF0000000L	西枝江		1	东江	179	4156	广东惠东县、惠州惠阳区、惠州惠城区

续表

序号	1. 河流编码	2. 河流名称	2A. 河名备注	3. 河流级别	4. 上一级河流名称	5. 河流长度/km	6. 流域面积/km²	7. 干流流经
39	HD1A0000000E	潭江	又名君子河、锦江（广东省阳江市阳东县交椅岭至广东省恩平市滩步头村）	0		176	4741	广东阳东县、恩平市、开平市、台山市、江门新会区
40	HD1C0000000E	流溪河	西航道（广东省广州市白云区南岗至广东省广州市荔湾区白鹅潭）、吕田河（广东省广州市从化市吕田镇桂峰顶至广东省从化市吕田镇水口村）	1		176	3198	广东从化市、广州花都区、广州白云区、佛山南海区、广州荔湾区
41	HD1D0000000E	增江	连麻河（广东省从化市境内）、龙门河（广东省龙门县境内）	1		202	3113	广东新丰县、从化市、龙门县、增城市
42	HE1A0000000E	韩江	琴江（广东省河源市紫金县七星至广东省梅州市五华县水寨镇）、梅江（广东省梅州市五华县水寨镇至广东省梅州市大埔县三河镇）	0		409	29206	广东紫金县、五华县、兴宁市、梅县、梅州梅江区、大埔县、丰顺县、潮安县、潮州湘桥区
43	HE1AA000000L	石窟河	又名石窟溪、蕉岭河、中山河（福建省龙岩市武平县境内）	1	韩江	180	3677	福建武平县、广东平远县、蕉岭县、梅县
44	HE1AB000000L	汀江		1	韩江	329	11893	福建宁化县、长汀县、武平县、上杭县、永定县、广东大埔县
45	HFA1A000000M	榕江	又名揭阳江、榕江南河（广东省汕尾市陆河县凤凰山至广东省揭阳市揭阳县炮台镇）、牛田洋[广东省汕头市地都镇至广东省汕头市汕头港（磊石大桥）]	0		196	4650	广东陆河县、揭西县、普宁市、揭东县、揭阳榕城区、汕头潮阳区、汕头金平区、汕头濠江区、汕头龙湖区

续表

序号	1. 河流编码	2. 河流名称	2A. 河名备注	3. 河流级别	4. 上一级河流名称	5. 河流长度/km	6. 流域面积/km²	7. 干流流经
46	HGA000000000S	九洲江	安铺河（广东省廉江市横山镇下坡仔村至广东省廉江市安铺镇）、营仔河（广东省廉江市横山镇下坡仔村至广东省廉江市营仔镇）	0		167	3396	广西陆川县、博白县、广东省廉江市
47	HGB000000000S	鉴江	东江河（广东省信宜市镇隆镇北畔村天后街以上）、鉴江（广东省信宜市镇隆镇北畔村天后街至广东省高州市曹江镇溪垌村）	0		231	6914	广东信宜市、高州市、化州市、吴川市、湛江坡头区
48	HGD000000000S	漠阳江	西山河（广东省阳春市永宁镇三甲顶至广东省阳春市合水镇）	0		214	6049	广东阳春市、阳东县、阳江江城区
49	HHD000000000B	南流江		0		283	9168	广西北流市、玉林玉州区、博白县、浦北县、合浦县
50	HJA000000000S	南渡江		0		335	7064	海南昌江县、儋州市、白沙县、琼中县、屯昌县、澄迈县、海口秀英区、定安县、海口龙华区、海口琼山区、海口美兰区
51	HJB000000000S	万泉河		0		170	3691	海南琼中县、万宁市、琼海市
52	HJC000000000S	昌化江		0		233	4985	海南琼中县、五指山市、乐东县、东方市、昌江县

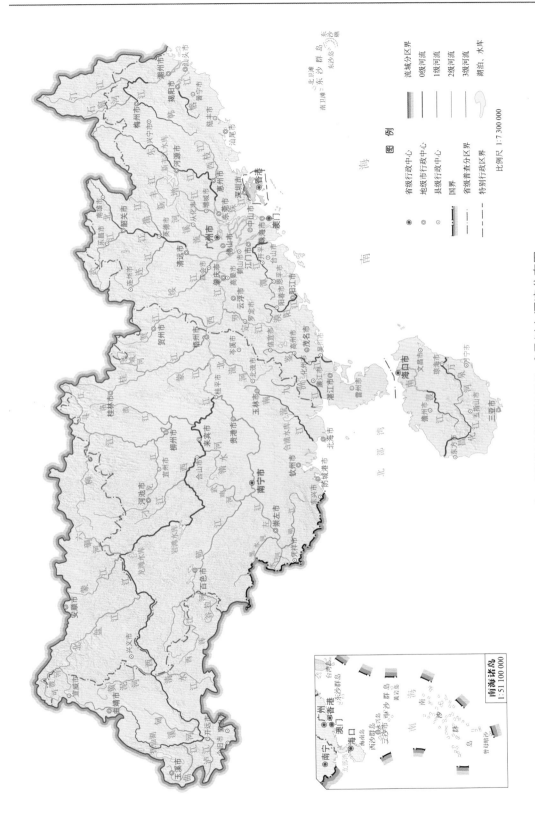

图 A－8 珠江区域流域面积 3000km² 及以上河流分布图

九、西南西北外流诸河区域流域面积 3000km² 及以上河流名录和分布图

表 A-9　西南西北外流河区域流域面积 3000km² 及以上河流名录

序号	1. 河流编码	2. 河流名称	2A. 河名备注	3. 河流级别	4. 上一级河流名称	5. 河流长度/km	6. 流域面积/km²	7. 干流流经
1	JA00000000C	元江	又名西河、扎江、羊子江（河源段）、礼社江（南华县境内）、夏洒江（又名漠沙江、绿汁江入断面至新平县界）、元江（元江县境内）、红河（红河县城以下）	0		690	75414	云南魏山县、大理市、南涧县、弥渡县、南华县、楚雄市、双柏县、新平县、石屏县、元江县、个旧市、蒙自市、金平县、河口县、越南
2	JA1B0000000L	绿汁江	西河（河源段）、绿汁江（易门县绿汁镇境内）	1	元江	325	8573	云南禄丰县、双柏县、易门县、峨山县、新平县
3	JA1C0000000L	小河底河		1	元江	181	4020	云南峨山县、新平县、石屏县、元江县
4	JA1D0000000L	南溪河	川河（景东县境内）、恩乐河（镇沅县境内）、新抚江（右纳文边河入断面以上）、把边江（右纳文边河汇入断面以下）	1	元江	170	3353	云南蒙自市、屏边县、河口县、马关县、越南
5	JAA00000000R	李仙江	川河（景东县境内）、恩乐河（镇沅县境内）、新抚江（右纳文边河入断面以上）、把边江（右纳文边河汇入断面以下）	1	元江	482	23486	云南南涧县、景东县、镇沅县、宁洱县、墨江县、江城县、绿春县、越南
6	JAAB0000000L	阿墨江	上游称为者干河、谷麻江，中游称为布孔江、墨江，下游称为阿墨江	2	李仙江	270	7031	云南景东县、镇沅县、新平县、墨江县

续表

序号	1. 河流编码	2. 河流名称	2A. 河名备注	3. 河流级别	4. 上一级河流名称	5. 河流长度/km	6. 流域面积/km²	7. 干流流经
7	JAAC00000000L	勐拉河	又名藤条江、锡欧河（元阳县境内）、老勐河（金平县境内）、勐拉河（下游段）	2	李仙江	175	4183	云南红河县、绿春县、金平县、元阳县、越南
8	JAB000000000L	盘龙河	南温河（麻栗坡县南温河乡境内）	1	元江	238	14937	云南砚山县、文山市、西畴县、马关县、麻栗坡县、越南
9	JABA00000000C	南利河	又名曾梅江、自上而下分别称为八嘎河、董金河、鸡街河、达马河、大河、董河	2	盘龙河	188	5792	云南砚山县、西畴县、富宁县、广南县、越南
10	JB0000000000C	澜沧江		0		2194	164778	青海杂多县、囊谦县、西藏昌都县、察雅县、左贡县、云南德钦县、维西县、云龙县、永平县、保山隆阳区、昌宁县、凤庆县、南涧县、云县、景东县、景谷县、普洱思茅区、镇沅县、澜沧临翔区、双江县、勐海县、景洪市、勐腊县、缅甸
11	JBA000000000L	子曲		1	澜沧江	299	12852	青海杂多县、玉树县、西藏昌都县
12	JBAA00000000L	盖曲		2	子曲	161	6002	西藏江达县、昌都县、玉树县
13	JBB000000000R	昂曲		1	澜沧江	520	16872	西藏巴青县、青海杂多县、青海类乌齐县、襄谦县、西藏类乌齐县、昌都县

续表

序号	1. 河流编码	2. 河流名称	2A. 河名备注	3. 河流级别	4. 上一级河流名称	5. 河流长度/km	6. 流域面积/km²	7. 干流流经
14	JB3A0000000L	麦曲		1	澜沧江	189	6460	西藏贡觉县、察雅县
15	JBC0000000R	色曲		1	澜沧江	329	7265	西藏丁青县、类乌齐县、昌都县、察雅县
16	JBD0000000L	黑惠江	又名漾濞江	1	澜沧江	342	12044	云南玉龙县、剑川县、洱源县、漾濞县、大理市、魏山县、昌宁县、凤庆县、南涧县
17	JB5A0000000R	罗闸河	上游称为右甸河，接纳上甲河又称为勐佑河，接纳勐稂河称为南桥河，晓街河汇入断面以下称为罗扎河	1	澜沧江	196	3225	云南昌宁县、凤庆县、云县
18	JB5C0000000R	小黑江	上游称为南碧河，中游称为勐省河	1	澜沧江	183	5779	云南耿马县、沧源县、双江县、澜沧县
19	JBE0000000L	威远江	又名小黑江，河源段称为勐统河	1	澜沧江	290	8780	云南镇沅县、景东县、普洱思茅区
20	JBF0000000L	补远江	又名南班河，罗梭江，上游称为勐先河，中游称为曼老江，下游亦称为小黑江	1	澜沧江	298	7706	云南宁洱县、普洱思茅区、江城县、景洪市、勐腊县
21	JB7B0000000L	南腊河	南岛河（南晏河汇入断面以上）	1	澜沧江	185	4561	云南勐腊县
22	JBG0000000R	南垒河		1	澜沧江	90	5882	云南澜沧县、孟连县、缅甸
23	JBGA0000000L	南览河	上游称为南拉河，打洛江（勐海县打洛镇境内）	2	南垒河	228	3943	云南澜沧县、勐海县、缅甸

续表

序号	1. 河流编码	2. 河流名称	2A. 河名备注	3. 河流级别	4. 上一级河流名称	5. 河流长度/km	6. 流域面积/km²	7. 干流流经
24	JC000000000C	怒江		0		2091	137026	西藏安多县、那曲县、比如县、索县、边坝县、丁青县、洛隆县、八宿县、左贡县、察隅县、云南贡山县、福贡县、泸水县、云龙县、龙陵县、保山隆阳区、施甸县、龙陵县、永德县、镇康县、芒市，缅甸
25	JCA000000000L	夏秋河		1	怒江	230	8489	西藏安多县、聂荣县、比如县、那曲县
26	JCB000000000L	索曲		1	怒江	282	13930	西藏聂荣县、巴青县、索县、比如县
27	JCC000000000R	姐曲		1	怒江	160	5579	西藏比如县、边坝县
28	JC4B000000000L	色曲		1	怒江	171	4803	西藏丁青县
29	JC4E000000000R	德曲		1	怒江	110	3794	西藏波密县、洛隆县、八宿县
30	JC4F000000000R	冷曲		1	怒江	132	3115	西藏八宿县
31	JCD000000000L	伟曲		1	怒江	491	9389	西藏八宿县、左贡县、察隅县
32	JCE000000000L	勐波罗河	东河（保山市隆阳区境内）、枯柯河（保山市隆阳区县界至昌宁县柯街镇界）	1	怒江	187	6607	云南保山隆阳区、昌宁县、施甸县、永德县

续表

序号	1. 河流编码	2. 河流名称	2A. 河名备注	3. 河流级别	4. 上一级河流名称	5. 河流长度/km	6. 流域面积/km²	7. 干流流经
33	JCEA0000000L	大勐统河	勐统河（更夏河汇入断面以上）、大勐统河（更夏河汇入断面以下）、镇康河（纳永康河汇入断面以下）	2	勐波罗河	107	3054	云南昌宁县、凤庆县、永德县
34	JCF0000000L	南汀河	又名南丁河，河源段称为昔夏河（勐托河）	1	怒江	255	8245	云南临沧临翔区、云县、永德县、耿马县、镇康县、沧源县、缅甸
35	JD0000000C	独龙江		0		182	21367	西藏察隅县、云南贡山县、缅甸
36	JDA0000000L	大盈江	槟榔江（腾冲县境内）	1	独龙江	196	5808	云南腾冲县、盈江县、缅甸
37	JDB0000000L	瑞丽江	明光河（腾冲县境内西沙河汇入断面以上）、龙江大江（西沙河汇入断面至龙江小江（龙江小江汇入断面以上）、龙川江（龙江小江汇入断面至芒市大河汇入断面）、瑞丽江（芒市大河汇入断面以下）	1	独龙江	380	9746	云南腾冲县、龙陵县、梁河县、陇川县、瑞丽市、芒市、缅甸
38	JEA0000000C	雅鲁藏布江		0		2296	345953	西藏普兰县、仲巴县、吉隆县、萨嘎县、昂仁县、拉孜县、萨迦县、谢通门县、日喀则市、南木林县、仁布县、尼木县、浪卡子县、曲水县、贡嘎县、扎囊县、乃东县、桑日县、曲松县、加查县、朗县、米林县、林芝县、墨脱县、印度

续表

序号	1. 河流编码	2. 河流名称	2A. 河名备注	3. 河流级别	4. 上一级河流名称	5. 河流长度/km	6. 流域面积/km²	7. 干流流经
39	JEAB0000000C	洛扎雄曲		1	雅鲁藏布江	152	13248	西藏洛扎县、不丹
40	JEABB0000000C	娘江曲		2	洛扎雄曲	134	6809	西藏错那县、不丹
41	JEABBBA00000L	达旺河		3	娘江曲	145	3578	西藏错那县
42	JEA3B0000000C	鲍罗里河		1	雅鲁藏布江	215	10059	西藏错那县、印度
43	JEA3BC00000L	美宗曲		2	鲍罗里河	126	3729	西藏错那县
44	JEAC0000000C	西巴霞曲		1	雅鲁藏布江	428	30910	西藏错那县、措美县、隆子县、墨脱县、印度
45	JEACC000000R	坎拉河		2	西巴霞曲	191	8081	西藏错那县
46	JEACCA00000R	卡门河		3	坎拉河	156	3333	西藏隆子县、错那县
47	JEAD0000000C	察隅河		1	雅鲁藏布江	507	30150	西藏察隅县、左贡县、印度
48	JEADA000000R	贡日嘎布曲		2	察隅河	173	4801	西藏察隅县
49	JEADB000000C	丹巴曲		2	察隅河	171	11941	西藏墨脱县、察隅县、印度
50	JEA5A000000R	西承朋河		1	雅鲁藏布江	185	5799	西藏察隅县
51	JEAE0000000L	帕隆藏布		1	雅鲁藏布江	318	28959	西藏察隅县、八宿县、波密县、林芝县
52	JEAEA000000R	波堆藏布		2	帕隆藏布	119	4214	西藏波密县
53	JEAEB000000R	易贡藏布		2	帕隆藏布	302	13474	西藏嘉黎县、波密县

续表

序号	1. 河流编码	2. 河流名称	2A. 河名备注	3. 河流级别	4. 上一级河流名称	5. 河流长度/km	6. 流域面积/km²	7. 干流流经
54	JEA6A000000L	尼洋河		1	雅鲁藏布江	318	17843	西藏工布江达县、林芝县
55	JEA6AD00000L	帕桑曲-巴河		2	尼洋河	113	4193	西藏工布江达县
56	JEAF0000000L	拉萨河		1	雅鲁藏布江	585	32629	西藏嘉黎县、比如县、那曲县、林周县、墨竹工卡县、达孜县、拉萨城关区、堆龙德庆县、曲水县、贡嘎县
57	JEAFC000000R	乌鲁龙曲		2	拉萨河	142	3913	西藏当雄县、林周县
58	JEAFG000000R	堆龙曲		2	拉萨河	163	5116	西藏当雄县、堆龙德庆县
59	JEA7B000000R	门曲	卡洞加曲（河源段）	1	雅鲁藏布江	329	11459	西藏浪卡子县、康马县、仁布县
60	JEA7C000000L	湘曲-香曲		1	雅鲁藏布江	182	7418	西藏谢通门县、南木林县、日喀则市
61	JEA7D000000R	年楚河		1	雅鲁藏布江	235	14172	西藏康马县、江孜县、白朗县、日喀则市
62	JEA7DB00000L	康如普曲		2	年楚河	109	5968	西藏康马县
63	JEA7F000000R	夏布曲		1	雅鲁藏布江	202	5480	西藏康马县、白朗县、萨迦县
64	JEAG0000000L	多雄藏布		1	雅鲁藏布江	344	20051	西藏萨嘎县、昂仁县、拉孜县

续表

序号	1. 河流编码	2. 河流名称	2A. 河名备注	3. 河流级别	4. 上一级河流名称	5. 河流长度/km	6. 流域面积/km²	7. 干流流经
65	JEAGB000000L	美曲藏布		2	多雄藏布	219	10003	西藏申扎县、谢通门县、昂仁县
66	JEA8B000000L	加大藏布		1	雅鲁藏布江	183	5752	西藏措勤县、萨嘎县
67	JEA8C000000L	柴曲藏布		1	雅鲁藏布江	178	4349	西藏仲巴县
68	JEA8D000000R	江曲藏布		1	雅鲁藏布江	172	6468	西藏仲巴县
69	JEA8E000000L	米乌藏布		1	雅鲁藏布江	180	3173	西藏仲巴县
70	JE2A0000000C	吉隆藏布		0		125	4345	西藏吉隆县、尼泊尔
71	JEB0000000C	澎曲	又名朋曲	0		404	31827	西藏聂拉木县、定日县、定结县、尼泊尔
72	JEBA0000000L	叶如藏布		1	澎曲	246	9642	西藏岗巴县、定结县、定日县
73	JEBB0000000C	波曲		1	澎曲	88	3450	西藏聂拉木县、尼泊尔
74	JF1A0000000H	多玛河		0		196	7932	西藏日土县
75	JF1B0000000H	玛卡藏布		0		237	9473	西藏日土县
76	JFA00000000C	森格藏布-狮泉河	又名狮泉河	0		482	27452	西藏革吉县、噶尔县、日土县、印度
77	JFAA0000000L	赤左藏布		1	森格藏布-狮泉河	121	3506	西藏噶尔县、革吉县

续表

序号	1. 河流编码	2. 河流名称	2A. 河名备注	3. 河流级别	4. 上一级河流名称	5. 河流长度/km	6. 流域面积/km²	7. 干流流经
78	JFAC0000000L	噶尔藏布		1	森格藏布-狮泉河	238	6379	西藏革吉县、噶尔县
79	JFB00000000C	朗钦藏布-象泉河	又名象泉河	0		385	26022	西藏札达县、噶尔县、印度
80	JFBE0000000R	鄂博曲		1	朗钦藏布-象泉河	139	4517	西藏噶尔县、札达县
81	JF3B0000000C	马甲藏布		0		110	3058	西藏普兰县
82	JHA00000000C	额尔齐斯河	喀依尔特斯河（库依尔特斯河汇入断面以上）	0		660	50418	新疆富蕴县、福海县、阿勒泰市、布尔津县、哈巴河县、哈萨克斯坦
83	JHAA0000000C	喀拉额尔齐斯河	又名卓路特河	1	额尔齐斯河	211	6551	蒙古、新疆富蕴县、福海县
84	JHAB0000000R	克兰河		1	额尔齐斯河	256	7018	新疆阿勒泰市
85	JHAC0000000R	布尔津河	喀纳斯河（禾木河汇入断面以上）	1	额尔齐斯河	296	9606	新疆布尔津县、哈巴河县
86	JHAD0000000J	哈巴河	阿克哈巴河（喀拉哈巴河汇入断面以上）	1	额尔齐斯河	223	6306	哈萨克斯坦、新疆哈巴河县
87	JHBA0000000H	乌伦古河	大青格里河（小青格里河汇入断面以上）	0		741	34134	新疆青河县、富蕴县、福海县
88	JHBAA000000C	布尔根河		1	乌伦古河	351	10788	蒙古、新疆青河县

278

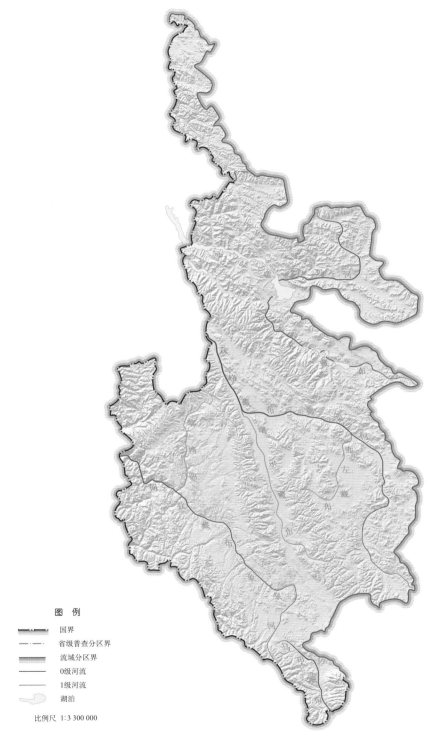

图 例

	国界
	省级普查分区界
	流域分区界
	0 级河流
	1 级河流
	湖泊

比例尺 1:3 300 000

图 A - 9（一）　西南西北外流诸河区域流域面积 3000km² 及以上河流分布图

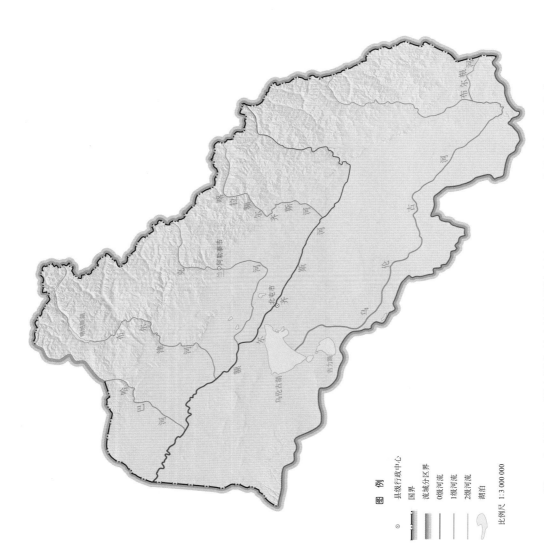

图 A - 9 （二）　西南西北外流诸河区域流域面积 3000km² 及以上河流分布图

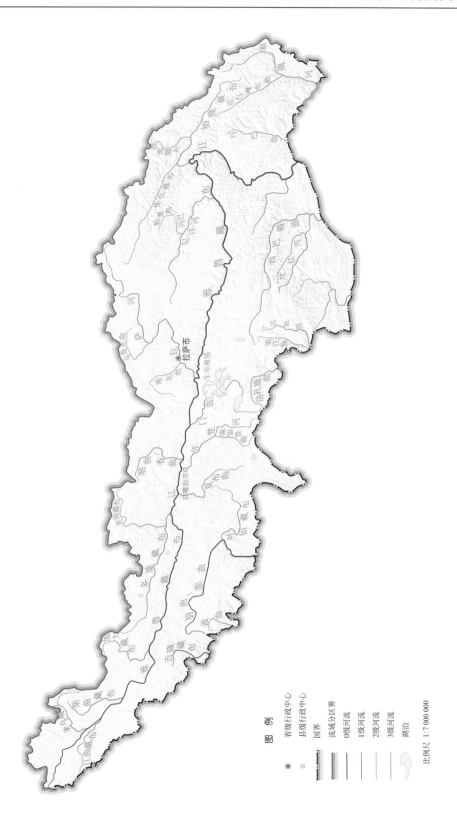

图 A-9（三） 西南西北外流河区诸河区域流域面积 3000km² 及以上河流分布图

图　例

省级行政中心
县级行政中心
国界
流域分区界
0级河流
1级河流
2级河流
3级河流
湖泊

比例尺 1:7 000 000

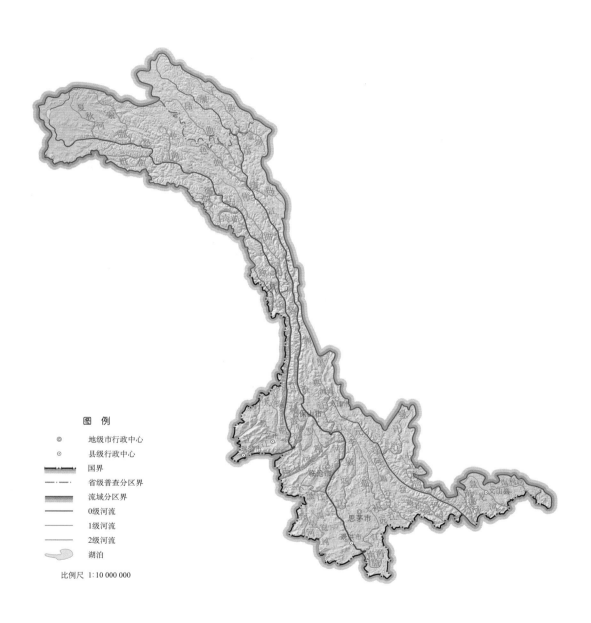

图 A-9（四）　西南西北外流诸河区域流域面积 3000km² 及以上河流分布图

十、内流诸河区域流域面积 3000km² 及以上河流名录和分布图

表 A－10　　　　　内流诸河区域流域面积 3000km² 及以上河流名录

序号	1. 河流编码	2. 河流名称	2A. 河名备注	3. 河流级别	4. 上一级河流名称	5. 河流长度/km	6. 流域面积/km²	7. 干流流经
1	KA1C0000000C	古尔班乌兰好来		0		133	4595	内蒙古乌拉特中旗、乌拉特后旗、蒙古
2	KA1D0000000C	乌兰额热格河	敖望高勒（乌兰额热格河汇入断面以上）	0		113	3203	内蒙古乌拉特中旗、蒙古
3	KAA0000000H	塔布河		0		332	10219	内蒙古固阳县、武川县、达尔罕茂明安联合旗、四子王旗
4	KAB0000000H	艾不盖河		0		204	7293	内蒙古达尔罕茂明安联合旗
5	KA3D0000000D	朝勒更郭勒		0		132	7016	内蒙古苏尼特左旗
6	KA3F0000000D	横格勒浑迪		0		183	4841	内蒙古四子王旗、苏尼特右旗
7	KAC0000000D	包尔罕廷郭勒		0		248	10049	内蒙古察哈尔右翼中旗、察哈尔右翼后旗、四子王旗、苏尼特右旗
8	KA4A0000000H	高格斯台高勒		0		243	6370	内蒙古正蓝旗、阿巴嘎旗
9	KA4B0000000H	布尔嘎斯图郭勒		0		144	3580	内蒙古化德县、镶黄旗、正镶白旗
10	KAD0000000D	伊和吉林郭勒	又名大吉林河	0		459	36979	内蒙古克什克腾旗、西乌珠穆沁旗、锡林浩特市、东乌珠穆沁旗

续表

序号	1. 河河编码	2. 河流名称	2A. 河名备注	3. 河流级别	4. 上一级河流名称	5. 河流长度/km	6. 流域面积/km²	7. 干流流经
11	KADB0000000L	锡林郭勒		1	伊和吉勒郭勒	304	20852	内蒙古克什克腾旗、锡林浩特市
12	KADBC000000L	敖优廷高勒		2	锡林郭勒	199	7391	内蒙古阿巴嘎旗、锡林浩特市
13	KADC0000000L	马尼昕郭勒		1	伊和吉勒郭勒	158	3148	内蒙古阿巴嘎旗、东乌珠穆沁旗
14	KA5B0000000D	勒仁浑迪		0		164	5626	内蒙古东乌珠穆沁旗
15	KAE00000000H	乌拉盖河		0		505	19276	内蒙古乌珠穆沁旗、科尔沁右翼前旗
16	KAED0000000L	彦吉嘎郭勒		1	乌拉盖河	228	3390	内蒙古西乌珠穆沁旗、东乌珠穆沁旗
17	KA6A000000H	高力罕河		0		250	6905	内蒙古西乌珠穆沁旗、东乌珠穆沁旗
18	KA6AA000000L	新郭勒		1	高力罕河	157	3760	内蒙古西乌珠穆沁旗
19	KA6B0000000D	巴拉格尔高勒		0		234	6696	内蒙古西乌珠穆沁旗、东乌珠穆沁旗
20	KBAA0000000D	疏勒河		0		861	77800	青海天峻县、甘肃肃北县、玉门市、瓜州县、敦煌市
21	KBAAA000000L	榆林河		1	疏勒河	260	10390	甘肃肃北县、瓜州县
22	KBAA2A00000L	红柳峡		1	疏勒河	176	5240	甘肃肃北县、敦煌市
23	KBAAB000000L	党河		1	疏勒河	480	18424	青海德令哈市、甘肃肃北县、敦煌市

续表

序号	1. 河流编码	2. 河流名称	2A. 河名备注	3. 河流级别	4. 上一级河流名称	5. 河流长度/km	6. 流域面积/km²	7. 干流流经
24	KBAABC00000R	野马河		2	党河	176	3758	甘肃肃北县
25	KBAAC0000000L	西土沟	长草沟（烟丹土沟汇入断面以上）	1	疏勒河	186	5562	甘肃阿克塞县、敦煌市
26	KBB1A000000M	黑河	额济纳河（甘肃与内蒙古省界至西河、东干渠出口），东河（西河、东干渠出口至昂茨河出口），一道河（昂茨河出口至东居延海入口）	0		883	80781	青海祁连县、甘肃肃南县、张掖甘州区、临泽县、高台县、金塔县、内蒙古额济纳旗
27	KBB1AA00000R	山丹河	山丹河（马营河汇入断面以下），峡口河（马营河汇入断面以上）	1	黑河	166	9833	甘肃永昌县、山丹县、张掖甘州区
28	KBB1AAE00000L	洪水河		2	山丹河	122	3309	青海祁连县、甘肃民乐县、张掖甘州区
29	KBB1AB00000L	讨赖河	讨赖河（冰沟水文站以上）、北大河（冰沟水文站以下）	1	黑河	427	19828	青海祁连县、甘肃肃南县、嘉峪关市、酒泉肃州区、金塔县
30	KBB1A3A0000L	卧虎山南沟		1	黑河	129	4368	甘肃金塔县、内蒙古额济纳旗
31	KBB12A00000H	咸水沟		0		299	28601	甘肃肃北县、内蒙古额济纳旗
32	KBB12AB0000R	咸水沟右玉沟		1	咸水沟	95	7055	甘肃肃北县、内蒙古额济纳旗
33	KBB12B00000H	石油河		0		193	4389	甘肃肃北县、肃南县、玉门市

285

续表

序号	1. 河流编码	2. 河流名称	2A. 河名备注	3. 河流级别	4. 上一级河流名称	5. 河流长度/km	6. 流域面积/km²	7. 干流流经
34	KBB123A0000H	北石河	巩昌河（北干河汇入断面以上）	0		113	3730	甘肃玉门市
35	KBB12C00000H	清河沟		0		278	16338	甘肃肃北县、内蒙古额济纳旗
36	KBB12D00000D	白沙滩沟		0		141	11879	甘肃肃北县、内蒙古额济纳旗
37	KBB12DA0000L	白沙滩沟左支八沟		1	白沙滩沟	74	5929	甘肃肃北县、内蒙古额济纳旗
38	KBCA0000000D	石羊河	大水河（青嘴湾以上）、金塔河（高坝镇同心村以上）、杨家坝河（松涛寺以上）、石羊河（红崖山水库以上）、内河（红崖山水库以下）	0		240	18677	甘肃天祝县、武威凉州区、民勤县
39	KBCAC000000R	古浪河	直岔河（又名小滩河、黄羊河）、黄羊川河（曹家湖水库以上）、古浪河（凉州区曹家湖水库乡红水村以上至曹家湖水口以上至凉州区长城乡红水村）	1	石羊河	168	3619	甘肃天祝县、古浪县、武威凉州区、民勤县
40	KBCAE000000R	外河		1	石羊河	82	3576	甘肃民勤县
41	KBCB0000000D	西大河	脑儿墩（狼牙沟汇入断面以上）、西大河（狼牙沟以上）、金川河（永昌县城以下）至永昌县城以上	0		185	4937	甘肃山丹县（山丹马场）、永昌县、金昌金川区、民勤县

续表

序号	1. 河流编码	2. 河流名称	2A. 河名备注	3. 河流级别	4. 上一级河流名称	5. 河流长度/km	6. 流域面积/km²	7. 干流流经
42	KBCC0000000D	白岗槽河		0		122	3343	内蒙古阿拉善右旗、甘肃民勤县、金昌金川区
43	KBDB0000000C	辉斯音高勒		0		186	10342	蒙古、内蒙古阿拉善右旗、阿拉善左旗
44	KBDC0000000D	莫林河		0		192	13607	内蒙古乌拉特后旗、阿拉善左旗
45	KBDD0000000D	沙尔布尔德沟	哈拉乌北沟（贺兰山林管所以上）、库勒图沟（库勒图至配种站）	0		161	5283	内蒙古阿拉善左旗
46	KCAA0000000H	大哈尔腾河	又名大哈勒腾河	0		341	13757	青海德令哈市、甘肃阿克塞县
47	KCA2A000000H	鱼卡河		0		188	5303	青海德令哈市、自治州直辖（大柴旦）、自治州直辖（冷湖）
48	KCA2B000000H	塔塔棱河		0		198	5065	青海德令哈市、自治州直辖（大柴旦）
49	KCAB0000000H	格尔木河		0		483	20559	青海曲麻莱县、都兰县、格尔木市
50	KCABB000000L	奈金河		1	格尔木河	248	7745	青海格尔木市
51	KCA3E000000H	小灶火河		0		179	4588	青海格尔木市
52	KCA3F000000H	乌图美仁河		0		229	4376	青海格尔木市
53	KCAC0000000H	那棱格勒河		0		575	27671	青海治多县、格尔木市

续表

序号	1. 河流编码	2. 河流名称	2A. 河名备注	3. 河流级别	4. 上一级河流名称	5. 河流长度/km	6. 流域面积/km²	7. 干流流经
54	KCACB000000L	楚拉克阿干河		1	那棱格勒河	204	10046	青海格尔木市
55	KCACC000000L	台吉乃尔河		1	那棱格勒河	93	4658	青海格尔木市
56	KCA4A000000H	那青河		0		104	3784	青海格尔木市、自治州州日（大柴旦）辖
57	KCAD0000000H	古尔嘎赫德达里亚		0		313	17018	新疆若羌县直辖（茫崖）
58	KCADB000000R	阿尼亚克克依		1	古尔嘎赫德达里亚	180	5213	新疆若羌县
59	KCBA0000000H	巴音河		0		323	9530	青海德令哈市
60	KCBB0000000H	蒙棱郭勒河		0		400	9581	青海都兰县、乌兰县
61	KCBC0000000H	柴达木河	清水河（卡可特尔河汇入断面以上）	0		534	23566	青海玛多县、都兰县
62	KCBCA000000L	乌兰乌苏郭勒		1	柴达木河	148	4103	青海都兰县
63	KCBCB000000R	紫汗乌苏河		1	柴达木河	245	6874	青海都兰县、乌兰县
64	KCBD0000000H	蒙古尔河		0		319	11282	青海都兰县
65	KCBDB000000L	诺木洪河		1	蒙古尔河	197	4127	青海都兰县
66	KC3AA000000H	布哈河		0		278	14458	青海天峻县、共和县、刚察县
67	KC3AAF00000L	江河	峻河（夏日哈曲汇入断面以上）	1	布哈河	120	3063	青海天峻县
68	KDAA0000000H	奎屯河		0		373	21576	新疆乌苏市、克拉玛依独山子区、克拉玛依市克拉玛依区、精河县

续表

序号	1. 河流编码	2. 河流名称	2A. 河名备注	3. 河流级别	4. 上一级河流名称	5. 河流长度/km	6. 流域面积/km²	7. 干流流经
69	KDAAB000000L	四棵树河		1	奎屯河	235	4729	新疆乌苏市
70	KDAB0000000H	博尔塔拉河		0		293	15796	新疆温泉县、博乐市、精河县
71	KDABB000000R	大河沿子河		1	博尔塔拉河	136	3445	新疆博乐市、精河县
72	KDB1A000000D	乌鲁木齐河	大西沟（西白杨沟汇入断面以上）、老龙河（头屯河汇入断面以下）	0		223	7384	新疆乌鲁木齐县、乌鲁木齐沙依巴克区、乌鲁木齐市天山区、乌鲁木齐新市区、五家渠市、乌鲁木齐米东区、昌吉市
73	KDBA0000000D	玛纳斯河	呼斯台郭勒（古仁郭勒汇入断面以上）	0		608	44667	新疆和静县、玛纳斯县、克拉玛依市、沙湾区、石河子市、克拉玛依市克拉玛依白碱滩区、克拉玛依乌尔禾区、和布克赛尔县
74	KDBAB000000D	呼图壁河		1	玛纳斯河	264	10008	新疆和静县、呼图壁县
75	KDBABA00000R	老龙河		2	呼图壁河	213	6938	新疆昌吉市、呼图壁县
76	KDBABAA0000D	三屯河		3	老龙河	202	3273	新疆昌吉市
77	KDBAC000000D	金沟河		1	玛纳斯河	156	4164	新疆沙湾县
78	KDB2A000000D	木勒尔塔依河	布尔阔台河（库古伦河汇入断面以上）	0		137	3697	新疆额敏县、托里县、克拉玛依乌尔禾区
79	KDB2B0000000H	白杨河		0		186	3054	新疆额敏县、托里县、克拉玛依乌尔禾区、和布克赛尔县

续表

序号	1. 河流编码	2. 河流名称	2A. 河名备注	3. 河流级别	4. 上一级河流名称	5. 河流长度/km	6. 流域面积/km²	7. 干流流经
80	KDB2D000000H	和布克河	格尔本郭勒河（淡木郭勒河汇入断面以上）	0		166	4833	新疆和布克赛尔蒙古自治县
81	KDDG000000C	图拉尔根		0		176	5144	甘肃肃北县、新疆哈密市、伊吾县、蒙古
82	KEA0000000H	塔里木河	叶尔羌河（阿克苏河汇入断面以上）	0		2727	365902	新疆叶城县、塔什库尔干县、泽普县、巴楚县、麦盖提县、阿瓦提县、库车县、图木舒克市、阿拉尔市、沙雅县、尉犁县、轮台县、若羌县
83	KEA1A000000L	克勒青河		1	塔里木河	262	6808	新疆叶城县、塔什库尔干县、克什米尔
84	KEA1B000000L	塔什库尔干河	喀拉其库尔河（塔克墩巴什河汇入断面以上）	1	塔里木河	304	11593	新疆塔什库尔干县、阿克陶县
85	KEA1C000000L	库山河		1	塔里木河	231	4322	新疆阿克陶县、英吉沙县、疏勒县、疏附县
86	KEA1D000000L	盖孜河	木吉河（开牙克巴什河汇入断面至康西瓦河汇入断面）	1	塔里木河	401	15042	新疆阿克陶县、疏勒县、疏附县、岳普湖县
87	KEA1E000000R	提孜那甫河		1	塔里木河	407	15008	新疆叶城县、泽普县、莎车县、麦盖提县
88	KEA1EB00000R	乌鲁克河		2	提孜那甫河	235	3824	新疆叶城县

续表

序号	1. 河流编码	2. 河流名称	2A. 河名备注	3. 河流级别	4. 上一级河流名称	5. 河流长度/km	6. 流域面积/km²	7. 干流流经
89	KEAAA000000C	喀什噶尔河	克孜勒苏河（新疆省界至疏勒县界）	1	塔里木河	1019	66770	吉尔吉斯斯坦、新疆乌恰县、疏附县、喀什市、巴楚县、图木舒克市、柯坪县、阿瓦提县、伽师县
90	KEAAAA00000C	玛尔坎苏河		2	喀什噶尔河	178	4479	塔吉克斯坦、新疆阿克陶县、乌恰县
91	KEAAAB00000L	恰克马克河		2	喀什噶尔河	348	13599	新疆乌恰县、阿图什市、喀什市、疏附县、伽师县
92	KEAAABB0000L	布古孜河		3	恰克马克河	174	5211	新疆阿图什市
93	KEAAAC00000L	苏贝希沟–加依洛萨依河		2	喀什噶尔河	193	9135	新疆阿合奇县、柯坪县
94	KEAAACB0000R	柯坪河		3	苏贝希沟–加依洛萨依河	177	3192	新疆阿图什市、柯坪县
95	KEABA000000R	和田河	喀拉喀什河（玉龙喀什河汇入断面以上）	1	塔里木河	1129	56063	新疆和田县、皮山县、墨玉县、洛浦县、阿瓦提县
96	KEABAA00000R	玉龙喀什河		2	和田河	587	18915	新疆策勒县、和田县、和田市、洛浦县
97	KEABAAC0000L	哈能威代里牙河		3	玉龙喀什河	116	3208	新疆策勒县、和田县
98	KEAB2A00000D	皮山河		0		168	3076	新疆皮山县

291

续表

序号	1. 河流编码	2. 河流名称	2A. 河名备注	3. 河流级别	4. 上一级河流名称	5. 河流长度/km	6. 流域面积/km²	7. 干流流经
99	KEAB2F00000D	努尔河		0		129	3026	新疆策勒县
100	KEAC0000000C	阿克苏河	库玛拉克河（托什干河汇入断面以上）	1	塔里木河	468	46795	吉尔吉斯斯坦、新疆温宿县、乌什县、阿克苏市、阿瓦提县、阿拉尔市
101	KEACA000000C	托什干河		2	阿克苏河	560	28230	吉尔吉斯斯坦、新疆阿合奇县、乌什县、温宿县、阿克苏市
102	KEACAB00000C	玉山古西河		3	托什干河	149	3391	吉尔吉斯斯坦、新疆阿合奇县
103	KEA4A000000L	台兰河		1	塔里木河	226	3973	新疆温宿县、阿克苏市、阿拉尔市
104	KEA4B000000L	木扎尔特河-渭干河		1	塔里木河	457	18187	新疆温宿县、拜城县、库车县、沙雅县
105	KEA4BF00000L	黑孜河		2	木扎尔特河-渭干河	137	4691	新疆拜城县
106	KEA4C000000L	库车河		1	塔里木河	242	3985	新疆库车县
107	KEA44A00000L	库车河盆河		1	塔里木河	115	3742	新疆库车县
108	KEBA0000000D	克里雅河		0		734	21922	新疆于田县
109	KEB2B000000D	尼雅河		0		241	7507	新疆民丰县
110	KEB2D000000D	安迪尔河		0		253	4573	新疆民丰县、且末县

续表

序号	1. 河流编码	2. 河流名称	2A. 河名备注	3. 河流级别	4. 上一级河流名称	5. 河流长度/km	6. 流域面积/km²	7. 干流流经
111	KEB2E000000D	莫勒旦河		0		160	3014	新疆且末县
112	KEB2F000000D	喀拉米兰河		0		267	4886	新疆且末县
113	KEC1A000000D	米兰河		0		229	5552	新疆若羌县
114	KEC1B000000D	若羌河		0		212	3101	新疆若羌县
115	KEC1C000000D	瓦石峡河		0		303	11260	新疆若羌县
116	KEC1CC00000R	塔特勒克布拉克河		1	瓦石峡河	248	3654	新疆若羌县
117	KECA0000000H	车尔臣河	金水河（车尔臣河右支二河汇入断面以上）	0		907	41826	新疆且末县、若羌县
118	KED1D000000H	黄水沟河		0		193	7476	新疆和静县、和硕县、焉耆县、博湖县
119	KEDA0000000H	开都河-孔雀河	孔雀河（博斯腾湖以下至河口）	0		1461	53740	新疆和静县、焉耆县、博湖县、库尔勒市、尉犁县
120	KEDAC000000R	依克赛河		1	开都河-孔雀河	134	4125	新疆和静县
121	KEEA0000000H	白杨河		0		232	18045	新疆乌鲁木齐达坂城区、托克逊县、吐鲁番市
122	KEEAD000000R	阿拉沟		1	白杨河	175	5315	新疆和静县、托克逊县
123	KEEB0000000D	红山口沟		0		139	3142	新疆鄯善县

序号	1. 河流编码	2. 河流名称	2A. 河名备注	3. 河流级别	4. 上一级河流名称	5. 河流长度/km	6. 流域面积/km²	7. 干流流经
124	KEFA0000000D	二道沟		0		140	4493	新疆哈密市
125	KEFB0000000D	石城子河	库如克郭勒（下游段）	0		237	13315	新疆哈密市
126	KEFC0000000D	红柳沟		0		277	15106	新疆哈密市
127	KEFD0000000D	红柳河		0		247	8211	甘肃肃北县、瓜州县、新疆哈密市
128	KFA0000000H	扎加藏布		0		423	16224	西藏安多县、尼玛县、班戈县、申扎县
129	KFAD0000000R	泵曲		1	扎加藏布	169	3338	青海格尔木市、西藏安多县
130	KF2A0000000H	阿里藏布		0		283	6866	西藏申扎县
131	KFB0000000H	扎根藏布		0		351	15937	西藏申扎县、尼玛县
132	KFBC0000000L	巴汝藏布		1	扎根藏布	121	3269	西藏申扎县
133	KF3A0000000H	浦志藏布		0		105	3421	西藏尼玛县
134	KF3C0000000H	兰丽河		0		153	3706	青海格尔木市
135	KFC0000000H	依协克帕提河	皮提勒克河（库木开日河汇入断面以下）	0		348	15125	新疆若羌县
136	KFCC0000000R	库木开日河		1	依协克帕提河	195	6375	新疆若羌县
137	KF4A0000000H	色斯克亚河		0		133	4805	新疆若羌县
138	KF4B0000000H	哈夏克力克河		0		156	3832	新疆若羌县

续表

序号	1. 河流编码	2. 河流名称	2A. 河名备注	3. 河流级别	4. 上一级河流名称	5. 河流长度/km	6. 流域面积/km²	7. 干流流经
139	KF4C0000000H	阿其格库勒河	月牙河（畅流沟汇入断面以上）	0		192	5123	西藏尼玛县，新疆若羌县
140	KF4D0000000H	蛛丝河		0		163	3276	西藏尼玛县、改则县
141	KF4F0000000H	夷泯曲	又名江爰藏布	0		196	5899	西藏尼玛县
142	KFD00000000H	波仓藏布		0		318	13506	西藏尼玛县
143	KFDE0000000R	舍藏藏布		1	波仓藏布	82	3501	西藏尼玛县
144	KF5B0000000H	大果藏布		0		226	5919	西藏昂仁县、尼玛县
145	KF5C0000000H	雄曲藏布		0		165	4276	西藏尼玛县、措勤县
146	KFE00000000H	措勤藏布		0		260	12404	西藏昂仁县、措勤县
147	KF6B0000000H	阿布多藏布		0		153	3260	西藏尼玛县、改则县
148	KFF00000000H	卡拉苏代牙曲		0		240	8153	西藏改则县
149	KF7A0000000H	塔什库勒苏巴什河		0		158	6390	新疆且末县
150	KF7C0000000H	阿隆藏布		0		195	5160	西藏改则县
151	KF7D0000000H	索美藏布		0		224	4733	西藏改则县、仲巴县
152	KF7E0000000H	索美藏布		0		206	4393	西藏措勤县、仲巴县
153	KF7F0000000H	布多藏布		0		193	5604	西藏仲巴县
154	KF7G0000000H	拉布让藏布		0		113	3542	西藏革吉县、改则县、仲巴县

续表

序号	1. 河流编码	2. 河流名称	2A. 河名备注	3. 河流级别	4. 上一级河流名称	5. 河流长度/km	6. 流域面积/km²	7. 干流流经
155	KFG0000000H	扎曲多曲		0		200	6986	西藏革吉县、改则县
156	KF8A0000000H	响曲		0		180	6277	西藏革吉县
157	KF8C0000000H	贾个热不嘎曲		0		134	3399	西藏日土县、革吉县
158	KF8D0000000H	大龙沟		0		199	6247	西藏改则县、革吉县
159	KF8F0000000H	阿克萨依河		0		153	6693	西藏日土县、新疆和田县
160	KGA0000000C	额敏河	沙拉依天勒河（确拉阿尔坦苏河汇入断面以上）	0		247	20015	新疆额敏县、塔城市、裕民县、哈萨克斯坦
161	KGAD0000000L	库普河		1	额敏河	193	8285	新疆托里县、额敏县、裕民县
162	KGB0000000C	伊犁河	特克斯河（巩乃斯河汇入断面以上）	0		640	57150	哈萨克斯坦、新疆昭苏县、特克斯县、巩留县、新源县、尼勒克县、伊宁市、伊宁县、霍城县、察布查尔县
163	KGBB0000000R	库克苏河		1	伊犁河	219	5709	新疆和静县、特克斯县
164	KGBC0000000R	巩乃斯河		1	伊犁河	293	7633	新疆和静县、新源县、尼勒克县
165	KGBD0000000R	喀什河		1	伊犁河	337	9615	新疆和静县、尼勒克县、伊宁县

296

图 A – 10（一）　内流诸河区域流域面积 3000km² 及以上河流分布图

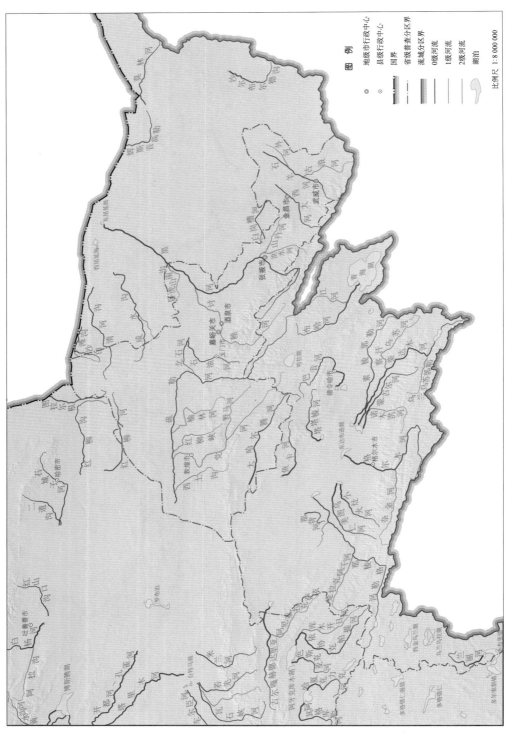

图 A-10 (二)　内流诸河区域流域面积 3000km² 及以上河流分布图

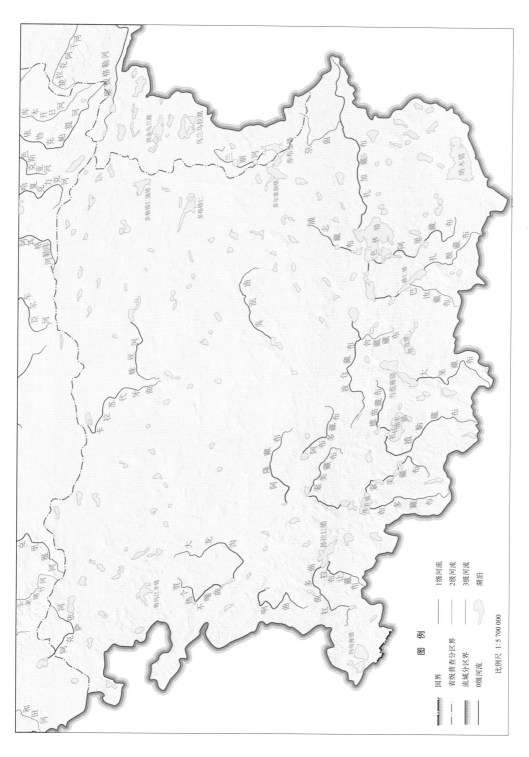

图 A－10（三） 内流诸河区域流域面积 3000km² 及以上河流分布图

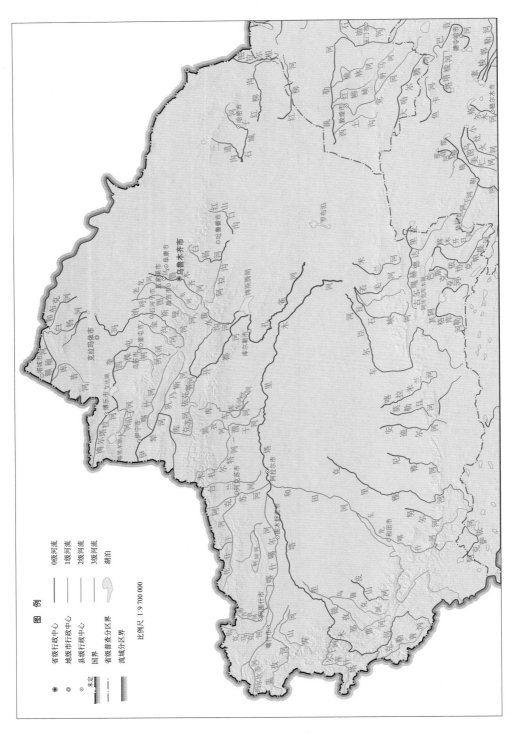

图 A - 10 (四) 内流诸河区域流域面积 3000km² 及以上河流分布图

附录 B　全国常年水面面积100km² 及以上湖泊名录和分布图

一、黑龙江区域常年水面面积 100km² 及以上湖泊名录和分布图

黑龙江区域常年水面面积 100km² 及以上湖泊名录

表 B-1

序号	流域（区域）	水系	湖泊名称	湖泊编码	水面面积/km²	咸淡水属性	平均水深/m	最大水深/m	湖泊容积/(10⁴ m³)	所在省（自治区、直辖市）	所在县级行政区	跨界类型	备注
1	黑龙江	额尔古纳河水系	哈达乃浩米（新达赉湖）	AA037	119	淡	—	—	—	内蒙古	新巴尔虎左旗	5	
2			呼伦湖	AA051	1847	咸	—	—	—	内蒙古	新巴尔虎右旗、新巴尔虎左旗	4	
3			贝尔湖	AA082	34.0	淡	—	—	—	内蒙古	新巴尔虎右旗	2	含国外部分的总面积为 598km²
4		松花江水系	大龙虎泡	AC039	109	淡	—	4.8	40200	黑龙江	杜尔伯特县	5	
5			查干湖	AC272	252	咸	—	—	—	吉林	前郭尔罗斯县、大安市、乾安县	4	
6		乌苏里江水系	小兴凯湖	AD007	162	淡	1.5	2	22500	黑龙江	密山市	5	
7			兴凯湖	AD009	1068	淡	6.3	7	—	黑龙江	密山市	2	含国外部分的总面积为 4138km²

301

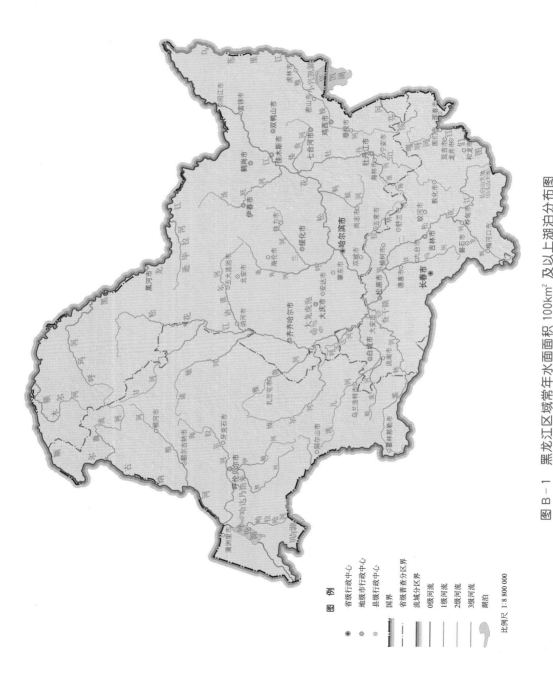

图 B-1 黑龙江区域常年水面面积 100km² 及以上湖泊分布图

二、海河区域常年水面面积 100km² 及以上湖泊名录和分布图

表 B-2

海河区域常年水面面积 100km² 及以上湖泊名录

序号	流域（区域）	水系	湖泊名称	湖泊编码	水面面积 /km²	咸淡水属性	平均水深 /m	最大水深 /m	湖泊容积 /(10⁴m³)	所在省（自治区、直辖市）	所在县级行政区	跨界类型	备注
1	海河	大清河水系	白洋淀	CD001	170	淡	—	6.3	103800	河北	任丘市、雄县、容城县、安新县、高阳县	4	

图 B-2 海河区域常年水面面积 100km² 及以上湖泊分布图

三、黄河流域常年水面面积 100km² 及以上湖泊名录和分布图

表 B-3　黄河流域常年水面面积 100km² 及以上湖泊名录

序号	流域（区域）	水系	湖泊名称	湖泊编码	水面面积/km²	咸淡水属性	平均水深/m	最大水深/m	湖泊容积/(10⁴m³)	所在省（自治区、直辖市）	所在县级行政区	跨界类型	备注
1	黄河	黄河干流洮河以上水系	鄂陵湖	D1013	644	淡	17.6	30.7	1076000（对应黄海高程4268.70m水位容积）	青海	玛多县	5	
2		黄河干流洮河以上水系	扎陵湖	D1041	528	淡	8.9	13.1	467000（对应黄海高程4292.00m水位容积）	青海	曲麻莱县、玛多县	4	
3		黄河干流渭水湟水至定河区间水系	乌梁素海	D3073	130	咸	—	—	—	内蒙古	乌拉特前旗	5	

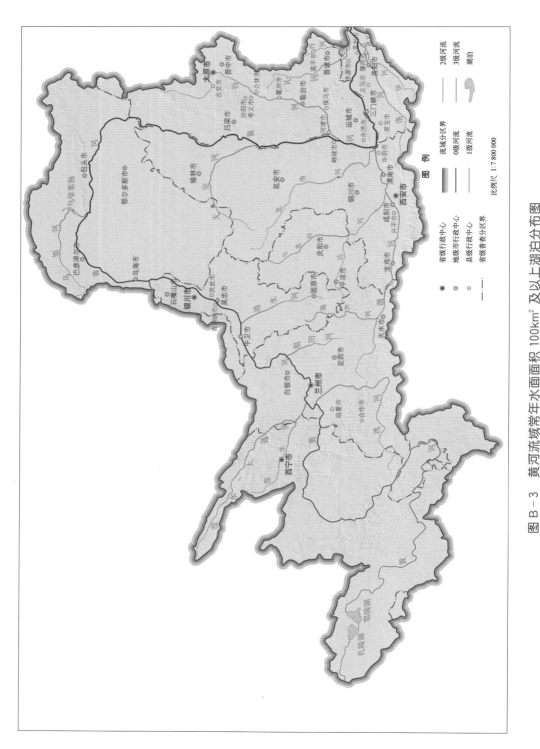

图 B-3　黄河流域常年水面面积 100km² 及以上湖泊分布图

四、淮河区域常年水面面积 100km² 及以上湖泊名录和分布图

表 B-4 淮河区域常年水面面积 100km² 及以上湖泊名录

序号	流域（区域）	水系	湖泊名称	湖泊编码	水面面积/km²	咸淡水属性	平均水深/m	最大水深/m	湖泊容积/(10⁴ m³)	所在省（自治区、直辖市）	所在县级行政区	跨界类型	备注
1	淮河	淮河洪泽湖以上水系	城东湖	EA004	104	淡	—	—	16000	安徽	霍邱县	5	
2			女山湖	EA022	103	淡	—	—	23000	安徽	明光市	5	
3			瓦埠湖	EA030	161	淡	—	—	24230	安徽	寿县、长丰县、淮南谢家集区	4	
4			洪泽湖	EA045	1525	淡	3.50	5.0	1112000（对应黄海高程15.86m水位容积）	江苏	泗阳县、泗洪县、盱眙县、洪泽县、淮安淮阴区、宿迁宿城区	4	
5		淮河洪泽湖以下水系	白马湖	EB005	115	淡	1.10	2.7	—	江苏	洪泽县、淮安楚州区、宝应县、金湖县	4	
6			高邮湖	EB031	634	淡	4.50	7.0	378000（对应黄海高程9.37m水位容积）	江苏、安徽	江苏金湖县、宝应县、高邮市、安徽天长市	3	
7		沂沭泗水系	骆马湖	EC002	285	淡	3.30	5.5	150000	江苏	宿迁宿豫区、新沂市	4	
8			南四湖	EC007	1003	淡	1.44	6.0	571000（对应黄海高程36.36m水位容积）	山东、江苏	山东济宁微山县、济宁任城区、济宁市中区、滕州市、江苏铜山县	3	

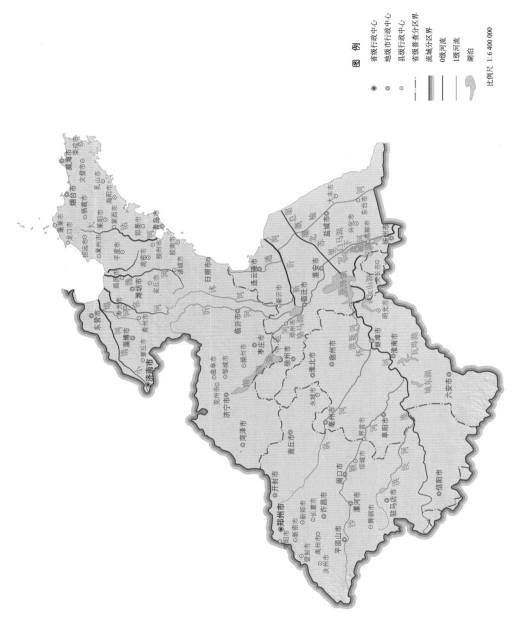

图 B－4　淮河区域常年水面面积 100km² 及以上湖泊分布图

五、长江流域常年水面面积 100km² 及以上湖泊名录和分布图

表 B－5　长江流域常年水面面积 100km² 及以上湖泊名录

序号	流域（区域）	水系	湖泊名称	湖泊编码	水面面积 /km²	咸淡水属性	平均水深 /m	最大水深 /m	湖泊容积 /(10⁴m³)	所在省（自治区、直辖市）	所在县级行政区	跨界类型	备注
1	长江	长江干流雅砻江以上水系	多尔改错	F1023	204	咸	—	—	—	青海	治多县	5	
2		长江干流雅砻江以上水系	卓乃湖	F1107	265	咸	—	—	—	青海	治多县	5	
3		长江干流雅砻江以上水系	库赛湖	F1112	271	咸	—	—	—	青海	治多县	5	
4		长江干流雅砻江至岷江区间水系	滇池	F2005	299	淡	5.30	11.20	156000	云南	昆明西山区、晋宁县、呈贡县、昆明官渡区	4	云南省历史水面面积资料为 309km²
5		长江干流洞庭湖至汉江区间水系	长湖	F6006	128	淡	1.92	3.50	23960	湖北	沙洋县、荆州市、荆州区、沙市区	4	
6		长江干流洞庭湖至汉江区间水系	斧头湖	F6019	110	淡	1.67	2.98	19550	湖北	武汉江夏区、咸宁咸安县、嘉鱼县	4	
7		长江干流洞庭湖至汉江区间水系	洪湖	F6022	290	淡	1.01	2.65	42290	湖北	洪湖市、监利县	4	
8		长江干流汉江至鄱阳湖区间水系	梁子湖	F7039	228	淡	2.60	7.30	61830	湖北	武汉江夏区、鄂州梁子湖区	4	
9		长江干流鄱阳湖以下水系	泊湖	F8010	127	淡	—	—	—	安徽	太湖县、宿松县、望江县	4	

续表

序号	流域（区域）	水系	湖泊名称	湖泊编码	水面面积/km²	咸淡水属性	平均水深/m	最大水深/m	湖泊容积/(10⁴m³)	所在省（自治区、直辖市）	所在县级行政区	跨界类型	备注
10	长江	长江干流鄱阳湖以下水系	巢湖	F8013	774	淡	7.10	8.20	551400（对应吴淞高程12.80m水位容积）	安徽	肥西县、肥东县、合肥包河区、巢湖市、庐江县	4	
11			大官湖	F8016	127	淡	—	—	—	安徽	宿松县	5	
12			南漪湖	F8049	181	淡	—	—	109000	安徽	宣城宣州区、郎溪县	4	
13			升金湖	F8060	102	淡	1.26	3.50	97000	安徽	东至县、池州贵池区	4	
14			龙感湖	F8085	269	淡	—	—	—	湖北、安徽	湖北黄梅县、安徽宿松县	3	
15			石白湖	F8089	208	淡	—	—	—	江苏、安徽	安徽当涂县、江苏溧水县、高淳县	3	

续表

序号	流域（区域）	水系	湖泊名称	湖泊编码	水面面积 /km²	咸淡水属性	平均水深 /m	最大水深 /m	湖泊容积 /(10⁴m³)	所在省（自治区、直辖市）	所在县级行政区	跨界类型	备注
16	长江	洞庭湖水系	洞庭湖	FE233	2647	淡	—	—	2063730（对应85高程33.00m水位容积）	湖南	南县、益阳资阳区、益阳县、岳阳县、安乡县、汉寿县、湘阴县、沅江市、岳阳君山区、泪罗市、岳阳岳阳楼区、华容县、常德鼎城区	4	洞庭湖分为4个湖区及连通目平湖区和七里湖区的澧水洪道。根据湖南省1995年资料，东洞庭湖区85高程水位34.00m时面积为1321.8km²，南洞庭区85高程水位为35.00m时面积为905.0km²，南洞庭区85高程水位36.00m时面积为332.9km²，七里湖区85高程水位42.00m时面积为74.7km²，澧水洪道面积约22km²
17		鄱阳湖水系	牟山湖	FG060	164	淡	2.95	4.8	49426	江西	进贤县	5	2010年7月至2011年3月，江西省省测量面积为168km²，相应85高程水位15.00m

续表

序号	流域（区域）	水系	湖泊名称	湖泊编码	水面面积/km²	咸淡水属性	平均水深/m	最大水深/m	湖泊容积/(10⁴m³)	所在省（自治区、直辖市）	所在县级行政区	跨界类型	备注
18	长江	鄱阳湖水系	鄱阳湖	FG173	2978	淡	8.94	41.3	3287000（对应85高程21.00m水位容积）	江西	湖口县、九江庐山区、星子县、都昌县、鄱阳县、新建县、永修县、德安县、共青城市	4	水面面积为 2004 年 9 月 17 日对应于黄海高程 14.68m 水位提取的中巴影像面积。85 高程 21.00m 水位时，江西省测量湖盆面积为 3286.9km²，整个鄱阳湖区总面积为 5205.535km²，相应容积为 4220162 万 m³，包括蓄滞洪区黄湖、方舟斜塘、珠湖圩、康山圩、方舟尾闾、单双退河尾闾以及青岚山湖五军湖
19			滆湖	FH019	157	淡	1.11	1.51	19270	江苏	常州武进区、宜兴市	4	
20		太湖水系	太湖	FH047	2341	淡	2.06	—	837994（对应吴淞高程4.66m水位容积）	江苏、浙江	江苏吴中区、苏州虎丘区、无锡滨湖区、宜兴市、常州武进区、浙江长兴县、湖州吴兴区	3	
21			阳澄湖	FH059	116	淡	—	—	—	江苏	苏州工业园区、昆山市、苏州相城区	4	

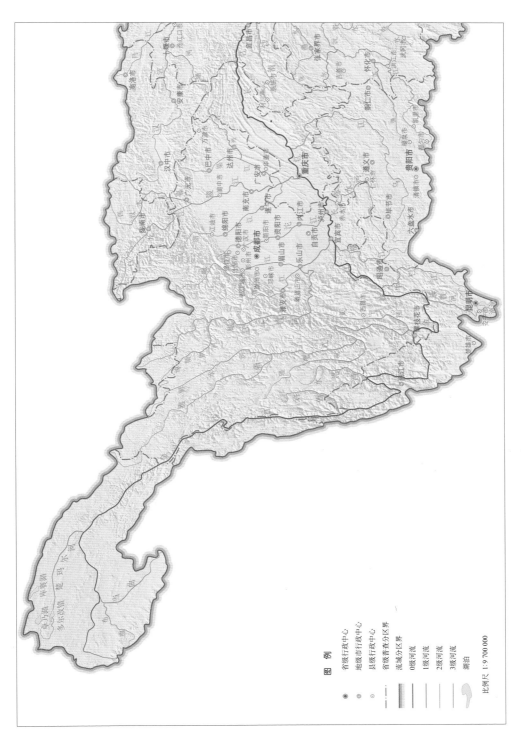

图 B-5（一）　长江流域常年水面面积 100km² 及以上湖泊分布图

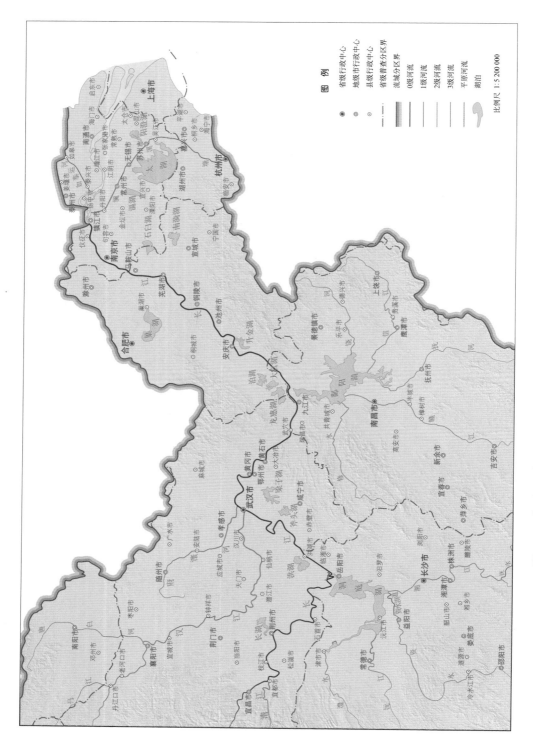

图 B-5（二） 长江流域常年水面面积 100km² 及以上湖泊分布图

六、珠江区域常年水面面积 100km² 及以上湖泊名录和分布图

珠江区域常年水面面积 100km² 及以上湖泊名录

表 B-6

序号	流域（区域）	水系	湖泊名称	湖泊编码	水面面积 /km²	咸淡水属性	平均水深 /m	最大水深 /m	湖泊容积 /(10⁴m³)	所在省（自治区、直辖市）	所在县级行政区	跨界类型	备注
1	珠江	西江水系	抚仙湖	HA006	219	淡	90.1	155	1914000	云南	澄江县，华宁县，江川县	4	

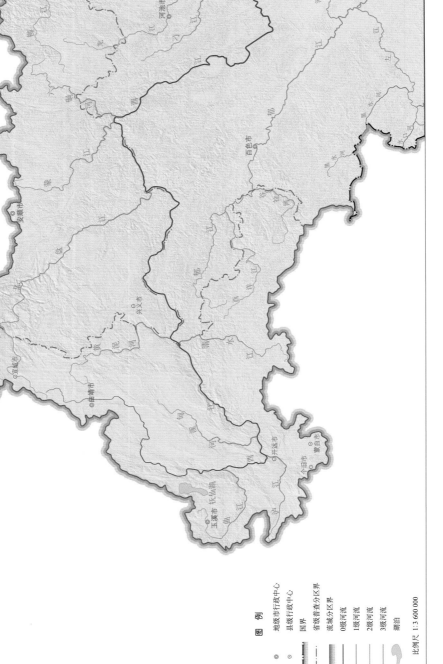

图 B-6 珠江区域常年水面面积 100km² 及以上湖泊分布图

图 例

◎	地级市行政中心
◦	县级行政中心
	国界
	省级行政分区界
	流域分区界
	0级河流
	1级河流
	2级河流
	3级河流
	湖泊

比例尺 1:3 600 000

七、西南西北外流诸河区域常年水面面积 100km² 及以上湖泊名录和分布图

表 B-7　西南西北外流诸河区域常年水面面积 100km² 及以上湖泊名录

序号	流域（区域）	水系	湖泊名称	湖泊编码	水面面积 /km²	咸淡水属性	平均水深 /m	最大水深 /m	湖泊容积 /（10⁴m³）	所在省（自治区、直辖市）	所在县级行政区	跨界类型	备注
1		澜沧江－湄公河水系	洱海	JB006	249	淡	10.5	20.9	288000	云南	大理市	5	
2		怒江－萨尔温江水系	错那	JC004	191	淡	—	—	—	西藏	安多县	5	
3	西南西北外流诸河	雅鲁藏布江－恒河水系	佩枯错	JE134	271	咸	—	—	—	西藏	吉隆县、聂拉木县	4	
4			普莫雍错	JE135	292	淡	—	—	—	西藏	浪卡子县	5	
5			羊卓雍错	JE141	614	咸	—	—	—	西藏	贡嘎县、浪卡子县	4	
6		狮泉河、象泉河水系	班公错	JF011	462	咸	—	—	—	西藏	日土县	2	含国外部分的总面积为 667km²
7		额尔齐斯河水系	乌伦古湖	JH014	836	咸	—	—	—	新疆	福海县	5	
8			吉力湖	JH020	172	淡	—	—	—	新疆	福海县	5	

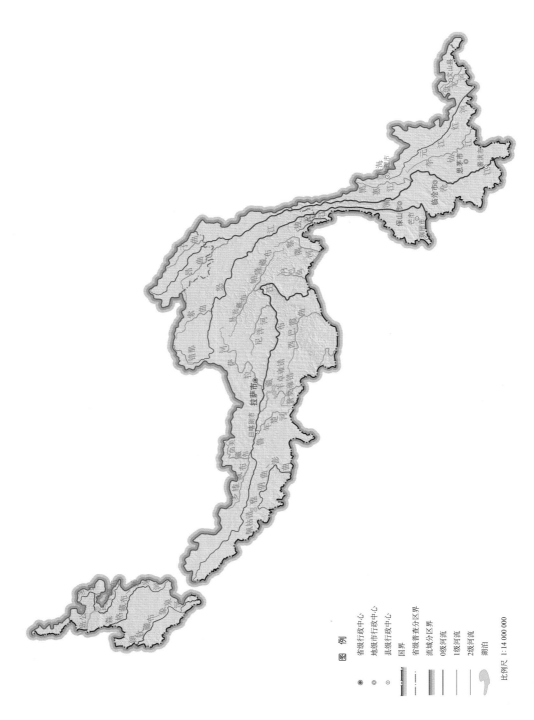

图 B-7（一）　西南西北外流诸河区域常年水面面积 100km² 及以上湖泊分布图

图 B－7（二）　西南西北外流河区域常年水面面积 100km² 及以上湖泊分布图

图　例

⊙　县级行政中心
　　国界
　　流域分区界
　　0级河流
　　1级河流
　　2级河流
　　湖泊

比例尺 1：3 000 000

八、内流诸河区域常年水面面积 100km² 及以上湖泊名录和分布图

表 B-8　内流诸河区域常年水面面积 100km² 及以上湖泊名录

序号	流域（区域）	水系	湖泊名称	湖泊编码	水面面积/km²	咸淡水属性	平均水深/m	最大水深/m	湖泊容积/(10⁴m³)	所在省（自治区、直辖市）	所在县级行政区	跨界类型	备注
1	内流诸河	内蒙古东部高原内流水系	达里诺尔	KA057	198	咸	5.60	11.0	109200	内蒙古	克什克腾旗	5	
2		柴达木内流水系	茶卡盐湖	KC008	107	咸	—	—	—	青海	乌兰县	5	
3			东达布逊湖	KC015	202	咸	—	—	—	青海	格尔木市	5	
4			东台吉乃尔湖	KC016	148	盐	—	—	—	青海	格尔木市	5	
5			冬给措纳湖	KC017	232	淡	—	—	—	青海	玛多县	5	
6			尕斯库勒湖	KC025	128	咸	—	—	—	青海	茫崖自治州直辖	5	
7			南霍布逊湖	KC037	214	咸	—	—	—	青海	都兰县	5	
8			青海湖	KC040	4233	咸	18.40	26.6	7639000（对应85高程3193.00m水位容积）	青海	共和县、刚察县、海晏县	4	
9			托素诺尔	KC044	142	咸	—	—	—	青海	德令哈市	5	
10			苏干湖	KC050	104	盐	—	—	—	青海、甘肃	冷湖自治州直辖	3	
11			哈拉湖	KC052	604	咸	27.40	65.0	—	青海	天峻县、德令哈市	4	
12			太阳湖	KC057	100	淡	—	—	—	青海	治多县	5	

续表

序号	流域（区域）	水系	湖泊名称	湖泊编码	水面面积/km²	咸淡水属性	平均水深/m	最大水深/m	湖泊容积/(10⁴m³)	所在省（自治区、直辖市）	所在县级行政区	跨界类型	备注
13	内流诸河	准噶尔内流水系	艾比湖	KD002	502	咸	1.22	2.7	60190（对应高程85高程194.82m水位容积）	新疆	精河县	5	
14			巴里坤湖	KD004	100	咸	—	—	—	新疆	巴里坤县	5	
15		塔里木内流水系	赛里木湖	KD018	465	咸	—	—	—	新疆	博乐市	5	
16			台特马湖	KE063	114	咸	—	—	—	新疆	若羌县	5	
17			博斯腾湖	KE065	986	淡	—	28.0	962940（2004年实测，对应黄海高程1049.00m水位容积）	新疆	博湖县、和硕县	4	
18		羌塘高原内流水系	可可西里湖	KF026	324	咸	—	—	—	青海	治多县	5	
19			勒斜武担湖	KF031	241	咸	—	—	—	青海	治多县	5	
20			乌兰乌拉湖	KF053	577	咸	—	—	—	青海	格尔木市	5	
21			西金乌兰湖	KF054	411	咸	—	4.7	—	青海	治多县	5	
22			饮马湖	KF063	108	咸	—	—	—	青海	治多县	5	
23			阿鲁错	KF070	105	淡	—	—	—	西藏	日土县、改则县	4	
24			昂孜仁错	KF080	516	咸	—	—	—	西藏	改则县、仲巴县	4	
25			昂孜错	KF081	446	咸	—	—	—	西藏	尼玛县、昂仁县	4	
26			巴木错	KF083	240	咸	—	—	—	西藏	班戈县	5	

续表

序号	流域（区域）	水系	湖泊名称	湖泊编码	水面面积/km²	咸淡水属性	平均水深/m	最大水深/m	湖泊容积/(10⁴ m³)	所在省（自治区、直辖市）	所在县级行政区	跨界类型	备注
27			拜惹布错	KF092	141	咸	—	—	—	西藏	改则县	5	
28			班戈错	KF093	131	咸	—	—	—	西藏	班戈县	5	
29			邦达错	KF095	131	咸	—	—	—	西藏	日土县	5	
30			崩错	KF102	143	淡	—	—	—	西藏	班戈县、那曲县	4	
31			仓木错	KF118	102	盐	—	—	—	西藏	改则县	5	
32			错鄂	KF235	253	咸	—	—	—	西藏	申扎县	5	
33			达瓦错	KF260	119	淡	—	—	—	西藏	措勤县	5	
34			达则错	KF262	285	淡	—	—	—	西藏	尼玛县	5	
35	内流诸河	羌塘高原内流水系	打加错	KF263	111	咸	—	—	—	西藏	措勤县、昂仁县	4	
36			当惹雍错	KF269	843	咸	—	—	—	西藏	尼玛县	5	
37			懂错	KF286	144	咸	—	—	—	西藏	安多县	5	
38			多尔索洞错	KF295	466	咸	—	—	—	西藏	尼玛县、安多县	4	又名括朗错
39			多格错仁强错	KF297	333	淡	—	—	—	西藏	安多县	5	
40			格仁错	KF324	485	咸	—	—	—	西藏	尼玛县、申扎县	4	
41			郭扎错	KF334	250	咸	—	—	—	西藏	日土县	5	
42			果忙错	KF337	113	咸	—	—	—	西藏	申扎县、班戈县	4	
43			黑石北湖	KF344	105	咸	—	—	—	西藏	改则县	5	
44			碱水湖	KF363	130	咸	—	—	—	西藏	改则县	5	

续表

序号	流域（区域）	水系	湖泊名称	湖泊编码	水面面积/km²	咸淡水属性	平均水深/m	最大水深/m	湖泊容积/(10⁴m³)	所在省（自治区、直辖市）	所在县级行政区	跨界类型	备注
45			杰萨错	KF374	144	淡	—	—	—	西藏	措勤县	5	
46			结则茶卡	KF375	111	咸	—	—	—	西藏	日土县	5	
47			拉昂错	KF397	259	咸	—	—	—	西藏	普兰县	5	
48			令戈错	KF410	112	咸	—	—	—	西藏	尼玛县	5	
49			龙木错	KF414	102	咸	—	—	—	西藏	日土县	5	
50			鲁玛江冬错	KF419	343	咸	—	—	—	西藏	日土县	5	
51		羌塘高原内流水系	玛尔盖茶卡	KF430	150	咸	—	—	—	西藏	尼玛县	5	
52	内流诸河		玛旁雍错	KF432	412	淡	—	—	—	西藏	普兰县	5	
53			美马错	KF439	148	咸	—	—	—	西藏	日土县、改则县	4	
54			姆错丙尼	KF445	152	咸	—	—	—	西藏	昂仁县	5	
55			纳木错	KF457	2018	咸	54.00	97.5	10900000（对应黄海高程 4722.84m 水位容积）	西藏	班戈县、当雄县	4	
56			蓬错	KF475	176	咸	—	—	—	西藏	安多县、班戈县	4	
57			其香错	KF487	185	咸	—	—	—	西藏	尼玛县	5	
58			仁错贡玛	KF513	204	咸	—	—	—	西藏	申扎县、班戈县	4	
59			仁青休佈错	KF514	189	咸	—	—	—	西藏	仲巴县	5	
60			色林错	KF526	2209	咸	—	—	—	西藏	尼玛县、申扎县、班戈县	4	

续表

序号	流域（区域）	水系	湖泊名称	湖泊编码	水面面积/km²	咸淡水属性	平均水深/m	最大水深/m	湖泊容积/(10⁴m³)	所在省（自治区、直辖市）	所在县级行政区	跨界类型	备注
61			塔若错	KF547	490	淡	—	—	—	西藏	仲巴县	5	
62			吴如错	KF579	365	咸	—	—	—	西藏	尼玛县、申扎县	4	
63			向阳湖	KF606	104	咸	—	—	—	西藏	安多县	5	
64			许如错	KF615	212	咸	—	—	—	西藏	昂仁县	5	
65			雅根错	KF627	125	咸	—	—	—	西藏	尼玛县	5	
66			雅根错	KF628	102	咸	—	—	—	西藏	申扎县	5	
67			羊湖	KF636	103	咸	—	—	—	西藏	改则县	5	
68			依布茶卡	KF642	175	咸	—	—	—	西藏	尼玛县	5	
69			玉液湖	KF658	133	咸	—	—	—	西藏	尼玛县	5	
70	内流诸河	羌塘高原内流水系	泽普错	KF670	118	盐	—	—	—	西藏	日土县	5	
71			扎布耶茶卡	KF671	231	咸	—	—	—	西藏	仲巴县	5	
72			扎日南木错	KF677	998	咸	—	—	—	西藏	措勤县、尼玛县、昂仁县	4	
73			兹格塘错	KF692	235	咸	—	—	—	西藏	安多县	5	
74			赤布张错	KF697	498	咸	—	—	—	西藏、青海	西藏安多县、青海格尔木市	3	
75			阿其格库勒湖	KF699	189	咸	—	—	—	新疆	和田县	5	
76			阿牙格库牟格湖	KF700	447	—	—	—	—	新疆	若羌县	5	
77			阿牙克库牟木湖	KF701	807	淡	—	—	—	新疆	若羌县	5	
78			鲸鱼湖	KF710	298	淡	—	—	—	新疆	若羌县	5	
79			多格错仁	KF760	417	盐	—	—	—	西藏	尼玛县、安多县	4	
80			帕龙错	KF762	151	盐	—	—	—	西藏	仲巴县	5	

图 B-8（一）　内流诸河区域常年水面面积 100km² 及以上湖泊分布图

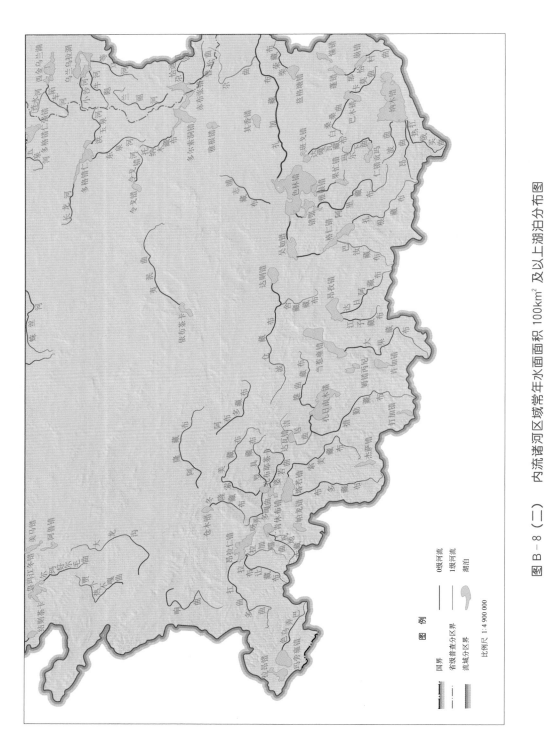

图 B－8（二） 内流诸河区域常年水面面积 100km² 及以上湖泊分布图

图 例

0级河流
1级河流
湖泊

国界
省级普查分区界
流域分区界

比例尺 1:4 900 000

图 B-8（三） 内流诸河区域常年水面面积 100km² 及以上湖泊分布图

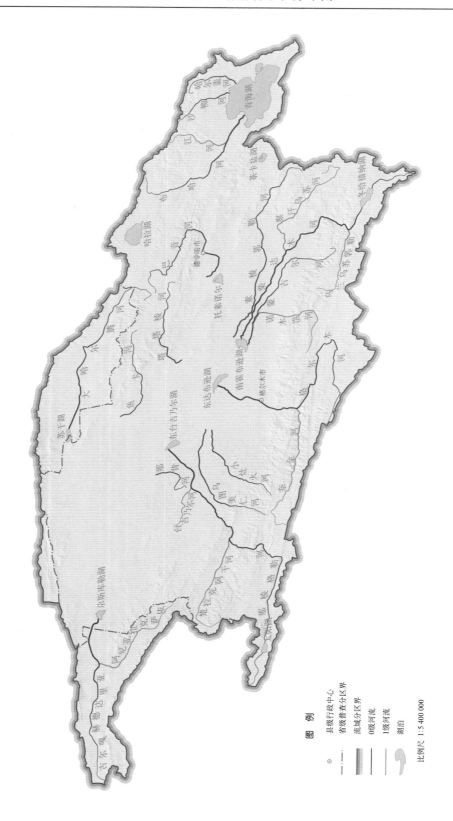

图 B－8（四） 内流诸河区域常年水面面积 100km² 及以上湖泊分布图

图 例

◎ 县级行政中心

－·－·－ 省级普查分区界

流域分区界

0级河流

1级河流

湖泊

比例尺 1∶5 400 000

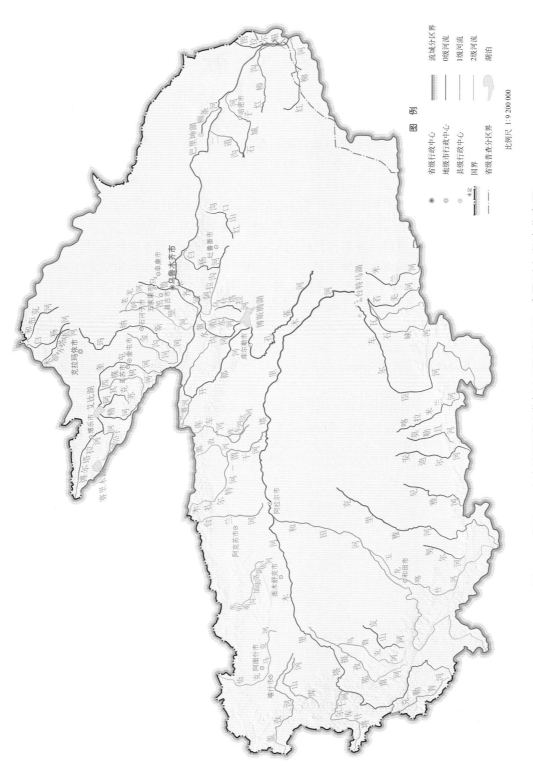

图 B‑8（五）　内流诸河区域常年水面面积 100km² 及以上湖泊分布图

参 考 文 献

［1］ 任美锷. 中国自然地理纲要（修订第三版）［M］. 北京：商务印书馆，1992.

［2］ 赵广和. 中国水利百科全书 综合分册［M］. 北京：中国水利水电出版社，2004.

［3］ 国务院第一次全国水利普查领导小组办公室. 第一次全国水利普查培训教材之二河湖基本情况普查［M］. 北京：中国水利水电出版社，2010.

［4］ SL 249—1999 中国河流名称代码［S］. 北京：中国水利水电出版社，1999.

［5］ SL 361—98 中国湖泊名称代码［S］. 北京：中国水利水电出版社，1998.

［6］ 王苏民. 中国湖泊志［M］. 北京：科学出版社，1998.

［7］ I Zavoianu. Morphometry of Drainage Basins［M］. Amsterdam：Elsevier Science，1985.

［8］ A N Strahler. Quantitative analysis of watershed geomorphology［J］. American Geophysical Union Transactions，1957，38（6）：913 – 920.

［9］ Ellen Wohl. Mountain Rivers Revisited［M］. Washington，DC：American Geophysical Union，2010.

［10］ Stephen P Rice，André G Roy，Bruce L Rhoads. River Confluences，Tributaries and the Fluvial Network［M］. The Atrium，Southern Gate，Chichester：John Wiley & Sons Ltd，2008.